能源化工类专业模块化教材

石油与天然气加工工艺

SHIYOU YU TIANRANQI JIAGONG GONGYI

◆ 王玉飞 李 健 马向荣 主编

◆ 闫 龙 马亚军 主审

西安交通大学出版社
XI'AN JIAOTONG UNIVERSITY PRESS

图书在版编目(CIP)数据

石油与天然气加工工艺 / 王玉飞,李健,马向荣主编.—西安:西安交通大学出版社,2021.3(2024.6 重印)

ISBN 978-7-5693-2119-7

Ⅰ.①石… Ⅱ.①王… ②李… ③马… Ⅲ.①石油炼制—生产工艺 ②天然气化工—生产工艺 Ⅳ.①TE62 ②TE64

中国版本图书馆 CIP 数据核字(2021)第 031622 号

书　　名	石油与天然气加工工艺
主　　编	王玉飞　李　健　马向荣
责任编辑	侯君英
责任校对	刘志巧
出版发行	西安交通大学出版社
	(西安市兴庆南路 1 号　邮政编码 710048)
网　　址	http://www.xjtupress.com
电　　话	(029)82668357　82667874(发行中心)
	(029)82668315(总编办)
传　　真	(029)82668280
印　　刷	西安五星印刷有限公司
开　　本	787mm×1092mm　1/16　印张　14.25　字数　336 千字
版次印次	2021 年 3 月第 1 版　　2024 年 6 月第 2 次印刷
书　　号	ISBN 978-7-5693-2119-7
定　　价	48.00 元

如发现印装质量问题,请与本社发行中心联系调换。

订购热线:(029)82665248　(029)82665249

投稿热线:(029)82668284

前　言

能源是人类社会文明的基石、发展的动力。能源问题不仅是世界各国面临的共同问题，也是关乎到全世界人民生存发展、民生福祉的重要问题。在过去的 150 年中，世界上超过 50% 的能源来自石油和天然气，虽然近年来可再生能源使用持续增长，但依据国际能源署《世界能源展望 2020》报告，全球石油需求预计将在 2030—2039 年趋于平稳，到 2040 年，全球天然气需求将增长 30%。这意味着在未来很长一段时间内，石油和天然气仍是能源经济的基础，将保证世界上的电灯点亮、工厂运转和运输系统运行，使人类的生活水平发生巨大的进步。因为它们不仅拥有丰富的、可靠的、能量密集型的、可储存的特性，而且除动力和燃料外还可提供多重的、高价值的消费产品。

尽管"石油枯竭论""石油峰值论"自现代石油工业诞生以来，就一直有不少人提出。这种论调在 1870 年代、1920 年代、1950 年代和 1970 年代都达到了顶峰，导致了世界两次"石油危机"。我国著名地质学家、中国工程院院士翟光明组织 20 多位院士、100 多位专家学者承担的中国工程院《中国油气供给与管道发展战略》重大课题从 2012 年底到 2015 年中历时约 3 年时间研究表明，随着地质认识的深化和技术的进步，全球石油和天然气资源是逐步增加的。全球石油资源 1950 年代为 1.3 万亿吨，1970 年代为 3.1 万亿吨，1990 年代为 3.8 万亿吨，2011 年为 5.3 万亿吨，平均每 20 年增长 57%；全球天然气资源 1950 年代为 138 万亿立方米，1970 年代为 231 万亿立方米，1990 年代为 382 万亿立方米，2011 年为 474 万亿立方米，平均每 20 年增长 51%。特别是 2016 年 6 月 13 日，中国国土资源部的通报显示，中国的石油地质资源量为 1257 万亿吨，天然气地质资源量为 90.3 万亿立方米。这些数据充分说明了我国油气资源总体丰富，也为从事石油和天然气行业的生产者鼓足了工作干劲。因此，编著一本系统研究石油天然气资源寻找、开采、输送和加工的著作对培养应用型人才，满足用人单位对人才知识结构的需要显得迫在眉睫。

本书牢牢把握新一轮能源革命发展趋势，围绕国家能源革命战略，特别是为了适应国家重点建设陕北能源化工基地的需要，以石油天然气勘探、油气田开发、油气集输和石油天然气加工为重点，从寻找石油天然气到利用石油天然气，主要阐述石油与天然气资源寻找、开采、输送和加工过程中的生产原理、生产方法、工艺流程及关键设备。本书注重工艺理论原理及工程实践应用，兼顾深度与广度，并努力反映相关领域的新工艺、新方法和新技术及其发展趋势，力图完整、系统地介绍石油天然气工业对社会发展的影响，使读者更加深刻地认识石油天然气在国民经济中的重要作用。本书内容注重基础、富有特色、实用性强、覆盖面广，可供化学、化工及有关能源技术等相关专业本科生、研究生学习，也适合于相关科技人员的参考。通过本书的学习,可获得基本的石油天然气工业知识和解决石油天然气工程实践问题的能力,为其从事石油天然气行业的研究、开发、设计、建设和管理奠定基础。

全书共9章,由榆林学院化学与化工学院王玉飞、李健、马向荣组织编著,其中第3章、第5章、第7章、第8章以及全书的插图由王玉飞编写和绘制,第1章由马向荣编写,第2章由白云云编写,第4章由陈娟编写,第6章由李健编写,第9章由王金玺编写。全书由榆林学院化学与化工学院闫龙教授、马亚军教授统稿,闫龙教授统一了全书中涉及的符号和体例。延安大学付峰教授对书稿提出了宝贵的意见;刘倩倩、王献杰、许春鑫、朱菊芬、马浪浪、马安瑞等同学参与了本书的资料收集、文本输入和校对工作,付出了辛勤劳动;西安交通大学出版社侯君英编辑,为本书的出版做了大量的编辑工作;同时,编者在编写过程中参考了国内外大量的专著、文献资料(列于书后参考文献中),在此对这些文献资料的作者一并表示感谢!

本书的出版得到了榆林学院石油与天然气工程省级重点扶持学科的资助;同时,得到了榆林学院教务处、科研处、化学与化工学院和西安交通大学出版社的大力支持和帮助,在此表示诚挚的谢意!

由于编者水平有限,书中不足、疏漏之处在所难免,恳请读者批评指正,并提出宝贵意见。

编　者

2020 年 12 月

目　录

第1章　石油、天然气概况

1.1　油气在国民经济中的重要性

1.1.1　石油在国民经济中的重要性

石油作为一种非再生资源,也是目前世界上最主要的能源之一,由于其储量有限,能够持续使用多长时间,成为全世界关心的问题。因此,如何用好这宝贵的资源,提高其应用效率,使石油产品的利用最佳化,最大限度地节约石油资源已成为当务之急。因此,我们必须从两方面入手,一方面是在石油加工方面,提高现有加工技术水平,开发新的生产技术和低耗、无污染产品,优化工艺流程,充分挖掘石油的潜在经济价值;另一方面是提高石油产品管理、销售及使用者对石油产品性能的了解水平,从而为石油产品的合理支配、选择及使用提供指导。

表1-1列出了从石油中获得的主要产品,这些产品及以它们为原料得到的其他化工产品涉及国民经济和生活的诸多领域。石油加工技术水平的高低及加工方案合理的选择关系到产品的产量与质量,关系到加工成本与炼厂的经济效益,也关系到产品的市场竞争力。因此,石油加工技术的发展方向是以提高产品的质量为前提,采用新技术、新工艺,在最低生产成本的基础上,实现最大量的产品生产。

表1-1　从石油中获得的主要直接产品

类别	产品
气体	干气、液化气
内燃机燃料	汽油、煤油、柴油
润滑油	机械油、内燃机油、各种工艺用油
石油副产品	石蜡、沥青、石油焦
化工原料	苯类、烯烃、添加剂
燃料油	锅炉燃料,大型船舶、机车等发动机用燃料

因此,石油在国民经济中的地位与作用不言而喻,下面将从六个方面加以论述。

(1)石油是能源的主要供应者。石油炼制板块生产的汽油、煤油、柴油、燃料油以及天然气是当前能源的主要供应者,其提供的能源主要用作汽车、拖拉机、飞机、轮船、锅炉的燃料。

(2)石油促进了农业的发展。农业是我国国民经济的基础产业,石化工业提供的农用塑料薄膜、农药、化肥等对支援农业的发展起到了无可替代的作用。

(3)石油是材料工业的重要支柱之一。21世纪是高分子合成材料的时代,石油工业为国家提供了合成树脂与塑料、工程塑料、合成纤维、合成橡胶以及其他新型功能高分子材料。

（4）石油不仅在交通、农业、材料等领域发挥着无可替代的作用,其同时关系着国民经济的任何一个领域的存在和发展,因为任何领域都离不开能源的供应,任何机械也都离不开润滑。

（5）石油化学工业的发展,关系着国计民生和国防建设。人类生存需要的粮食、衣物、住房以及生活日用品,都离不开化学工业和石油化学工业;而各种常规军事武器（飞机、大炮、坦克等）的燃料和润滑油,宇宙飞行中所用的火箭燃料以及宇宙飞行器生产过程中所用的新型材料都和石油化工密切相关。

（6）生产化学工业和石油化学工业产品的煤、石油和天然气都是化石能源,是不可再生资源。能源是重要的战略物资,国际上石油价格的涨落直接影响股票市场的变化,以争夺石油资源为目标的中东局部战争不断爆发,能源的储备直接关系到一个国家的安全。

1.1.2　天然气在国民经济中的重要性

20世纪是"石油世纪"（1965年起石油超过煤炭成为人类的第一能源）,21世纪将是"天然气世纪"。

天然气作为最清洁的化石能源,是一种高热值、高效、清洁的气体,在人类生存、生活中具有重要地位,全球天然气的储量十分丰富,全球天然气探明的储量在不断增加。2018年全球天然气已探明储量为197.1万亿立方米,较2017年增加了1.3万亿立方米;2019年全球天然气已探明储量为198.8万亿立方米,较2018年增加了1.7万亿立方米。这是天然气成为一种优质清洁能源和重要的化工原料的资源保障。

据预测,在今后几十年中,天然气在发达国家能源需求中的重要作用还会更加突出。天然气成为一种优质清洁能源,在许多领域将会代替日趋减少的石油。全球天然气的消费量大致以平均每年2%~3%的速度在增长;在当今全球能源消费结构中,达到24%,成为三大主力能源之一。目前,全球正处于天然气取代石油而成为全球主要能源的过渡时期。国际能源界普遍认为,今后,全球天然气产量和消费量将会以较高的速度增长,2020年以后全球天然气的产量将要超过煤和石油,成为世界最主要的能源。其发展趋势如图1-1所示。

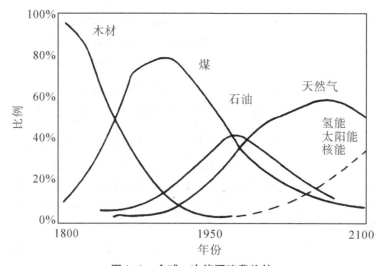

图1-1　全球一次能源消费趋势

近年来,全球天然气产量持续增长,2018 年全球天然气产量为 38 575 亿立方米,较 2017 年增加了 1 850 亿立方米;2019 年全球天然气产量为 39 893 亿立方米,较 2018 年增加了 1 318 亿立方米。2019 年北美天然气产量为 11 280 亿立方米,较 2018 年增加了 779 亿立方米,其产量占全球总产量的 28.27%;中南美天然气产量为 1 736 亿立方米,较 2018 年减少了 26 亿立方米,其产量占全球总产量的 4.35%;欧洲天然气产量为 2 359 亿立方米,较 2018 年减少了 153 亿立方米,其产量占全球总产量的 5.91%;独联体天然气产量为 8 465 亿立方米,较 2018 年增加了 154 亿立方米,其产量占全球总产量的 21.22%;中东天然气产量为 6 953 亿立方米,较 2018 年增加了 146 亿立方米,其产量占全球总产量的 17.43%;非洲天然气产量为 2 379 亿立方米,较 2018 年增加了 17 亿立方米,其产量占全球总产量的 5.96%;亚太地区天然气产量为 6 721 亿立方米,较 2018 年增加了 401 亿立方米,其产量占全球总产量的 16.85%。2009 年我国天然气产量为 852 亿立方米,而 2019 年该产量已达 1 761.7 亿立方米,整整翻了一番,并且超过同年加拿大 1 731 亿立方米的产量,升为世界排名第五的天然气生产大国。2020 年我国天然气产量达到 1925 亿立方米,连续 4 年增产超过 100 亿立方米。

从全球范围来看,天然气已成为各国向绿色低碳发展转型的主要过渡能源,近年来天然气需求增长迅猛,工业和电力需求将成为主要驱动力。2019 年全球天然气消费量为 39 292 亿立方米,较 2018 年增加了 776 亿立方米。随着工业化、城镇化的持续推进和环保要求的不断提升,预计未来天然气需求仍将持续快速增长。2019 年北美、亚太地区、独联体、中东、欧洲五个地区天然气消费量的总和占全球天然气消费量的 91.97%,是全球天然气的主要消费地区。2019 年北美天然气消费量占全球天然气消费量的 26.92%;亚太地区天然气消费量占全球天然气消费量的 22.14%;独联体天然气消费量占全球天然气消费量的 14.60%;中东天然气消费量占全球天然气消费量的 14.21%;欧洲天然气消费量占全球天然气消费量的 14.10%;中南美天然气消费量占全球天然气消费量的 4.21%;非洲天然气消费量占全球天然气消费量的 3.82%。

天然气主要用作各种燃料(见表 1-2),用作化工原料的比例虽然不高,但绝对量可观,不少国家的合成氨和甲醇 90% 以上是以天然气为原料生产的,详见表 1-3。

表 1-2　天然气消费结构(%)

区　域	发电	工业燃料	工业原料	民用及商用
北　美	11.9	47.2	3.4	37.5
欧　洲	19.2	31.0	4.3	45.5
独联体	35.8	43.6	4.0	16.6
东南亚	40.0	41.8	10.0	8.2
中　东	32.1	52.8	10.1	5.0
中　国	3.3	59.6	20.1	17.0

表 1-3　产品以天然气为原料所占比例(%)

产品	美国	英国	独联体	法国	印度	中国
合成氨	98.2	100	92.2	—	46.4	17
甲醇	100	90	90	80	—	18

由表 1-2 及表 1-3 可见,我国天然气化工利用的比例虽高,但由于用气量并不多,所以在合成氨及甲醇的原料结构中比例也不高。

1.2　石油的性质、组成与分类

1.2.1　石油的性质

1. 馏分和馏程

石油的每一种成分各有其沸点。在油品生产中把原油分为几个不同沸点范围的组分加以利用,如沸点范围在 40~205℃ 的组分作为车用汽油,180~300℃ 的组分作为灯用煤油,250~350℃ 的组分作为柴油,350~520℃ 的组分作为润滑油,大于 520℃ 的组分作为重质燃料油。

原油是石油的基本类型,常用一种称作实沸点的蒸馏装置(对石油产品常用恩氏蒸馏装置),将原油放入该装置中蒸馏,并在实验室测定各不同沸点范围的油品组成。蒸馏时,原油中低沸点组分首先被蒸发出来,蒸馏出第一滴油品时的气体温度叫做初馏点。随着蒸馏温度的不断升高,高沸点组分相继蒸发,直至蒸发完气体达到的最高温度,称为干点或终馏点。在一定温度范围内蒸馏出的油品叫做馏分。每个馏分的初馏点至干点叫做该油品的馏程。馏分与馏程,或蒸馏温度与馏出量之间的关系表明原油的馏分组成,馏分组成是油品质量的重要指标。

2. 比重与密度

石油的比重是指在工程制单位中,20℃(或 15.6℃)下的石油与 4℃(或 15.6℃)下同体积的水的重量之比,以(d_4^{20}、$d_4^{15.6}$、$d_{15.6}^{15.6}$)表示。在国际单位制中采用的物理量是密度,并规定标准密度以 ρ_{20} 表示,即 20℃ 时的密度。由于胶质和沥青的比重与密度较大,所以石油中胶状物质的含量越多,比重与密度就越大。当沸点范围相同时,含芳烃越多,比重与密度越大;含烷烃越多,比重与密度越小。

3. 凝点

石油中常含有一些大分子的烷烃或带长侧链的环烷烃等,分别叫做石蜡或地蜡。如果石油中含有相当数量的石蜡或地蜡,则当油温高于蜡的熔点时,它们就完全溶解于油中。而当油温低至一定温度时,石蜡或地蜡就会结晶析出成为固体,或者由于油的黏度增大,使其失去流动能力,此时相应的温度叫做凝点。含蜡越多,石油的凝点越高,对低温下的储运和使用越不利。

4. 闪点、燃点、自燃点

石油受热会蒸发,蒸发出来的油气与空气混合后,遇上点火,会发生短促的闪火现象,此时的温度叫做闪点。继续升高温度,点火不但有闪火现象,而且使油气持续燃烧,这时的温度叫做燃点。如果再继续加热到足够的温度,石油在不接触火焰的情况下也会自行燃烧,此时相应的最低温度叫做自燃点。

石油中成分的沸点低,其闪点也低。但馏分的沸点低,其自燃点却高。从化学组成来看,碳原子数相同的各类烃中,烷烃的自燃点最低,环烷烃次之,芳烃最高。

5. 含硫量

石油中的硫化物对石油产品的性质影响较大。石油中含硫越多,加工时越易引起设备腐蚀并污染环境。为了得到不含硫的石油产品,须采用较复杂的加工工艺。我国大部分油田如大庆、新疆等油田都生产低硫原油,但胜利油田的原油含硫量较高。

1.2.2　石油的组成

地下开采出来的石油在未加工前称为原油,通常是黑色、褐色或黄色的流动或半流动的黏稠液体,相对密度一般介于 0.80~0.98 之间。经过炼制,可以从原油中提取各种燃料油(汽油、柴油、煤油等)、润滑油、石蜡、沥青、石油焦等产品。原油的组成随着油区不同而不同,所得的各种石油产品也有所不同。但无论何种石油,均由五种元素即碳、氢、硫、氮、氧所组成。其中碳的质量分数一般为 83.0%~87.0%,氢的质量分数为 11.0%~14.0%,硫的质量分数为 0.05%~8.0%,氮的质量分数为 0.02%~2.0%,氧的质量分数为 0.05%~2.0%。此外,还有微量的镍、铁、钒、砷等元素。

石油中的碳和氢组成碳氢化合物,简称烃。硫、氧、氮等则与碳氢元素形成含硫化合物、含氧化合物、含氮化合物、胶质和沥青质等,简称非烃。

1. 烃类化合物

石油以及石油产品中的烃类按其分子结构的不同可分为以下几类。

1)烷烃

石油中既有正构烷烃也有异构烷烃。在常温常压下,分子中含有 1~4 个碳原子的是气体,5~6 个碳原子的是液体,17 个碳原子以上的是蜡状固体。

烷烃的化学性质不活泼,常温下不易与其他物质发生反应,但较大分子的烷烃可与发烟硫酸反应。此外,把大分子烷烃加热到 400℃ 以上时,可以裂解出小分子烃。

2)环烷烃

石油中的环烷烃有五元环和六元环,可以是单环、双环、三环或多元环。单环的环烷烃,其侧链上的碳原子数小于 4 个的多为液体,大于 4 个的多为固体。

环烷烃的性质与烷烃相似但稍活泼。在一定条件下,环己烷可以从分子中脱掉氢原子而转化为苯。高温可使环烷烃的环状结构断裂,生成烷烃和烯烃。

3)芳烃(芳香烃)

芳香烃也是石油的主要组分之一。在轻汽油(沸点小于 120℃)中含量较少,而在较高沸点(120~300℃)馏分中含量较多。芳香烃的抗爆性很高,是汽油的良好组分,常用作提高汽油质量的掺合剂;灯用煤油中含芳烃多,点燃时会冒黑烟且使灯芯易结焦,是有害组分;润滑油馏分中含有多环短侧链的芳香烃,它将使润滑油的黏温特性变差,高温时易氧化,因此,润滑油精制时要设法除去。芳香烃用途很广泛,可作为炸药、染料、医药、合成橡胶等,是重要的化工原料之一。

除上述三种烃类外,在极少数地区的石油中存在微量烯烃。但石油烃高温加工后会产生烯烃。烯烃不是饱和烃,故化学性质活泼,可与多种物质发生反应。例如在一定条件下可加氢转化为烷烃。小分子烯烃还能相互叠合成为大分子烃(烯烃的叠合反应)。

2. 非烃化合物

石油中的非烃化合物含量虽少,但它们大都对石油炼制及产品质量有很大的危害,是燃料与润滑油的有害成分,所以在炼制过程中要尽可能将它们除去。非烃类化合物主要有含硫化合物、含氧化合物、含氮化合物、胶质及沥青状物质等。

石油和石油产品中的非烃化合物大多数被认为是有害物质。

1) 含硫化合物

石油中硫化物除了元素硫、硫化氢、硫醇等活性硫外,还含有硫醚、环硫醚、二硫化物、噻吩及其同系物等非活性硫。石油的非活性硫化物在加热条件下均可以转化为活性硫化物。石油中的硫化物在加热蒸馏过程中一部分受热易分解为分子较小的硫化物和元素硫。不同石油组分中的硫化物含量均随馏分的变重而增加,大部分硫化物富集在渣油中。

2) 含氧化合物

石油的含氧量一般很少,大约在百分之零点几范围内。氧化物的存在对石油加工和石油产品的使用不利,引起设备的腐蚀。石油中氧多以有机化合物形式存在,有酸性、中性两类含氧化合物。酸性氧化物中有环烷酸、脂肪酸及酚类,总称为石油酸,其中以环烷酸为主且最为重要,它的含量约占酸性氧化物的 90% 以上。中性氧化物有醛、酮、醇、酯等,它们在石油中的含量极少。还有一部分氧存在于胶状或沥青状物质中,其分子结构十分复杂。馏分油中的酸性氧化物含量随馏分的变重而增加到一定值后减少,大部分酸性氧化物富集在 300~450℃ 的馏分中。它们具有刺激性臭味,有腐蚀性。

3) 含氮化合物

石油的含氮量一般在万分之几到千分之几。氮化物的存在会引起催化剂的中毒和润滑油的氧化安定性恶化。石油中的氮化物主要是吡啶、喹啉等碱性氮的同系物和吡咯、咔唑和卟啉等非碱性氮的同系物。大部分氮以胶状沥青状物质存在于渣油中。

4) 胶状及沥青状物质

胶状及沥青状物质是石油中结构最复杂、相对分子质量最大、极性最强的物质,除含有碳和氢外,还含有硫、氧、氮等元素。胶状及沥青状物质在石油中的含量为 10%~40%。胶质分子具有相当多的环状结构,并且多为稠环系,既有芳香烃,也有环烷烃及杂环。沥青质分子由稠环芳烃与氧、硫、氮杂环构成。胶质和沥青质并无本质区别,只不过沥青质比胶质分子量更大、极性更强,它们共同组成石油胶体体系的胶核,影响胶体体系的稳定性。

1.2.3 石油的分类

石油是一个组成十分复杂的混合物,不同地区和地层所开采的石油,从化学组成和物理性质来看,有一些原油彼此接近,在加工方案和加工中所遇到的问题也很相似,在实际工作中需要对其按一定的指标进行分类,以便采取不同的开采方法和炼制、加工方案。以下介绍几种常见的原油化学分类方法。

1. 密度分类法

原油的密度和原油的组成与馏分的轻重有着密切的关系,是一个很重要的指标。以密度作为分类的标准详见表 1-4。

表 1-4　原油的密度分类指标

原油的种类		密度（20℃）/（g/cm³）
天然汽油		<0.8017
轻质原油		<0.8600
中质原油	Ⅰ	0.8600~0.8950
	Ⅱ	0.8950~0.9250
重质原油	Ⅰ	0.9250~0.9500
	Ⅱ	>0.9500
特重质原油		>0.9660

2. 特性因数分类法

特性因数分类法是一种被广泛采用的原油分类方法。由于原油是一种复杂的烃类混合物，所以找不到一个代表式来表征原油的组成。但原油的性质却因其组成不同而有差异，从而提出特性因数的概念，其来源是将烷属烃依其沸点与密度的关系，在双对数坐标纸上绘出曲线。如果沸点用绝对温度来表示，发现 C_6 以上各烷属烃类成一直线。

烃的沸点与密度的关系用下列公式表示，即：

$$\ln d = n\ln T + \ln(1/K) \tag{1-1}$$

则：$K = (T \cdot n)/d$

式中：T——绝对温度，K；

　　　d——15.6℃的密度，g/cm³；

　　　K——特性因数；

　　　n——直线的斜率。

对一般的烃化合物，n 值近似于 1/3，T 取平均沸点，则得：

$$K = (1.216T^{1/3})/d \tag{1-2}$$

若用环状芳烃化合物，在同一坐标纸上做出同样的曲线，则曲线与正构烷烃曲线平行。此现象说明，环状芳烃化合物 K 值小于正烷烃，曲线的斜率仍为 1/3。测得各种烃的 K 值，烷烃 $K=12.7$，苯 $K=9.7$，甲苯 $K=10.1$，邻位二甲苯 $K=10.2$，乙苯 $K=10.3$，丙苯 $K=10.6$。

由上述结果可看出，原油馏分中含烷烃越多，则 K 值越高。所以，一般原油及其馏分的化学组成与相关联的物理常数可用 K 值表示，K 值被称为特性因数。原油及馏分中含烷烃比较多的称为石蜡基，沥青含量较多的称为沥青基，处于两者之间的称为中间基。石油的特性因数与基属关系见表 1-5。

表 1-5　特性因数与基属关系

特性因数	>12.2	11.5~12.2	<11.5
基属	石蜡基	中间基	沥青基、环烷基

原油的基属和其产品的一般性质见表 1-6。

表 1-6   原油的基属和其产品的一般性质

性质	石蜡基	环烷基
密度	轻	重
汽油辛烷值	低	高
灯油点灯现象	明亮	易冒烟
柴油指数	高	低
润滑油黏度指数	高	低
润滑油在使用条件下的安定性	好	坏
原油含蜡量	多	少
沥青的性质	坏	好

3. 关键馏分特性分类法

用原油简易蒸馏装置在常压下蒸得 250~275℃ 的馏分作为第一关键馏分。残油用没有填料的蒸馏瓶在 5.33kPa 压力下减压蒸馏,取 275~300℃ 馏分(相当于常压下 395~425℃)为第二关键馏分,分别测定上述两个关键馏分的密度,对照表 1-4 中的密度分类指标,决定两个关键馏分的属性,最后按照表 1-7 确定该原油属于所列七种类型中的哪一类。

表 1-7   关键馏分特性分类

序号	轻油部分的类别	重油部分的类别	原油类别
1	石蜡	石蜡	石蜡
2	石蜡	中间	石蜡-中间
3	中间	石蜡	中间-石蜡
4	中间	中间	中间
5	中间	环烷	中间-环烷
6	环烷	中间	环烷-中间
7	环烷	环烷	环烷

关键馏分的取得也可以取实沸点蒸馏装置蒸出的 250~275℃ 和 395~425℃ 馏分,分别作为第一关键馏分和第二关键馏分(见表 1-8)。表 1-8 括号内的 K 值是根据关键馏分中的平均沸点和相对密度指数查图求得的,它不作为分类标准,仅作为参考数据。关键馏分特性分类法的密度分类界限,对于沸点低和沸点高的两个馏分取不同数值,这比较符合原油组成的实际情况。

表 1-8   关键馏分的分类指标

关键馏分	石蜡基	中间基	环烷基
第一关键馏分	d<0.8210 密度指数>40 (K>11.9)	d<0.8210~0.8562 密度指数取 33~40 (K 取 11.5~11.9)	d<0.8562 密度指数<33 (K<11.5)
第二关键馏分	d<0.8723 密度指数>30 (K>12.2)	d<0.8723~0.9305 密度指数取 20~30 (K 取 11.5~12.2)	d>0.9305 密度指数<20 (K<11.5)

从表 1-8 中可看出,确定石蜡基和中间基的界限,低沸馏分 K 值取值为 11.9,而高沸馏分取值为 12.2 作为分类界限。例如,大庆油田 250~275℃ 馏分的 K 值为 12.0($<$12.2),如按特性因数分类标准将属于中间基,这与大庆原油真正的化学组成情况是不相符的,采用 K 值 11.9 这个界限时,大庆原油第一关键馏分仍属于石蜡基,由此可见,关键组分特性分类法能较好地反映原油的化学组成和性质。

表 1-9 是用上述两种方法对我国主要原油的分类结果。比较两种分类结果可以看出,关键馏分特性分类较为合理。例如,当用原油特性因数分类时,孤岛原油属于中间基,但从孤岛原油窄馏分的特性因数及一系列性质来看,应属于环烷基,若按关键馏分特性分类法也是属于环烷基。克拉玛依原油也有类似现象。

表 1-9　我国主要原油的分类

原油名称	硫含量/%	相对密度	特性因数 K	特性因数分类	第一关键馏分	第二关键馏分	关键馏分特性分类	建议原油分类命名
大庆混合原油	0.11	0.8615	12.5	石蜡基	0.814(K=12.0)	0.850(K=12.5)	石蜡基	低硫石蜡基
玉门混合原油	0.18	0.8520	12.3	石蜡基	0.818(K=12.0)	0.870(K=12.3)	石蜡基	低硫石蜡基
克拉玛依原油	0.04	0.8689	12.2~12.3	石蜡基	0.828(K=11.9)	0.895(K=11.5)	中间基	低硫中间基
胜利混合原油	0.83	0.9144	11.8	中间基	0.832(K=11.8)	0.881(K=12.0)	中间基	含硫中间基
大港混合原油	0.14	0.8896	11.8	中间基	0.860(K=11.4)	0.887(K=12.0)	环烷-中间基	低硫环烷-中间基
孤岛原油	2.03	0.9574	11.8	中间基	0.891(K=10.7)	0.936(K=11.4)	环烷基	含硫环烷基

属于同一类别的原油,具有明显的共性。石蜡基原油一般含烷烃量超过 50%,其特点是密度小,含蜡量较高,凝点高,含硫、含胶质较少,是属于地质年代古老的原油。这种原油生产的直馏汽油辛烷值低,而柴油的十六烷值较高。大庆原油就是典型的石蜡基原油。环烷基原油的特点是含环烷和芳香烃较多,密度较大,凝点低,一般含硫、胶质、沥青质较多,是地质年代较年轻的原油。它所生产的汽油含 50% 以上的环烷烃,直馏汽油的辛烷值越高,喷气燃料的密度大,质量热值和体积热值都较高,可以生产高密度喷气燃料;柴油的十六烷值较低,润滑油的黏温性质差。环烷基原油中的重质原油含有大量的胶质和沥青质,又称为沥青基原油,可以用来生产各种高质量的沥青,孤岛原油就属于这一类。中间基原油的性质介于这两类之间。

除以上的化学分类方法以外,还有工业分类(又称为商品分类),主要包括按相对密度分类、按硫含量分类、按含氮量分类、按含蜡量分类、按含胶质量分类等多种分类方法。工业分类的标准,世界各国按照本国原油或本国使用的原油性质来加以规定和划分,互不相同。

在化学分类的基础上,把商品分类法作为化学分类方法的补充,能更全面地反映原油的性质,如硫含量低于 0.5% 的为低硫原油,高于 0.5% 的为含硫原油,大庆原油属于低硫石蜡基,孤岛原油属于含硫环烷基,胜利原油属于含硫中间基。

1.3 天然气的性质、组成与分类

1.3.1 天然气的性质

天然气在标准状态下密度为 0.717 kg/m^3,相对密度约为 0.55,比空气轻,具有无色、无味、无毒之特性。在标准大气压下,其熔点为 -182.5℃,沸点为 -161.5℃,燃点为 -188℃,自燃温度为 482~632℃,最高燃烧温度可达 2 148℃。在 -107℃ 时,天然气的密度大致与空气相当,如果温度继续上升,密度会变小,从而比空气密度小,因此天然气容易在空气中扩散。天然气公司皆遵照政府规定添加臭剂(四氢噻吩),以便用户嗅辨。天然气在空气中含量达到一定程度后会使人窒息。若天然气在空气中浓度 5%~15% 的范围内,遇明火即可发生爆炸,这个浓度范围即为天然气的爆炸极限。爆炸在瞬间产生高压、高温,其破坏力和危险性都是很大的。天然气物理性质见表 1-10。

表 1-10 天然气主要烃类物理性质

性质	甲烷	乙烷	丙烷	丁烷
化学式	CH_4	C_2H_6	C_3H_8	C_4H_{10}
相对分子质量	16.043	30.070	44.097	58.124
熔点/℃	-182.5	-183.3	-187.6	-138.4
沸点/℃	-161.5	-88.6	-42.09	-0.5
密度 ρ_c/(kg/m^3)	0.7174	1.3553	2.0102	2.7030
相对密度(空气=1)	0.5548	1.04	1.56	2.05
闪点/℃	-188	-50	-104	-60
引燃温度/℃	538	472	450	287
临界温度/℃	-82.6	32.27	96.67	152.03
临界压力/MPa	4.544	4.816	4.194	3.747
饱和蒸汽压/kPa	53.32/-168.8	53.32/-99.7	53.32/-55.6	106.39/0
燃烧热/(kJ/mol)	890.31	1558.3	2217.8	2653
高热值 H_h/(MJ/m^3)	39.842	70.351	101.266	133.886
低热值 H_h/(MJ/m^3)	35.906	64.397	93.24	123.649
爆炸范围/%(体积分数)	5%~15%	2.9%~13%	2.1%~9.5%	1.5%~8.5%

天然气是多种物质的混合物,反映了不同组分的综合性质,因此天然气有以下几个重要的综合性质。

(1)相对密度低。天然气是相对密度低的无色气体,相对密度为 0.6~0.7,比空气轻。

(2)可燃性。天然气是一种可燃性气体,且发热量高、含碳量低,其热值为 37 260 kJ/m^3,

正是因为此性质,人们可以把天然气作为清洁、高效的燃料来使用。

（3）可压缩性。天然气具备一般气体的可压缩特性。开采出来在常温常压的天然气体积是储存在地下高温高压条件下天然气的 200~400 倍。

（4）气液相变难度高。天然气在常温下无法通过加压实现相变,即由气相到液相的改变,只有在临界温度以下时,加压才对气液相转变有促进作用。正是因为有此性质,天然气才可能实现压缩储存,提高其使用效率和适用范围,并使之应用于汽车燃料。

1.3.2　天然气的组成

天然气是指在不同地质条件下生成、运移,并以一定压力储集在地下构造中的气体。它们埋藏在深度不同的地层中,通过井筒引至地面。大多数天然气是可燃性气体,主要成分是饱和气态烃类,还含有少量非烃气体。有的天然气中非烃气体含量可能超过 90%。从化学组成来看,天然气的组分大致可以分为三类。

1. 烃类化合物

1）烷烃

在绝大多数天然气中,含甲烷（CH_4）65%～99%,是含量最多的组分。乙烷（C_2H_6）、丙烷（C_3H_8）和丁烷（C_4H_{10}）也有一定含量。在常温常压下为液体的戊烷（C_5H_{12}）及戊烷以上组分,包括它们的同分异构体（简记为 C_5^+）,通常含量甚微。

2）芳烃

不少天然气中含有少量的苯及其同系物。

3）不饱和烃和环烷烃

有的天然气中含有微量的不饱和烃和环烷烃。

2. 含硫化合物

1）无机硫化合物

天然气中含的无机硫化物,主要是硫化氢（H_2S）。天然气中硫化氢的含量,因产地、产层不同会有很大变化。有的天然气中硫化氢含量极微。

2）有机硫化合物

硫醇（RSH）：天然气中主要含甲硫醇（CH_3SH）和乙硫醇（C_2H_5SH）,更高的硫醇含量甚微。

硫醚（RSR）：天然气中有时含有少量的二甲基硫醚（CH_8SCH_3,简称甲硫醚）和二乙基硫醚（$C_2H_5SC_4H_5$,简称乙硫醚）,更高的硫醚在天然气中含量甚微。

二硫化物（RSSR）：天然气中有时含有少量的甲基二硫化物（CH_3SSCH_3）和乙基二硫化物（$CH_3CH_2SSCH_2CH_3$）。

氧硫化物（COS）：又叫做硫化羰、硫氧碳或羰基硫。天然气中有时含有微量的氧硫化碳。

其他：天然气中还可能含有极微量的二硫化碳（CS_2）、硫酚、噻吩及衍生物。

3. 其他组分

1）二氧化碳（CO_2）和一氧化碳（CO）

大多数天然气都含有二氧化碳,其含量有时相当高。有的天然气中含有少量的一氧化碳。

2) 氧(O_2)和氮(N_2)

天然气中含有游离氧的情况不多见,但是大多数天然气中都含有一定量的氮。

3) 水汽(H_2O)

从井下采出的天然气,一般都含有饱和水蒸气,即水汽。

4) 氢(H_2)、氦(He)、氖(Ne)和氩(Ar)

某些天然气含有少量的氢和氦,有时也含有微量的氖和氩。

5) 其他

近年来还发现有的天然气中含有汞蒸汽及其他可挥发性物质。

天然气的组成并非固定不变,不仅不同地区油、气藏中采出的天然气组成差别很大,甚至同一油、气藏的不同生产井采出的天然气组成也会有所区别。

1.3.3　天然气的分类

天然气的分类目前尚不统一,各国都有自己的习惯分法。常见的分法如下所述。

1. 按产状分类

天然气按产状可分为游离气和溶解气。游离气即气藏气,溶解气即油溶气和水溶气、固态水合物气以及致密岩石中的气等。

2. 按经济价值分类

天然气按经济价值可分为常规天然气和非常规天然气。常规天然气是指在目前技术经济条件下可以进行工业开采的天然气,主要是伴生气(也称为油田气、油藏气)和气藏气(也称为气田气、气层气)。非常规天然气主要是指煤层甲烷气、水溶气、致密岩石中的气及固态水合物气等。其中,除煤层甲烷气外,其他非常规天然气由于目前技术经济条件的限制尚未投入工业开采。

3. 按来源分类

天然气按来源可分为与油有关的气(包括伴生气、气顶气等)和与煤有关的气;天然沼气,即由微生物作用产生的气;深源气,即来自地幔挥发性物质的气;化合物气,即指地球形成时残留地壳中的气,如深海海底的固态水合物气等。

4. 按天然气烃类组成分类

(1) 干气:每 $m^3$① 气中,戊烷以上烃类(C_5^+)按液态计小于 10 mL 的天然气。

(2) 湿气:每 m^3 气中,戊烷以上烃类(C_5^+)按液态计大于 10 mL 的天然气。

(3) 贫气:每 m^3 气中,丙烷以上烃类(C_3^+)按液态计小于 100 mL 的天然气。

(4) 富气:每 m^3 气中,丙烷以上烃类(C_3^+)按液态计大于 100 mL 的天然气。

5. 按酸气含量分类

按酸气(硫化物和 CO_2)含量的多少,天然气可分为酸气和净气。

(1) 酸气指硫化氢和二氧化碳等含量超过有关质量要求,需经脱除才能管输或成为商品气的天然气。

---

① 　此处均指 20℃ 及 101.325 kPa 状态下的体积。

（2）净气指硫化氢和二氧化碳等含量甚微或不含有，不需脱除即可管输或成为商品气的天然气。

6. 我国习惯分法

我国习惯上把天然气分为伴生气、气藏气和凝析气。

1）伴生气

在地下储层中伴随原油共生，或呈溶解气形式溶解在原油中，或呈自由气形式在含油储层游离存在的天然气。当伴生气随原油一起从地下储集层采出到地面后，通常先在矿场分离器中与原油进行初步分离。分离出的原油往往蒸汽压较高，为防止其在储运中产生蒸发损耗，又常经过原油稳定过程将原油中的甲烷、乙烷、丙烷、丁烷及戊烷等组分脱除掉。脱出的这些气体烃类称为原油稳定气。无论是从矿场分离器分出的气体，还是经原油稳定过程回收的稳定气，都属于伴生气范畴。

伴生气一般多为富气，主要成分是甲烷、乙烷，其次是一定数量的丙烷、丁烷和戊烷以上的烃类，有的还有少量的非烃类气体。

2）气田气

气田气也叫做气藏气或气层气，在地下储层中呈均一气相存在，采出地面仍为气相的天然气。这类气通常都是贫气，主要成分是甲烷。

3）凝析气

在地下储层中呈均一气相存在，在开采过程中当气体温度、压力将至露点状态以下时会发生反凝析现象而析出凝析油的天然气。除含有甲烷、乙烷外，还含有一定数量的丙烷、丁烷及戊烷以上烃类。

思考题

1. 简述石油在国民经济中的地位。

2. 简述天然气在国民经济中的地位。

3. 石油的组成及其性质是什么？

4. 石油的分类方法有哪些？具体如何分类？

5. 天然气的性质和组成是什么？

6. 天然气按烃类组分可分为哪几种？

第2章 油气的生成与聚集

2.1 油气的形成

在学术界,关于油气的成因,概括起来有三种观点:油气无机成因说、油气有机成因说和油气成因二元论。油气无机成因说认为油气是在地下深处高温、高压条件下由无机物变成的;油气有机成因说主张油气是在地质历史上由分散在沉积岩中的动物、植物有机体转化而成的;油气成因二元论是指油气既可以是由有机物转变而来的,也可以是由无机物转变而来的。由于钻井深度的限制,人类目前主要开发有机成因的油气,所以本书主要讲有机成因说。

2.1.1 油气有机成因说

早在 18 世纪中叶,著名科学家罗蒙诺索夫曾提出"蒸馏说",他认为石油是煤在地下经受高温蒸馏而得的产物,这是石油成因的最早科学假说,也是最早的有机成因说。今天占主导地位的油气有机成因理论,主要是指在油气勘探及开采的大量生产实践和科学研究中产生、深化和不断完善的,并反过来有效地指导世界油气勘探实践。

1. 油气有机成因说的主要依据

油气的有机成因理论之所以能够确立,除了理论本身的合理性外,全球油气的分布和组成特性也支持这种理论。

(1)全球已经发现的油气田几乎都分布在沉积岩中,无论是在海相沉积盆地,还是在陆相沉积盆地中,都发现了大油气田。

(2)从前寒武纪至第四纪更新世的各时代沉积岩层中都找到了石油。石油和天然气在地质时代上的分布很不均衡,大部分油气分布于中生代以来的地层中,这些地层中分散有机质的平均含量是各时代地层中最高的。煤和油页岩等可燃有机矿产的时代分布也有这种特征。在含油气沉积盆地中总可以找到富含有机质的岩层,这表明石油与煤、油页岩及沉积岩中分散有机质具有成因的相关性。

(3)通过石油灰分与岩石圈比较发现,石油中富集了钒(2 000 倍)、镍(1 000 倍)、铜(50 倍)和钴(30 倍)等元素,甚至还富集了铅、锡、锌、钡、银等元素,富集系数都在 10 倍以上,而沉积岩中的基本元素(氧、硅、铝、钙、镁、钠、钾)在石油灰分中的富集系数都不超过 5 倍,煤与石油的灰分在微量元素组成上具有相似性,在活的生物体中微量元素也具有与此相近的分布特征。石油的碳同位素组成与生物有机质(尤其是脂类)的碳同位素组成相近,而与无机碳酸盐岩相差甚远。这些研究成果表明煤和石油与生物具有成因上的相关性。

(4)大量油田测试结果显示,油层温度很少超过 100℃,少量深部油层温度可以达到 141℃。在所有石油中,轻质芳香烃的含量中二甲苯>甲苯>苯,而当温度增加到 700℃ 时,就会急剧发生逆向变化。石油中还含有卟啉等只在低温下稳定的有机化合物。这些表明石油可能是在低温条件下形成的。

（5）除卟啉外，在石油中发现了许多如类异戊二烯型烷烃、萜类和甾族等被称为生物标志化合物的物质，这些化合物的化学结构为生物有机质所特有，这表明它们在成因上有相关性。

（6）从现代沉积物和古代沉积岩中检测出石油中所含的所有烃类。许多学者对近代沉积物进行研究发现在近代沉积物中确实存在着油气生成过程，至今还在进行着，而且生成的油气数量也很可观。这些都为油气有机成因学说提供了有力的科学依据。

2. 油气有机成因说的发展概况

油气有机成因说的建立和形成经历了漫长的过程，许多学者进行了长期的探索、研究。20 世纪 20 年代初期，维尔纳茨（Vilnaz）等系统地研究了有机质的地质作用，在其主要著作《地球化学概论》和《生物圈》等书中，详细论述了石油的有机组成和石油有机成因的主要依据，提出了碳循环模式。

20 世纪 30 年代，特雷布斯（Treibs）首次发现并证实了卟啉化合物广泛存在于不同时代、不同成因的石油、沥青中，他认为这些卟啉化合物来源于植物叶绿素，从而为石油有机成因理论找到了一个极为重要的依据。

20 世纪 50 年代初，美国的史密斯和苏联的维尔别等人成功地从现代海洋沉积物中分离鉴定出微量类似于原油的烃类化合物，从而使石油直接起源于现代沉积物有机质的观点得以广泛流传，出现了早期生油说。该学说认为沉积物所含原始有机质在成岩过程中逐步转化为石油和天然气，并运移到邻近的储集层中去的。

20 世纪 50 年代中期至 60 年代，随着各种色谱技术的广泛采用，对地质体中微量可溶有机组分的研究工作已展开。大量有机地球化学基本资料的积累和综合分析，使人们对沉积有机质的演化有了深入的认识。这时期还研究了沉积物、沉积岩和石油中正烷烃和脂肪酸的分布特征和成因。现代沉积物和生物体中的正烷烃碳数分布具有奇偶优势，正脂肪酸碳数分布具偶奇优势，而古老沉积岩和石油（或油田水）中不具此优势，这一发现有力地批判了沉积有机质直接成油说，更重要的是，它揭开了有机质成岩演化机理及其与石油形成关系研究的序幕。

20 世纪 70 年代初，法国著名地球化学家哲蒂索（Tissot）等人归纳了前人的研究成果，建立了干酪根热降解生烃演化模式，提出并完善了干酪根晚期生烃学说，总结了油气形成、演化与分布规律。至此，石油生成的现代成因理论已基本建立起来，它不仅符合客观地质事实，而且在指导油气勘探中发挥着重大作用。

原始有机质从沉积、埋藏到转化为石油和天然气，是一个逐渐演化的过程，不能由于晚期生油说的合理性而完全排斥早期生油说的可能性。在干酪根晚期生烃理论广泛为人们所接受的同时，在全球许多地区的油气勘探实践中，不断发现有"未低成熟"石油的存在，即在根本不具备成熟烃源岩的地区发现了石油，甚至在发育"未低成熟"烃源岩的地区，已探明的石油储量超过了成熟烃源岩的可能生油量。这表明自然界中确实还存在相当数量的各类早期生成的非常规油气资源。这一学说的提出无疑将进一步充实与完善油气成因理论，促使油气资源评价技术方法的改进和发展，拓宽油气勘探领域。

　　近年来,石油有机成因说的又一进展是煤成烃理论的发展与完善。人们早就发现,煤和煤系地层能够生成大量天然气并聚集成藏,但长期以来,认为成煤环境不利于生油。自20世纪60年代以来,在世界各地相继发现了一批与中、新生代煤系地层有关的油气田,这表明,煤系地层不仅是天然气的主要来源,而且也能形成相当数量的石油。近年来,煤成油研究和勘探已经引起国内外学者的关注,人们通过有机岩石学与地球化学相结合的方法和实验模拟对煤成油问题进行深入的理论探索,提出煤系地层有机质生烃机理和有机质演化模式。

　　石油和天然气的成因是一个非常复杂的理论问题,尽管目前油气有机成因理论日臻完善,在油气勘探实践中发挥着重要的作用,但并不能由此否定油气无机成因说的科学价值。近20多年来,随着宇宙化学和地球形成新理论的兴起,板块构造理论的发展和应用,以及同位素地球化学研究的深入,为油气无机成因理论提供了新的理论依据。更值得一提的是,越来越多的研究者注意到,地球深部来源物质对沉积有机质转化为油气所起的重要作用(加氢和催化),这可以说是油气有机和无机成因说的相互融合。

　　总之,无论是油气有机成因说还是无机成因说,都还有许多问题尚待进一步深入研究,诸如地球深部和宇宙空间烃类的成因及分布、各种原始物质(包括有机物与无机物)转化为油气的详细机理、不同原始物质生成的石油或天然气有哪些特征、定量确定烃源岩层及其生烃数量和排烃效率等问题。我们相信,随着现代科学技术和实验手段的发展,油气成因理论的科学研究必将会更加深入。

2.1.1.1　生成油气的物质基础

　　按照油气有机成因说的观点,生成油气的原始物质是地质历史时期中的生物有机质,在生物、化学、温度、催化剂等作用下,有机质逐渐向油气转化,在浅层可生成大量天然气,埋藏到一定深度可大量生成石油。

　　1. 沉积有机质

　　生物体及其分泌物和排泄物可直接或间接地进入沉积物中,或经过生物降解作用和沉积埋藏作用保存在沉积物或沉积岩中,或经过缩聚作用,演化生成新的有机化合物及其衍生物,这些有机质通常被称为沉积有机质。油气是由生物死亡后转变而成的,大量有机质的存在就是油气生成的物质基础。

　　地球上自寒武纪出现生命大爆炸以来,新陈代谢历经5亿多年,地下积累的生物有机体何止万万亿吨。据统计,现在地球上活着的生物可达10亿吨,特别是低等生物的繁殖速度非常惊人。据统计,一个硅藻在不受任何限制的理想条件下,8天之内就可繁殖到与地球一样大的体积。当然,很大一部分有机质由于没有适宜的环境而被氧化腐烂,不能转变成石油,但保存下来的即使只有很少一部分也是很可观的。

　　根据亨特的研究,沉积岩中只有约0.01%的有机碳以油气的形式存在于储集层中,可见石油的生成与聚集是非常低效的。但尽管如此,由于地壳沉积物体积巨大(约8 000万立方千米),有机碳平均含量为1%,近代沉积物平均有机碳含量为2.5%,古代沉积物中约为1.5%,并且以0.1%转化为烃类计算,将会生成8 000亿立方米的烃类。

　　2. 干酪根

　　石油有机成因晚期成油说认为,石油及天然气是沉积有机质在沉积过程中、在缺氧的还原环境和一定的压力及温度条件下生成的不溶于有机溶剂的物质,即干酪根,在成岩过程中的晚期经过热解作用生成的。干酪根是沉积有机质的主体,约占总有机质的 80%~90%。研究认为,80% 以上的石油烃是由干酪根转化而成。在不同沉积环境中,由不同来源有机质形成的干酪根,其性质和生油气潜能差别很大。干酪根可以划分为以下三种主要类型。

(1) Ⅰ型干酪根(称为腐泥型):它可以来自藻类沉积物,也可能是各种有机质被细菌改造而成的,生油潜能大,每吨生油岩可生油约 1.8 kg。

(2) Ⅱ型干酪根:来源于海相浮游生物和微生物,生油潜能中等,每吨生油岩可生油约 1.2 kg。

(3) Ⅲ型干酪根(称为腐殖型):来源于陆地高等植物,对生油不利,每吨生油岩可生油约 0.6 kg,但可成为有利的生气来源。

2.1.1.2　生成油气的条件

沉积有机质是油气生成的物质条件,但是要使这些有机物质有效地保存并向石油转化,还需要适当的环境条件。这些环境条件可以归纳为两个方面:一是古地理环境与地质条件,二是物理和化学条件。

1. 古地理环境与地质条件

(1)长期被淹没的水体。原始有机质不易被氧化,有利于有机质的保存。

(2)离岸近的地区。有供水生生物生长的陆源有机质随河流输入,水体深度适中,可保持一定的阳光和温度,有利于生物生长。

(3)浅海(湖)地区。深海区生物生长条件较差,生物较少,浅表水体的生物尸体下沉到海底需要很长的时间,在这期间生物尸体易被氧化散失。浅海地区也是黏土、细粒、灰岩等极细粒沉积物的重要沉积场所,这就为大量繁盛、快速代谢的动植物尸体的掩埋保存提供了有利条件。

(4)稳定的水体。水体不稳不利于生物繁殖和有机质沉积保存。

(5)地壳长期稳定沉降,而且沉降幅度应与沉积物补偿的速度大体一致。若地壳的沉降速度大于沉积速度,则水体将逐渐加深,不利于有机质的沉积与保存;若地壳沉降速度小于沉积速度,则水体将逐渐变浅甚至露出水面,沉积有机物将会遭受氧化破坏。

2. 物理和化学条件

有机质向油气转化是一个复杂的化学变化过程。任何化学变化的发生都需要一定的条件,油气的生成也不例外。在有机质向油气转化的过程中,细菌作用、温度、时间、压力、催化剂等都是必不可少的理化条件。

(1)细菌作用。对油气生成来讲,最有意义的是厌氧细菌。在缺乏游离氧的还原条件下,有机质可被厌氧细菌分解而产生甲烷、氢气、二氧化碳以及有机酸和其他碳氢化合物。

(2)温度与时间作用。沉积有机质向油气演化的过程同任何化学反应一样,温度是最有效和最持久的作用因素。若沉积物埋藏太浅,地温太低,有机质热解生成烃类所需的反应时间很长,难以生成工业数量的石油。随着埋藏深度的增加,当温度升高到一定数值时,有机质才开始大量转化为石油。这个温度界限称为有机质的成熟温度,又称为门限温度,其对应的深度称为门限深度。

(3)压力作用。随着沉积物埋藏深度的增加,上覆地层厚度增大,沉积物的温度、压力随之升高。压力升高将促进化学反应,显然较高的压力将有利于生油过程的进行,此外,压力也可促进大分子烃类加氢转化为较小分子的烃类。

(4)催化剂作用。催化剂是一种化学反应的加速剂。有机质成油转化是一个复杂而漫长的物理化学过程,生油母质多是结构复杂的高分子物质,要使其转化为分子相对较小的石油烃类,催化剂的参与是不可或缺的。黏土就是一种很好的催化剂。

(5)放射性作用。放射性作用可以促进有机质的成油转化。主要的放射性元素铀、钍、钾等在黏土岩、碳酸盐岩中都有一定的富集。在实验室用 α 射线轰击软脂酸,可得到少量与正十一烷及正十二烷近似的液体。

在有机质向油气转化的过程中,上述各种条件的作用强度不同。细菌和催化剂都是在特定的阶段作用显著,可加速有机质降解生油、生气,放射性作用则是可不断提供游离氢的来源,只有温度与时间在油气生成的全过程中都有着重要作用。所以,有机质向油气的转化,是在适宜的地质环境中,多种因素综合作用的结果。

2.1.1.3　有机质演化成烃模式

在沉积盆地的发育过程中,原始有机质伴随其他矿物质沉积后,随着埋藏深度的逐渐加大,所经受的地温不断升高,在乏氧的还原环境下,有机质逐步向油气转化。在不同深度范围内,促使有机质演化的不同物理、化学条件,致使有机质的转化反应及其主要产物都有明显的区别。油气形成过程大致可分为四个逐步过渡的阶段:生物化学生气阶段、热催化生油气阶段、热裂解生凝析气阶段及深部高温生气阶段。图 2-1 所示为有机质成烃演化模式,其中 R_0 代表镜质体反射率(油气成熟度的指标)。

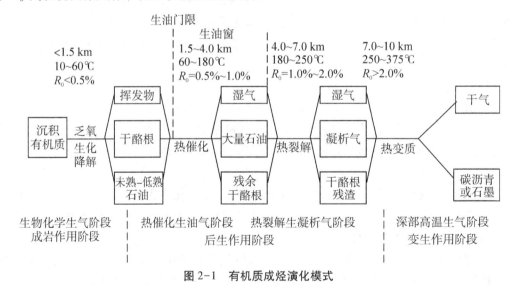

图 2-1　有机质成烃演化模式

1. 生物化学生气阶段

当原始有机质堆积到盆底之后,就开始了生物化学生气阶段。该阶段的沉积物埋藏深度范围是从沉积界面到数百米乃至 1 500 m 深处,温度在 $10 \sim 60 ℃$,以细菌活动为主。在还原环境下,沉积有机质被厌氧细菌选择性分解,转化为相对分子质量更低的生物化学单体,部分有机质被完全分解成 CO_2、CH_4、NH_3、H_2S 和 H_2O 等简单分子。

在这个阶段,埋藏深度较浅,温度、压力较低,大部分有机质转化成干酪根保存在沉积岩中。由于细菌的生物化学降解作用,产物以甲烷为主,它们可以富集成特大型气藏,埋藏深度浅,易于勘探和开发。

2. 热催化生油气阶段

当沉积物埋藏深度在 1 500~4 000 m 时,地温升至 60~180℃,促使有机质转化的最活跃因素是热催化作用,其中黏土矿物的催化作用可以降低有机质的成熟温度,促进石油的生成。实验证明,黏土矿物有助于干酪根产生低分子液态和气态烃,因此,在有黏土矿物的催化作用下,地温不需太高,便可使干酪根发生热降解,获得大量低分子液态烃和气态烃。在热催化作用下,有机质能够大量转化为石油和湿气,成为主要的生油时期,这个阶段通常称为"生油窗"。

3. 热裂解生凝析气阶段

当沉积物埋藏深度在 4 000~7 000 m 时,地温达到 180~250℃,超过了烃类物质的临界温度,主要反应是大量 C-C 链的断裂,包括环烷烃的开环和破裂,使液态烃急剧减少。C_{25} 以上的高分子正构烷烃含量逐渐趋于零,只有少量低碳原子数的环烷烃和芳香烃;相反,低分子正构烷烃剧增,主要是甲烷及其气态同系物。甲烷及其同系物在地下深处时呈气态,当采至地面时,由于温度、压力降低,反而凝结为液态轻质石油,即凝析油,并伴有湿气。在该阶段有机质进入了高成熟时期。

4. 深部高温生气阶段

当深度超过 7 000 m 时,温度超过了 250℃,以高温、高压为特征,已形成的液态烃和重质气态烃强烈裂解,变成热力学上最稳定的甲烷。干酪根残渣释出甲烷后进一步缩聚,H/C原子比降至 0.3~0.45,接近甲烷生成的最低限。所以,这个阶段出现了全部沉积有机质热演化的最终产物——干气甲烷和碳沥青或石墨。

上述有机质向油气转化的四个阶段只是一个模式,对不同的沉积盆地而言,由于其沉降史、地温史及原始有机质类型的不同,其中的有机质向油气转化的过程不一定全都经历这四个阶段,有的可能只进入了前两个阶段,尚未达到第三阶段,而且每个阶段的深度和温度界限也可能有较大差别。

另外,由于源岩有机质显微组成的非均质性、不同的显微组成的化学成分和结构的差别,决定了有机质不可能有完全统一的生烃界线。不同的演化阶段,可能存在不同的生烃机制。

2.1.2　油气无机成因说

俄国化学家门捷列夫于 1876 年提出油气成因的"碳化物说"以来,有关油气的无机成因研究,一直有研究者在不断地探索。纵观不同研究者的成因说,归纳起来可以分为两大类。

1. 泛宇宙说

泛宇宙说认为包含烃类在内的有机化合物是在宇宙天体的无机演化过程中形成的,地球也不例外,在其形成时就包含有机物。陨石和行星中的有机化合物、地球火山喷气和幔源岩浆岩中存在有机包裹体等,都是泛宇宙说的主要证据。这一类成因说主要包括以下两种理论。

1)宇宙说

宇宙说由俄国学者索可洛夫于 1889 年在莫斯科自然科学研究者协会年会上首次提出。宇宙说主张在地球呈熔融状态时,碳氢化合物就包含在它的气圈中,随着地球冷凝,碳氧化合物被冷凝岩浆吸收,最后它们凝结于地壳中而形成石油。宇宙说的基本论点为:

(1)在天体中碳和氢的储量很大,因此同样可以假设这些元素在地球上也很丰富。

(2)由碳、氢合成碳氢化合物出现在天体发展的早期阶段,例如在温度小于 1 000 ℃ 时,甲烷可按下列方式生成:

$$CO + 3H_2 \longrightarrow CH_4 + H_2O \qquad\qquad (2-1)$$
$$CO_2 + 4H_2 \longrightarrow CH_4 + 2H_2O \qquad\qquad (2-2)$$

(3)同其他天体一样,地球上形成的碳氢化合物后来被岩浆所吸收。

(4)当岩浆进一步冷却和体积收缩时,包含在其中的碳氢化合物就沿断裂或裂隙分离出来。

2)地幔脱气说

高尔登(T. Gold)等根据太阳系、地球形成演化的模型,认为地球深部存在着大量的甲烷及其他非烃资源。这些甲烷在地球形成时就已大量存在,它们在地球分异演化的早期,从地球深部被加热而释放出来。经地质历史时期的种种变化,这些甲烷向上运移,有的在上地幔和地壳中停留,有的被释放到大气圈中。根据地球演化理论,大约在距今 350 亿年前,由地幔物质脱气作用形成的大气圈是还原性的,当时的大气中含有甲烷。那些被保存在地壳和上地幔中的甲烷等气体,当存在"地幔柱"并有断裂(裂谷)时,这些气体便可通过断裂、火山活动或在地壳运动中释放。显然这种释放过程贯穿整个地质历史时期,地幔脱气作用释放的气体,大部分逸散到大气中,仅有小部分形成了天然气藏。就目前来说,这种气藏多与沉积岩层有关,但是火山岩气藏正越来越多地被发现。东太平洋海隆、红海、冰岛及中国五大连池、云南腾冲等火山岩区均有这类成因的天然气。

苏联科学院地质研究所极重视地球深源气的研究,根据它们的理论和实验模拟以及大量的地球化学资料,论证了在强还原条件下形成的深源气是 H_2、各种烃类气及 H_2S。他们认为:在上地幔这种特有的温度和压力条件下,液-气相是 H_2 和烃的巨大储气库,由地球深源向地壳表层运移的 H_2 和甲烷的脱气过程受构造控制。根据热力学计算和在压力为 65 MPa、温度为 1 700 ℃ 的条件下模拟表明:高压一方面可使烃类热分解得以抑制,另一方面则促使烃类发生环化、聚合作用和凝析作用,从而向高分子的烃类演化,这为深源气合成油提供了实验依据。事实上,这种深源气理论已用于指导超深井的勘探。苏联制定了 11 个地区的超深井规划,以验证地球深源气。其中波罗的海地盾科拉半岛上的 SG-3 井,1975 年 5 月开钻,到 1983 年 12 月,钻至 12 066 m,是世界上钻得最深的井(设计井深 15 000 m),该井在 7 000 m 深处的太古宇科拉群的片麻岩和角闪岩中,发现了沥青包裹体和高浓度 H_2、CH_4、He、N_2 及卤水,证明了地壳深处有非生物成因的甲烷等。

2. 地球深部的无机合成说

地球深部的无机合成学说认为,油气是在地球的深处,在高温、高压和催化剂的作用下由 H_2O、CO_2、H_2 等简单无机物反应形成的。这种学说主要有以下几种理论。

1）门捷列夫的碳化物说

该假说认为在地球内部水与金属碳化物相互作用，可以产生碳氢化合物。

$$3Fe_mC_n + 4mH_2O \longrightarrow mFe_3O_4 + C_{3n}H_{8m} \tag{2-3}$$

地球形成时期，温度很高，使碳和铁变为液态，互相作用而形成碳化铁。碳化铁密度较大，保存在地球深处。后来，地表水沿地壳裂隙向下渗透，与碳化铁作用产生碳氢化合物，后者又沿着裂隙上升到地壳的冷却部分。有些碳氢化合物浸透了岩石，形成油页岩、藻煤及其他含沥青岩石。有些碳氢化合物在地表附近受到氧化，形成沥青等产物。如果碳氢化合物上升到地壳比较冷却部分，冷凝下来形成石油，并在孔隙性岩层中聚集便可形成油藏。由于无法证实地球的深部存在金属碳化物，所以这种学说没有得到人们的认同，但是这可以说是最早提出的有关油气形成的无机假说。

2）高温生成说

切卡留克（Chekorek）根据合成金刚石的实验，用矿物混合物（方解石、石英、六水泻盐等）代替石墨反应器，在高压（6 000~7 000 MPa）和高温（1 800 K）下，几分钟后由反应器中分离出易挥发组分，包括甲烷、乙烷、丙烷、丁烷、戊烷、已烷及少许庚烷，从而认为在深约150 km 的上地幔古登堡层内，在温度超过 1 500 K、压力达 5 000 MPa 下，由于有 FeO 和 Fe_3O_4 的参与，H_2O 与 CO_2 被还原而形成烃类。在强烈褶皱作用下，深部石油进入地壳沉积岩，并由低分子烃转化为高分子烃及环状烃。

3）蛇纹石化生油说

耶兰斯基（Yelanski）根据某些油田发现于蛇纹岩及强烈蛇纹石化的橄榄岩中，例如苏联伏尔加-乌拉尔油区的巴依土冈和丘波夫油田，于是他提出橄榄石的蛇纹石化作用可以产生烃类。

$$3(Fe,Mg)_2SiO_4 + 7H_2O + 3CO_2 \longrightarrow 2Mg_3(OH)_4Si_2O_5 + 3Fe_2O_3 + C_3H_6 + Q$$
$$\tag{2-4}$$

橄榄石的蛇纹石化作用发生在埋深 22~40 km 的地壳玄武岩层底，是橄榄岩同 12~22 km 深处的深水圈层接触的结果。这种接触发生在地壳深坳陷，由于延伸扩张、裂开，水沿断裂进入橄榄岩发育带，生成的烃类又沿着断裂进入沉积岩。

4）费-托地质合成说

前伦敦皇家学会主席、化学家鲁滨逊（R. Robinson）注意到原油中正构烷烃的分布与费-托合成"临氢重整"油中的分布相同，据此，他提出地球上原始的石油可能是 20 亿年前通过如下费-托反应（300~400℃）生成的。

$$CO_2 + H_2 \xrightarrow{Fe、Co、Ni、V} C_nH_m + H_2O + Q \tag{2-5}$$

由于费-托合成反应需要满足各种条件，不同的学者研究了在不同的地质条件下该反应发生的可能性。有学者研究表明，自然界常见的超镁铁岩在蛇纹石化作用过程中有 H_2 放出，所以地壳中只要有超镁铁岩的蛇纹石化作用，便可以产生大量的 H_2，大洋中脊、板块俯冲带和裂谷都是超镁铁岩蚀变产生 H_2 的有利场所。蛇绿岩、科马提岩等超镁铁岩经常与碳酸盐矿物共生，在蛇纹石化过程中，这些碳酸盐矿物有可能释放出 CO_2。板块俯冲、岩浆侵入、裂谷等地质环境均适宜 CO_2 的排放。研究表明：在费-托合成反应中，不仅金属铁有催化活性，离子化（氧化）的铁也有与金属铁一样的催化活性。在合成过程中由于 CO_2 的离解，表层磁铁矿会不断氧化成赤铁矿,同时在 H_2 的作用下,它又重新还原成磁铁矿。

有研究还表明,在 500℃ 的温度下,氧化铁可以与它的承载物(氧化硅或氧化铝)交换阳离子,即铁离子进入承载晶格比较稳定的位置,因此获得了良好的催化活性。由此推测,铁硅酸盐可能也是费-托合成反应的活跃催化剂,而磁铁矿、赤铁矿、铁硅酸盐都是地壳中常见的矿物,完全可以满足费-托合成反应的需要。

在大陆岩石圈中,只要有蛇纹石化产生 H_2、脱碳作用生成 CO_2,还具备费-托反应所需的 500℃ 以下的温度,就可以有费-托合成反应的发生。目前看来,最适宜的部位是俯冲板块的接触带、蛇纹岩推覆体、裂谷作用所薄化的地壳中。费-托反应合成的烃类伴随着断裂岩浆活动上升,并运移到储集层中形成油气藏。克莱米(H. O. Klemme)曾做过统计,发现全球油气的一半以上与板块俯冲及其相联系的各种断裂有关,并注意到,在这些断裂发现大油气田的机会更多。例如,加拿大近海、北美东部、中部、西部,北海及沙特阿拉伯等含油气盆地的基底均存在与板块附冲作用有关的深大断裂。萨特马莉(P. Szatlmari)据此提出费-托地质合成石油的一般模式。

2.2　油气田的形成及其聚集

石油地质学家总结实践经验,提出油气田形成要具备生、储、盖、圈四大要素,要经历运移、聚集、保存等过程。生、储、盖、圈四大要素,是指生油层、储集层、盖层和圈闭。生油层生成的油气,运移到储集层,再在储集层经过横向和纵向运移,进入圈闭中,即形成油气藏。在受单一局部构造控制的同一面积内,若干个油气藏组成一个油气田。油气田形成后,还要经受地壳运动的"考验",有的油气田的盖层或圈闭遭到破坏,油气逸散到地表,有的则保存至今,成为能源生产基地。

2.2.1　生油气层

学界通常把能够生成油气的岩石称为烃源岩(或称为生油气母岩),由烃源岩组成的地层称为生油气层。

岩性特征是研究生油层的最直观标志,岩性与原始有机质和还原环境有一定的联系。生油岩一般粒细、色暗、富含有机质和微体生物化石、常含原生分散状黄铁矿、偶见原生油苗。常见的生油层主要包括黏土岩类和碳酸盐岩类。

生油岩岩性特征是定性研究烃源岩的生油气条件,而地化特征则是定量评价烃源岩的生油气潜力。一个沉积盆地中只有有效的生油岩才能提供商业油气聚集。作为有效生油岩首先必须具备足够数量的有机质、良好的有机质类型,并具有一定的有机质热演化程度。

通常采用有机质丰度来代表岩石中所含有机质的相对含量,衡量和评价岩石的生烃潜力,其中有机碳含量是最主要的有机质丰度指标。良好的生油岩都具有较高的有机碳含量,通常将 0.5% 的有机碳含量作为泥质生油岩的下限。

成熟度是表示沉积有机质向石油转化的热演化程度。镜质体反射率是目前用于评价生油岩成熟度的最有效指标。随着有机质热演化成熟度的增加,镜质体反射率逐渐增大。在生物化学生气阶段,镜质体反射率低于 0.5%;在热催化生油气阶段和热裂解生凝析气阶段,镜质体反射率从 0.5% 上升到 2%；至深部高温生气阶段，镜质体反射率继续增加。因此，测定生油岩中的镜质体反射率，可以预测油气的分布。

2.2.2　油气的储集层

1. 储集层的定义及作用

油气储存在岩石的孔隙、洞穴和裂缝之中。凡是具有孔、洞、缝，流体又可以在其中流动的岩石，叫做储集层。储集层具有流体储存的空间和流体运动的通道。

储集层在油气生成和油气田形成中扮演了十分重要的角色。生油层生成的石油、天然气不断地运移到储集层（石油地质称为初次运移），油气才能不断地生成。另外，生油层生成的油气和水混杂在一起，成混沌状，进入储集层后，油气才逐渐与水分离，形成油滴、气泡，并不断聚集，由小到大，最后形成油气田。

2. 储集层的物性参数

储集层有三个重要的物性参数，即孔隙度、渗透率和饱和度。

储层岩石具有储存油气的孔隙、裂缝、溶洞等孔隙空间。孔隙度是岩石本身的孔隙体积与岩石总体积的比值，是表示岩层储存流体能力的参数。只有相互连通的孔隙、裂缝等才有实际意义，油气既能储集进去，又能流得出来。人们把岩石中互相连通的孔隙体积占岩石总体积的百分数，称为有效孔隙度。储集层孔隙度数值大，表明储藏油气的空间大，可以容纳的油气较多。

储层岩石是由弯弯曲曲的细小孔道组成，油气在这些孔道中流动叫做渗流（也叫做渗透），岩石通过油气的能力叫做岩石的渗透性。渗透性的大小用渗透率表示，渗透率的数值愈大，储层的渗透性愈好，油气越容易流动，越容易采出来，可以获得较高的产量。有效渗透率是指当多相流体共存时，岩石允许其中每一相流体通过的能力。在油气田开采中，通过试井资料，可求得有效渗透率，了解油气水在孔隙中的渗流状况。

储层孔隙被某种流体充满的程度，叫做该种流体的饱和度，如储层的含油饱和度（S_o）、含气饱和度（S_g）和含水饱和度（S_w）。通常是以该流体所占孔隙体积的百分数来表示。由于储层孔隙通常被油、气、水充填，因此可得：

$$S_o + S_g + S_w = 1 \qquad (2-6)$$

油气生成之后，从生油层运移到储油层，包括了一个油气驱水的过程。在油气藏逐步形成的过程中，原来储存在储集层中的水，不是全部都被油气驱替出去，有一部分水仍然与油气一起留在储层中，这种水叫做束缚水。束缚水所占的体积与孔隙体积之比就是储层的束缚水饱和度。

3. 储集空间类型

不同类型的岩石，具有不同的储集空间类型。其中砂岩、砾岩以粒间孔隙为主，石灰岩、火成岩以溶洞、裂缝为主，包括洞穴、孔洞等，大小不一、形状各异。

随着勘探的深入，储集层和储集空间越来越丰富。鬼斧神工的大溶洞、云蒸霞蔚的火山口、色彩斑斓的珊瑚礁，都成了石油、天然气在其间遨游的储集空间。储集层已从沉积岩扩展到火成岩、变质岩，储集空间类型也五花八门，越来越多。

2.2.3　油气的盖层

盖层是覆盖在储集层上面的致密不渗透岩层,是防止石油、天然气向外逸散的"屏障"。作为盖层的岩石有泥岩、页岩、石膏、盐岩、致密灰岩等。

从生油层进入储集层的油气,在各种压力的驱动下,呈现运动状态,既可向储集层的高部位运动,又可向储集层上方岩层扩散。如果没有致密、坚硬的盖层盖在储集层上面,储集层中的石油、天然气就要不断扩散出去,最终影响油气的聚集和油气田的形成。

良好的盖层应具备的条件有:①盖层要有一定的厚度,能承受地层巨大的压力;②盖层的分布要稳定,防止储集层上方出现"漏洞"而使油气从"漏洞"中逸散出去;③盖层还要求不受地壳运动而破坏。

2.2.4　地质圈闭

在解释什么是地质圈闭以前,让我们先看一个简单的物理实验(如图 2-2 所示)。

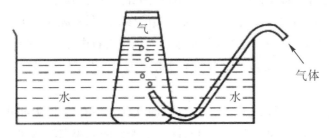

图 2-2　地质圈闭聚集油气实验

将一个装满水的玻璃杯子倒扣在盛水的盆中,在下方的杯口处通一根橡皮管,从管中向杯内吹入气体或注入一种油品,油或气会进入杯中的最高部位而把水排出杯外。这个实验说明杯子起了地质圈闭的作用,把油气集中起来并使它不再向外逸散。

在地下,凡是能阻止油气运移并将分散的"油滴"和"气泡"富集起来的地质构造叫做地质圈闭,简称圈闭。因此,地质圈闭就是油气的富集场所,即为油气藏的所在地,当然也是石油工作者要寻找的主要对象。需要指出的是,圈闭中不一定都有油气,但一旦有足够数量的油气进入圈闭,把圈闭的储集空间充满(或占据一定空间),便形成了油气藏。

1.圈闭的特点

圈闭由三部分组成:储集层、盖层、遮挡物。遮挡物能够阻止油气继续运移,使油气聚集。下面介绍的圈闭类型,可以清楚地看到阻止油气运移的各种遮挡因素。

衡量圈闭优劣要考虑三个因素。一是圈闭规模,即圈闭的最大有效容积。背斜构造最大有效容积是溢出点(背斜构造最低点,低于该点油气就会从圈闭中跑掉)以上的容积(如图 2-3 所示)。只有大型圈闭,才能形成大油气藏。二是圈闭内储集层厚度及孔隙性能。物性良好、厚度适中的储集层,有利于形成富集高产油气藏。三是圈闭盖层及上倾方面遮挡的严密性。断层及岩性变化,可改变圈闭的封闭性,造成油气扩散,不利于油气保存。

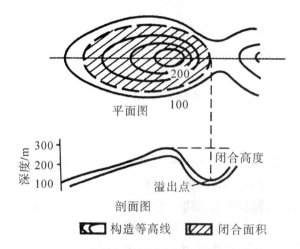

图 2-3　背斜构造圈闭最大有效容积示意图

2. 圈闭的类型

根据捕获油气的地质因素,把圈闭划分为四种主要类型。

(1)背斜构造圈闭:地壳运动使地层褶曲,形成馒头状的顶部高、四周低的背斜构造,这是捕获油气最多的一种圈闭类型。

(2)断层圈闭:地壳运动把地层断开,断层一侧的储集层碰到另一侧的致密层,形成了断层遮挡。

(3)岩性圈闭:储集层向抬升方向变成了致密层,阻滞了油气运移。

(4)地层圈闭:水平状或小角度的致密层,覆盖在角度(与水平面的夹角)较大的储集层和盖层上,构成了地层遮挡。

在四种基本类型圈闭之下,还可根据圈闭形态的变化和成因的不同,进一步划分圈闭类型。例如,背斜圈闭包括披覆背斜、滚动背斜圈闭;断层圈闭包括断闭、断块圈闭等。

3. 圈闭形成期与油气聚集

圈闭形成有早有迟,在油气运移前形成的圈闭,捕获油气的可能性较大;在油气运移后形成的圈闭,难以捕获油气。因此,圈闭研究不仅要研究圈闭的形态、圈闭的封闭性、圈闭是否处在油气运移通道上,还要研究圈闭形成期与油气运移期的配置关系。在勘探中常常出现类型好的圈闭没有油气的现象,这可能与形成期或构造部位有关,需要做深入地研究,以提高圈闭钻探成功率。

2.2.5　油气运移

石油和天然气都是流体,它们在生油层中生成,再运移到储集层中,在储集层内或储集层间运移到合适的地方,聚集起来成为油气藏。因此,油气运移是油气藏形成的重要过程。我们把油气从生油层向储集层中的运移称为初次运移,把油气运移到储集层之后的一切运移统称为二次运移。

1. 促使油气运移的动力

地下的油气虽然是流体,但它们在地下运移时必须具有动力。研究表明,促使油气运移的动力主要有十种。

1）地静压力

地静压力是由上覆沉积物（岩）的重力所造成的负荷。地静压力的大小随上覆地层的厚度和密度的增大而增大。在沉积盆地里，生油层往往在盆地中心，其颗粒细、厚度大、地静压力大、地温高；而盆地边缘地带颗粒粗、孔隙发育、物性好、厚度薄、地静压力小、地温低，从而使盆地中心与边缘形成压差，中心部位地层中的水和生成的油气在此压差下向边缘地带运移。

2）正常压实作用

当上覆沉积负荷增加时，烃源岩遭受压实，孔隙体积相应变小，同时排出相应体积的孔隙流体。当达到压实平衡时，岩石骨架颗粒相互支撑，孔隙流体所受到的压力等于其上覆静水柱形成的静水压力，岩石颗粒所承受的压力等于其上覆地层有效压应力，这个过程称为正常压实作用过程。但是，当上覆地层产生新的沉积物时，其重力负荷作用于下伏地层，促使颗粒产生瞬间的紧缩排列，孔隙体积缩小，在这一变化瞬间，孔隙流体就要承受部分由颗粒产生的有效压应力，使流体产生超过静水压力的剩余压力。正是在这一剩余流体压力作用下包括油气在内的孔隙流体才得以排出，流体排出后孔隙流体压力又恢复到了静水压力，沉积物达到新的压实平衡。剩余流体压力的形成是瞬间的，沉积物的压实过程就是这种周而复始的、从平衡到不平衡再到平衡的动态过程，这样一个过程所形成的地带叫做正常压实带。

3）欠压实作用

泥质岩类在压实过程中由于压实流体排出受阻或来不及排出，孔隙体积不能随上覆负荷增加而减小，导致孔隙流体承受了部分上覆沉积负荷，出现孔隙流体压力高于其相应的静水压力的现象，称为欠压实现象。所形成的地带称为欠压实地带。由于欠压实泥岩孔隙中存在高异常压力，它具有驱动孔隙流体的潜势，当欠压实程度进一步强化，孔隙流体压力超过泥岩的承受强度时，泥岩会出现破裂，超压流体会通过泥岩微裂隙涌出，达到排液的目的。随着流体排出，孔隙超压被释放，泥岩会到正常压实状态。

烃源岩内部比边部及邻近的运载层更易于产生欠压实，因此在欠压实作用下，流体的运移方向是由烃源岩内部向边部运移、由烃源岩向邻近的运载层运移。

4）蒙脱石脱水作用

蒙脱石脱水作用是指蒙脱石向伊利石转变的成岩过程中释放层间水的作用。蒙脱石是一种膨胀性黏土矿物，含有较多的层间水，一般含有 4 个或 4 个以上的水分子层，这些水分子按体积计算可占整个矿物的 50%，按质量计可占 22%。这些层间水在压实和热力作用下会有部分甚至全部成为孔隙水。一般认为当温度达到 100℃ 时，蒙脱石开始大量向伊利石转化。

由于烃源岩比运载层含有更多的蒙脱石，因此蒙脱石脱水作用将促使流体从烃源岩向邻近运载层运移。

5）有机质生烃作用

干酪根成熟后形成大量油气水，其体积大大超过原干酪根本身的体积，这些不断新生的流体进入孔隙中，必然不断排挤孔隙中已存在的流体，驱替原有流体向外排出。当流体不能及时排出时，则会导致孔隙流体压力增大，形成异常压力，并最终导致幕式排烃。因此，烃源岩生烃过程中也孕育了排烃的动力。

6）水动力

当沉积物压实固结后,地静压力主要由岩石的颗粒骨架所承担。储集层孔隙中的流体所承受的压力不是地静压力,而主要是由储层内流体本身的重力所引起的压力。当储层无泄水区而静止不动时,此压力为静水压力。静水压力对油气聚集的作用不大。

若储层在地表存在着供水区与泄水区,水在岩层中可流动,这种地下水流动而产生的动力,称为动水压力。储层供水区与泄水区间的高程差产生的水压头越大,动水压力越大。水在储层中的运动速度与水压梯度(即沿着水流方向,单位距离的压力降)成正比。动水压力使水携带着油气一起运移。

7）构造运动力

构造运动力促使油气运移是间接的。一是构造运动力使地下岩层形成新的构造格局,打破原来的压力分布区的平衡,油气重新由压力高的地区向压力低的地区运移;二是构造运动力使地下岩层产生裂缝、断层,为油气的运移创立了通道。

8）浮力

当油气进入饱含水的储集层之后,由于油、气、水的密度不同而发生重力分异作用,即气轻上浮,水重下沉,油居中间。这种促使油、气、水发生分异作用并使油气上浮的力,即为浮力。

9）毛细管力

流体在很细的管道(毛细管)或缝隙中自动升降的现象,叫做毛细管现象。在盛有油、水两相的烧杯中,插入一个毛细管,其中水对毛细管是润湿的,而石油对毛细管是非润湿的。由于水对毛细管存在附着力(吸引力),可将水向上托起一定高度,直到使水面上升的总力与水柱的重力达到平衡,如图 2-4 所示。这时,使水的液面上升的压力,叫做毛细管力。

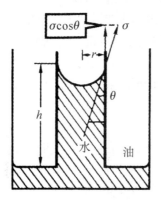

图 2-4　毛细管现象

毛细管现象是在岩石孔隙与裂缝中,液体与固体界面所固有的特性,因此,在地层中任何方向的细小孔道和裂缝,都有毛细管现象存在。沉积岩石若为亲水岩石,即 $\theta<90°$,毛细管力指向石油,水起排油作用。生油层毛细管半径 γ 小,毛细管力大;储集层毛细管半径 γ 大,毛细管力小。因此,在生、储油层间产生压力差 $\triangle P_c$,在此压力差的作用下,油气由生油层进入储集层中。类似地,在同一储集层中,油气也会由小孔隙进入大孔隙中。

$$P_c = \frac{2\sigma\cos\theta}{\gamma} \qquad\qquad (2-7)$$

式中:P_c——毛细管力;

γ——毛细管半径;

σ——油水两相的界面张力;

θ——接触角。

10)热力

岩石埋藏深度越大,温度越高。在温度作用下,岩石和岩石孔隙中流体发生膨胀,且随温度的增高膨胀系数增大。由于流体的膨胀系数比岩石颗粒的膨胀系数大得多,因此,孔隙中油气会由盆地中心(深处、高温)向盆地边缘(浅处、低温)运移。

2. 油气初次运移

油气是由生油层中极其分散的原始有机质生成的。因此,刚生成的油气本身也是极其分散的,它们常以孔隙水为载体(油气溶于水或呈游离态),在地静压力、热力、毛细管力、黏土矿物脱水的作用下由生油层运移到储集层中。还有人认为生油层中的新生甲烷气对油气初次运移也起着重要的作用,它可以使生油层内部形成异常高压,使岩层产生微裂隙,为油气运移开创通道;同时,甲烷气对油有较大的溶解作用,作为油的运载体,而实现初次运移。油气初次运移的主要时期发生在油气大规模生成时期。

3. 油气二次运移

油气进入储集层后,开始呈油滴或小气泡的分散游离状态。在充满水的储集层内,由于油气与水的密度不同而产生浮力,油气会向储层的顶部运移并汇集成油珠或油柱。在水动力和构造运动力等的作用下,这些游离状的油珠或油柱会在储集层的孔隙、裂缝、断层或沿不整合面由压力高的地区向压力低的地区运移。普遍认为,油气的二次运移是紧接着油气初次运移开始的,但大规模油气二次运移的时期应在主要生油期(初次运移时期)之后或同时所发生的第一次构造运动期。因为构造运动不仅发生了区域性的地层倾斜、褶皱或断裂,而且形成了新的压力分布区,为油气运移创造了有利的地质条件。

二次运移的距离与储层的岩性——岩相特征有关。海相地层岩性稳定,油气二次运移的距离较长(可达上千千米);陆相地层岩性——岩相变化大,二次运移距离较小。

2.2.6　油气藏

油气藏是指油气在单一圈闭中聚集。一个油气藏内的流体具有统一的压力系统和同一油水界面。若圈闭中只有油聚集,则称为油藏;只有气聚集,则称为气藏;若同时聚集了油和气,则称为油气藏。通常所说的"工业性油气流",是指在目前的技术条件下,开采油气藏的投资低于所采油气经济价值的油气藏。

2.2.6.1　油气藏的形成条件

油气藏的形成,要具有一系列基本条件:

(1)充足的油气来源。它是形成储量丰富的油气田的重要前提。

(2)良好的生储盖组合。它是形成丰富的油气聚集必不可少的条件之一,是指生油层中生成的丰富的油气能及时运移到良好储集层中,同时盖层的质量和厚度又能保证运移至储集层中的油气不逸散。

（3）有效的圈闭。在油气运移前形成，并处在油气运移通道上的圈闭，才是聚集油气的有效圈闭。

（4）良好的保存条件。油气藏形成之后，如果没有经历过强烈的地壳运动（形成断裂）、岩浆活动、水动力强烈冲刷作用破坏油气藏的话，则它可以保存至今。

在满足上述条件的情况下，一个圈闭是形成油藏、气藏还是油气藏，与地层压力及油气饱和压力（指当压力降低时，气从石油中分离出第一个气泡时的压力）有关。当地层压力大于油气饱和压力时，气溶解于原油中而形成无气顶的纯油藏。但当地层压力小于油气饱和压力时，气从石油中分离出来，初期圈闭中油、气、水进行重力分异，形成具有油-水、油-气界面的油气藏。随着油气的不断供给，油、气、水进行重力分异，油-气界面和油-水界面都会逐渐下降。当油-水界面达到溢出点时，圈闭的有效容积中只有油气存在，仍为油气藏。此时若再供给油气，圈闭中油从溢出点溢出，而运移到更高处的圈闭中进行聚集，油-气界面继续下降。当油-气界面降到溢出点时，圈闭中只有气存在而形成纯气藏。

根据上述形成原理，在一系列溢出点依次升高的若干圈闭之中，低处的圈闭会形成气藏，向上会依次为油气藏、油藏，这种分布被称之为"油气差异聚集原理"。

2.2.6.2　油气藏的分类

圈闭是油藏形成的必要条件。圈闭的类型及其形成的条件，对油气藏的类型起着决定性的作用。因此，在进行油气藏分类时，以圈闭的成因为基础，可将油气藏分为构造油气藏、地层油气藏和岩性油气藏三大类。

1. 构造油气藏

油气聚集在构造圈闭中，称为构造油气藏。构造圈闭是由于地质构造运动所形成的，构造油气藏是分布最多的一类。构造油气藏可分为背斜油气藏和断层油气藏。

1）背斜油气藏

在构造运动作用下，地层发生弯曲变形，形成向周围倾伏的背斜，称为背斜圈闭。油气在背斜圈闭中聚集形成的油气藏，称为背斜油气藏。在世界石油和天然气的产量和储量中，背斜油气藏居于首位。背斜油气藏形态构造简单，主要是储集层顶面拱起，上方被非渗透性盖层所封闭。背斜油气藏按其构造成因又可分为：①与褶皱作用有关的挤压背斜油气藏；②基底隆起背斜油气藏；③逆牵引背斜（又叫做滚动背斜）油气藏。

2）断层油气藏

在储集层的上倾方向受断层遮挡而形成圈闭，油气聚集在这类圈闭中形成的油气藏，叫做断层油气藏。断层油气藏分布比较复杂，在多断层的构造断裂带内，形成许多大小不同的断块。断层的分隔性强，各断块之间的油、水分布自成系统，油井产量差别较大，这给油气田的勘探和开发工作带来一定的复杂性。

2. 地层油气藏

由于地层连续性的中断而形成圈闭，油气聚集在这类圈闭中形成的油气藏，叫做地层油气藏。地层圈闭的形成与构造圈闭的形成不同。有的地层油气藏与沉积间断和剥蚀作用有关，如古潜山油气藏。当沉积盆地下降，沉积范围扩大（水进），新沉积的沉积物覆盖了较老的地层并与盆地边缘基底接触时，形成地层超覆。超覆圈闭中的油气聚集即为地层超覆油气藏。

3. 岩性油气藏

由于沉积环境变迁,使沉积物的岩性发生横向变化,形成岩性尖灭体和透镜体圈闭,油气聚集在这类圈闭中形成的油气藏,叫做岩性油气藏。岩性油气藏的特点是在平面上常常成群成组连片,或互不相连地无规则分布。在剖面上,储集层呈层状、羽状或相互参差交错。

(1)岩性尖灭油气藏:在斜坡地带,沿上倾方向渐变为不渗透泥岩,并成楔形尖灭于泥岩之上的砂岩体,称为岩性尖灭圈闭,油气聚集于其中而形成的油气藏即为岩性尖灭油气藏。

(2)透镜体油气藏:顶、底向四周合并的砂岩体,四周被泥岩所限,构成砂岩透镜体圈闭,其中的油气聚集即为砂岩透镜体油气藏。

除了上述几种油气藏类型外,还有一些油气藏,如水合气藏、水动力圈闭油气藏、向斜油气藏等。

2.2.7　油气聚集单元

油气藏是地壳上油气聚集的基本单元。在受单一局部构造控制的同一面积内,若干个油气藏可组成一个油气田。油气田常受一定地质条件的控制而成群、成带出现,构成油气聚集带。有些油气聚集带往往具有同样的油气来源,处在同一含油气区内,发生了油气生成和聚集的过程。一个或若干个含油气区具有统一的地质发展历史,可以组成一个含油气盆地。20 世纪 90 年代后又发展了含油气系统。

1. 油气田

油气田是指在同一局部构造面积内,受同一构造运动所控制的,上、下叠置的若干个油气藏的总和。如果在这个局部构造范围内只有油藏,则称为油田;只有气藏,则称为气田;如果既有油藏,又有气藏,则称为油气田。

一个油气田占有一定面积,在地理上包括一定范围。油气田的面积大小相差悬殊,小者只有几平方千米,大者可达上千平方千米。不论油气田的面积大小如何,这个面积总是受单一局部构造单位所控制的。例如,我国著名的任丘油田,它的面积大小受下伏中、上元古界古潜山控制;而利比亚的英蒂萨尔油田范围却受地下的生物礁所限。一个油气田面积的大小关系到油气田的基本建设和投资,所以,油气田不仅是地质学上的概念,而且还包含经济学上的意义。一个油气田可以包括一个或若干个油藏或气藏。

2. 油气聚集带

沉积盆地的油气聚集,不仅形成单个油气田,而且常常形成具有一定储量规模的油气聚集带,也就是说,油气田不是孤立存在的。这种情况说明油气运移是区域性的,亦即油气运移的主要指向常常受二级构造带所控制。当这些二级构造带与油源区连通较好或相距较近时,随着油气源源不断的供给,整个二级构造带各局部构造的一系列圈闭都可能形成油气藏,造成油气田成群成带出现,成为油气聚集带。所谓油气聚集带,是指在同一个二级构造带或岩性-岩相变化带中,互有成因联系、油气聚集条件相似的一系列油气田的总和。油气聚集带和油气田有时很难区别,例如大庆油田也可称为大庆长垣油气聚集带。

值得强调的是,在某一油气聚集带上的构造,并不一定全都含油气,它们有的可能成为工业油气田,有的可能因条件较差而未形成油气田。

从地质发展的观点分析,有利的油气聚集带应当是:

(1)沉积盆地油源区或其附近有长期继承性隆起背斜型油气聚集带。该带离油源区近、储集岩相带发育、构造圈闭形成早,在隆起过程中,已生成的油气便可就近聚集。

(2)在地质历史发展过程中,一般形成较早的油气聚集带含油气较为有利。

(3)沉积盆地边缘的大单斜带,往往是有利的储集岩相带发育区,易形成各种地层和断层圈闭,在区域性油气运移过程中,是油气指向的低势地区,有利于形成大单斜油气聚集带。

3. 含油气区

有利的油气聚集带多位于沉积盆地的洼陷区域。洼陷区域不断沉降,伴随着较长期的沉积作用,容易导致石油和天然气的生成与聚集。这种适于油气生成与聚集的洼陷,在地壳上多分布在沉积坳陷中。在每一个沉积坳陷中,地质发展历史和沉积岩系发育特征都具有统一性,油气生成与聚集过程也有同样的规律性。因此,在石油地质工作中,将属于同一大地构造单位,有统一的地质发展历史和油气生成、聚集条件的沉积坳陷,称为含油气区。

4. 含油气系统

含油气系统代表了 20 世纪 90 年代石油地质学的最新进展。一般认为,含油气系统是一个相对独立的油气生成、运移、聚集的自然系统,该系统包括有效烃源岩及所有与其有关的油气聚集,还包括形成油气聚集所需要的所有地质作用和地质要素。

此处的"系统"一词描述的是相互依赖的各种地质要素和作用,这些要素和作用组成了能形成油气聚集的功能单元。地质要素包括烃源岩、储集岩、盖层及输导层;地质作用则包括圈闭的形成及烃类的生成、运移和聚集。这些地质要素和作用必须有适当的时空配置,才能使烃源岩中的有机质转化为油气,进而形成油气藏。一般认为,含油气系统是一个相对独立的油气生成、运移、聚集的自然系统,该系统包括有效烃源岩及所有与其有关的油气聚集,还包括形成油气聚集所需要的所有地质作用和地质要素。图 2-5 为含油气系统结构图。

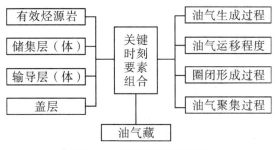

图 2-5   含油气系统结构图

含油气系统与含油气盆地、含油气区、油气聚集带等不同级别的油气聚集单元之间密切相关,而又彼此有所区别。含油气系统是介于含油气盆地(或含油气区)与油气聚集带(或成藏组合)之间的一个油气地质单元。在一个含油气盆地或含油气区内,可有若干个含油气系统重叠分布。在平面上,不同时代、不同类型的含油气系统则可展现在一个或若干个油气聚集带中。含油气系统的研究重点是烃源岩与油气藏之间的成因关系,即查明盆内或区内烃源岩有机质在何时以何种方式转化为烃? 油气在何时以何种方式运移? 何时何地聚集成藏? 油气藏的类型及分布规律如何? 从含油气系统研究所必须完成的主要图件来看,它又是一种石油地质综合研究方法。

5.含油气盆地

地壳上在某一地质历史时期内,曾经稳定下沉,并接受了巨厚沉积物的统一沉降区称为沉积盆地。在沉积盆地中,如果发现了具有工业意义的油气田,那么,这种沉积盆地就可视为含油气盆地。因此,含油气盆地首先必须是一个沉积盆地。凡是地壳上具有统一的地质发展历史,有着较好的生、储、盖组合及圈闭条件,并已发现油气田的沉积盆地,都称为含油气盆地。

从国外勘探程度较高的地区看,凡是有沉积岩发育的区域,即在沉积盆地内,都可能找到大小不等的油田。一个不争的事实是:油气赋存于沉积盆地中。正如一位地质学家所说的:"没有盆地就没有石油。"

思考题

1.生成油气的条件有哪些?

2.有机质演化成烃的模式有哪些?

3.石油初次运移和二次运移的异同有哪些?

4.形成油气藏的必要条件是什么?

5.油气藏的分类有哪些?

6.油气聚集单元有哪些?

第3章　油气勘探及钻采工程

　　油气勘探工程是一门综合性的应用科学,它是根据石油地质学及相关学科知识和勘探技术,通过一定的勘探方法和管理方法,以最佳方式探明油气储量的一项系统工程。油气勘探工程的主要任务是高水平、高效率地探明油气储量,按照一定的勘探程序,分阶段、逐级地进行地质和经济评价,筛掉无工业价值的地区,逐步集中勘探研究的"靶区",直到发现和探明工业油气田,收集齐全准确的资料,并计算出油气储量,为评价和开发油气田创造条件。

　　油气勘探任务就是要寻找油气存在的标志,然后才能进行下一步的工作。油气存在的标志可分为直接标志和间接标志。直接标志主要有油气苗、井下含油显示、荧光显示、气测异常等;间接标志也称为地质环境标志,主要有生油岩体、圈闭、生物礁相带、水文地质及水化学标志、地球物理和地球化学标志、有利成油带等,油气勘探方法主要有地质勘探法、地球物理勘探法、地球化学勘探法和钻井勘探法等。

　　油气开采工程是在油气资源开发过程中根据开发目标,通过产油气井和注入井对油气藏采取的各项工程技术措施的总称。作为一门综合性应用学科,油气开采工程所研究的是可经济有效地作用于油气藏,以提高油气井产量和油气采收率的各项工程技术措施的理论、工程设计方法及实施技术。

　　油气开采工程的任务是通过一系列可作用于油气藏的工程技术措施,使油、气由储层畅流入井,并高效率地将其举升到地面进行分离和计量,其目标是经济有效地提高油气井产量和油气采收率。

　　油气开采工程在整个开发过程中地位十分重要,遇到的问题多、难度大、涉及面广,综合性和针对性强,各项工程技术措施间有较强的相对独立性。

3.1　油气勘探钻井工程

3.1.1　油气地质勘探

　　地质法是油气勘探工作中贯穿始终的基本工作方法,其研究内容十分广泛,不仅包括油气地质勘探中的一切基本问题,如地面露头区岩性、地层、构造、含油气性研究和井下地质研究,以及地球物理、地球化学等方法进行成果解释的地质依据等,而且还研究区域和局部的油气藏形成条件,如生油气层条件、储集条件、运移条件、圈闭及保存条件,以确定油气藏是否存在及进行远景评价。

　　1. 野外地质调查法

　　所谓"野外石油地质调查",顾名思义,就是地质工作者携带简单的工具,通常包括地形图、指南针(罗盘)、小铁锤、经纬仪等,在事先选定的地区内,按规定的路线和要求,以徒步方式跋山涉水、穿越林海,或者是踏戈壁、卧沙漠,风餐露宿,艰苦工作,来进行找油、找气的实地考察和测量,是找油气田的开端。

野外地质调查一般要经过三个步骤:首先对情况不明的大面积的新地区进行普查;其次在普查的基础上缩小范围,选出最有希望的地区进行详查;最后在详查的基础上选出最有可能储藏油气的构造或地区进行细测。

野外地质调查的主要任务和工作方法是:①搞清一个地区的地层状况;②发现圈闭和调查其他地质构造状况;③发现和调查油气苗状况;④采集样品;⑤提出有利的找油地区及可供钻探的地质圈闭。

以野外地质调查找油气田的工作方式现在已极少采用,现在野外地质调查的一些工作已被遥感地质所代替。

2.遥感地质法

遥感地质法是综合应用现代遥感技术来研究地质规律,进行地质调查和资源勘查的一种方法。它是从宏观的角度着眼于从空中取得的地质信息,即以各种地质体和某些地质现象对电磁波辐射的反应作为基本依据,综合其他地质资料来分析判断一定地区内的地质构造。遥感地质法具有调查面积大、速度快、成本低、不受地面条件限制等优点。

现代遥感技术有两种。一种是被动遥感,是利用传感器被动地接收地面物体对太阳光的反射以及它自动发射的电磁波以了解物体性质的方法,一般称为遥感。另一种是主动遥感,是从卫星(或飞机)上向地面发射电磁波(脉冲),然后利用传感器接收地球反射回来的电磁波以了解物体性质的方法。这种方法可以不依赖太阳光而昼夜工作,通常把其称为"遥测"。用形象比喻,被动遥感就如同人物照相一样,而主动遥感就像X光透视一样。遥感技术应用电磁波的范围有紫外波段、可见光波段、红外波段和微波波段的电磁辐射。其中的红外线具有特殊的穿透能力,凡是具有半导性质的物质,对红外线来说都是透明的。地质体能发射的电磁波段从红外波段、远红外波段直至微波波段,其范围是很宽的。根据地质要求,在摄像前只要正确地选择工作波段和传感器,就能分别获得地面或地下一定深度的地质图像。

按照地质工作的需要,采取合适的遥感器所拍摄下来的卫星照片不仅能够把地形和各种岩石分布、地质现象、构造现象等一览无余地记录下来,还能把地下一定深度的地质构造等反映出来,经过地质解释和绘制工作,就成为勘探人员所需要的"地质图"。

遥感地质是石油天然气勘探新的技术手段,它在沙漠、山地、高寒地区的勘探中起到先行作用。遥感地质可以省略部分野外地质调查工作,帮助地质学家从已知油区地质构造推断未知区地质构造,从露头区地质构造向覆盖区延伸,帮助发现新区埋藏较浅、规模较大的地质构造等,为勘探指出方向。

3.油层对比法

把寻找油井间相当层位油层的工作叫做油层对比,即在综合分析研究各个单层地质特征的基础上进行对比。通过逐井分析比较,把在所有井点上同一层位的油层寻找出来,并把它们对应起来,就可以联系起来全面地研究这个油层的地质特点。

3.1.2　油气地球物理勘探

不同的岩石具有不同的物理性质(如密度、磁性、电性、弹性等)。在地面上利用各种精密仪器进行测量,了解地下的地质构造情况,以判断是否有储油气构造,此即所谓的地球物理勘探法,包括重力勘探、磁力勘探、电法勘探、地震勘探等方法。目前,现场上较普遍使用的是地震勘探方法。

1.重力、磁力、电法勘探

1)重力勘探

各种岩石和矿物的密度是不同的,根据万有引力定律,其引力也不相同,利用重力测量仪测量地面上各个部位的地球引力,排除区域性引力的影响,就可得出局部的重力差值,发现异常区,这一方法称为重力勘探。重力勘探是利用岩石和矿物的密度与重力场值之间的内在联系来研究地下的地质构造,通过测定自然存在的重力场,或测定重力场沿不同方向的变化率在地球表面的分布特征,完成地质勘探任务的。

在重力测量中,通常观测到的数据不是地球的绝对重力值,而是各测点相对于工区某一固定点的重力值之差,即测得的是相对重力值。重力测量数据校正后,得到的重力异常值分为区域重力异常和局部重力异常。在正常沉积岩区,没有局部矿体的区域背景上的重力异常叫做区域重力异常。在包含矿体为测量目标的地区所测得的重力异常叫做局部重力异常。从局部重力异常中消除区域重力背景后,就得到剩余重力异常。根据重力异常值画出的剩余重力异常图,其中的正异常通常叫做重力高,是沉积岩厚度小、基底抬升高的凸起或隆起;其中的负异常通常叫做重力低,是沉积岩厚度大、基底埋藏深的凹陷,是有利生油区。在渤海找到的几个大油气田都是在重力高所反映的凸起上。

2)磁力勘探

磁力勘探方法是利用地壳内各种岩石间的磁性差异所引起的磁场变化(称为磁异常),查明地下地质构造的一种地球物理勘探方法。由于地球本身就是个大磁体,所以对磁力的预测值应进行校正,求出只与岩石矿物磁性有关的磁力异常。一般铁磁性矿物含量愈高,磁性愈强。在油气田区,由于烃类向地面渗漏而形成还原环境,可把岩石或土壤中的氧化铁还原成磁铁矿,用高精度的磁力仪可以测出这种磁异常,从而与其他勘探手段配合,发现油气田。

磁力勘探与重力勘探有很多相同之处。但也存在着差别,具体表现在:一是地下单一地质体引起的磁异常往往有正负异常伴生,而重力异常是单一异常;二是在磁力勘探中,绝大多数沉积岩和变质岩几乎没有磁性或磁性较弱,只有各类磁铁矿床及富含铁磁性矿物的矿床及地质构造才能引起明显的磁异常,因此,磁异常反映的地质因素比较单一。这样一来,利用磁力勘探研究沉积岩下的结晶基底构造要比重力异常的研究方便。因为在重力勘探中,从地表到地下数十千米范围内所有物质密度的变化都会引起重力的变化,使重力异常成为多个地质因素影响叠加的结果。

磁力勘探所用的仪器就是磁力仪,它的灵敏度很高,只要约有相当于普通小块磁铁的千分之一到万分之一的磁性就能被测量出来。精密磁力勘探可以确定地质构造,与地震勘探寻找圈闭有异曲同工之妙。

3)电法勘探

电法勘探是利用人工或天然产生的电、磁场在时间域或空间域的分布特征来探明地质构造的一类地球物理勘探方法的统称,简称电法。电法勘探的实质是利用岩石和矿物(包括其中的流体)的电阻率不同,在地面测量地下不同深度地层介质的电性差异,用以研究各层地质构造的方法,对高电阻率岩层如石灰岩等效果明显。岩石和矿石因其结构、组成及温度的不同。电阻率也不同,一般说来岩浆岩和变质岩的电阻率较沉积岩的高。在储油构造中,常遇到的是沉积岩和变质岩,它们往往由两种或多种矿物成分不同的薄层交错成层,形成层状构造,这种层状岩石的电阻率随电流方向的不同而不同。

我国常用的电法勘探方法有电阻率法、充电法、激发极化法、自然电场法、大地电磁测深法和电磁感应法等。高密度电阻率法实际上是一种阵列勘探方法,野外测量时只需将全部电极(几十至上百根)置于测点上,然后利用程控电极转换开关和微机工程电测仪便可实现数据的快速和自动采集。当测量结果送入微机后,还可对数据进行处理,并给出关于地电断面分布的各种物理解释的结果。

2. 地震勘探

利用地下介质弹性和密度的差异,通过观测和分析地层对人工激发地震波的响应,推断地下岩层的性质和形态的地球物理勘探方法叫做地震勘探。在油气勘探中,应用地震勘探技术寻找储集油气圈闭是最普遍、最有效的一种手段。利用地震勘探技术除了可以获得地下几百米至几千米的地质构造外,还可以判断地层岩性、判断地质圈闭中是否含有油气,经过特殊处理的地震资料与钻井资料结合可研究储集层的特性(包括孔隙度、渗透率等)、生油层的分布等。

1) 地震勘探原理

(1) 地震子波。所谓地震波就是在地球介质中传播的振动。当用炸药爆炸激发地震波时,爆炸产生尖锐脉冲,在爆炸点附近的介质中以冲击波的形式传播。爆炸脉冲向外传播几米后,压强逐渐减小,地层产生弹性形变,形成地震波。地震波再向外传播时,由于介质对高频成分的吸收,振动波形还要发生明显的变化,直到传播了更大的距离(100 m 到几百米)之后,振动图的形状逐渐稳定,成为一个具有 2~3 个相位(极值)、延续时间 60~100 ms 的地震波,称为地震子波。

(2) 反射法地震勘探

地震子波在向下传播过程中,遇到波阻抗分界面就会发生反射和透射,反射信号回到地面被地表的检波器所记录到。反射波法地震勘探的原理可以理解为:利用地震子波从地下地层界面反射回地面时带回来的旅行时间和形状变化的信息来推断地下的地层构造和岩性。地震波在地下传播过程中会出现两种情况:一是由于岩层性质不同,传播的速度不同;二是遇到不同岩层的界面,即会产生反射波和透射波,返回地面。人们利用地震波的这两个基本特征加以研究和判别,就可以了解地质构造。

地震波在其传播过程中遇到介质性质不同的岩层界面时,一部分能量被反射,一部分能量透过界面继续传播。

当地下存在较强的波阻抗界面时,地震波就会产生较强的反射波。地下每个波阻抗变化的界面,如地层面、不整合面、断层面等都可产生反射波。通过在地面接收来自不同界面的反射波,可详细查明地下岩层的分层结构及其几何形态。

反射波的到达时间与反射面的深度有关,据此可查明地层埋藏深度及其起伏。随着检波点至震源电离(炮检距)的增大,同一界面的反射波走时按双曲线关系变化,据此可确定反射面以上介质的平均速度。反射波振幅与反射系数有关,据此可推算地下波阻抗的变化,进而对地层岩石物性作出预测。

反射法勘探采用的最大炮检距一般不超过最深目的层的深度。除记录到反射波信号之外,常可记录到沿地表传播的面波、浅层折射波、多次波以及各种杂乱振动波。这些与目的层无关的波对反射波信号形成干扰,称为噪音。噪音分为随机噪音和非随机噪音。对于随机噪音通常采用检波器组合来压制,即用多个检波器的组合代替单个检波器,有时还需用组合震源代替单个震源,此外还需在地震数据处理中采取进一步的措施。反射波在返回地面的过程中遇到波阻抗界面再度反射,因而在地面可记录到经过多次反射的地震波。如果地层中具有较大反射系数的界面,则可能产生较强振幅的多次反射波,形成干扰。

反射法可利用纵波反射和横波反射。岩石孔隙含有不同的流体成分,岩层的纵波速度便不相同,从而使纵波反射系数发生变化。当所含流体为气体时,岩层的纵波速度显著减小,含气层顶面与底面的反射系数绝对值往往很大,形成局部的振幅异常,这是出现"亮点"的物理基础。横波速度与岩层孔隙所含流体无关,流体性质变化时,横波振幅并不发生相应变化。但当岩石本身性质出现横向变化时,则纵波与横波反射振幅均出现相应变化。因而,联合应用纵波与横波,可对振幅变化的原因作出可靠判断,进而做出可靠的地质解释。

地层的特征是否可被观察到,取决于它们与地震波波长相比的大小。地震波波速一般随深度增加而增大,高频成分随深度增加而迅速衰减,从而频率变低,因此波长一般随深度增加而增大。波长限制了地震分辨能力,深层特征必须比浅层特征大许多才能产生类似的地震显示。如果各反射界面彼此十分靠近,则相邻界面的反射往往合成一个波组,反射信号不易分辨,需采用特殊数据处理方法来提高分辨率。

震源子波在地下许多反射界面发生反射,形成许多振幅有大有小(取决于反射界面反射系数的绝对值)、极性有正有负(取决于反射系数的正负)、到达时间有先有后(取决于反射界面的深度、覆盖层的波速)的地震子波。地震记录上看到的波形是这些地震子波叠加的结果。

(3)折射法地震勘探。折射法地震勘探是指利用折射波(又称为明特罗普波或首波)进行地震勘探。如果地层的地震波速度大于上面覆盖层的波速,则二者的界面可形成折射面。以临界角入射的波沿界面滑行,沿该折射面滑行的波离开界面又回到原介质或地面,这种波称为折射波。折射波的到达时间与折射面的深度有关。折射波的时距曲线(折射波到达时间与炮检距的关系曲线)接近于直线,其斜率取决于折射层的波速。

震源附近接收不到折射波的范围,称为盲区。折射波的炮检距往往是折射面深度的几倍,当折射面深度很大时,炮检距可长达几十千米。

2)勘探方法

维是构成时空间理论的基本概念。构成时空的每一个因素(如长、宽、高、时间)叫做一维。地震勘探方法按照维的不同,可分为一维地震、二维地震、三维地震、四维地震(如图 3-1 所示)。

地震勘探中的一维勘探是观测一个点的地下情况;二维勘探是观测一条线下面的地下情况;三维勘探是观测一块面积下面的地下情况;若在同一地区不同时间重复做三维地震勘探,则可称之为四维地震勘探。四维勘探是观测同一块面积下面不同时间的地下变化情况。

根据地质任务和达到的目的不同,可采用不同维的勘探方法。

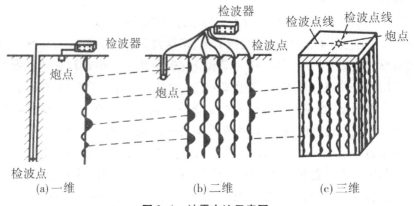

图 3-1　地震方法示意图

一维地震勘探:将检波器由深至浅放在井中不同深度,每改变一次深度在井口放一炮,记录地震波由炮点直接传到检波器的时间,这种只在一口井中观测的方法叫做一维地震勘探。它能测出该井孔中地层的速度,借此可以确定各个地层的深度和厚度。

二维地震勘探:将多个检波器与炮点按一定的规则沿一直线(称为测线)排列,在测线上打井、放炮和接收。采集完一条测线再采集另一条测线。最后得出反映每条测线垂直下方地层变化情况的剖面图(二维剖面图)。

三维地震勘探:将多道(必要时可达上千道、上万道)检波器布成十字状、方格状、环状或线束状等,接收由地下返回地面的地震波,炮点与检波点在同一块面积上。

四维地震勘探始于 20 世纪 90 年代初,是三维地震勘探的延续。它要求在同一块工区不同时间(可能相隔几个月或几年,时间为第四维)用相同的采集和处理方法将所得到的三维地震勘探成果进行比较。犹如将人物传记的立体电影一帧帧放一遍,细看每帧之间的不同就可以看出人物的成长过程一样。

3)地震勘探过程

地震勘探过程由地震数据采集、地震数据处理和地震资料解释三个阶段组成。

(1)地震数据采集。在野外观测作业中,一般是沿地震测线等间距布置多个检波器来接收地震波信号。安排测线采用与地质构造走向相垂直的方向。依据观测仪器的不同,检波器或检波器组的数量少的有 24 个、48 个,多的有 96 个、120 个、240 个甚至 1 000 多个。每个检波器组等效于该组中心处的单个检波器。每个检波器组接收的信号通过放大器和记录器得到一道地震波形记录,称为记录道。为适应地震勘探各种不同要求,各检波组之间可有不同的排列方式,如中间放炮排列、端点放炮排列等。记录器将放大后的电信号按一定时间间隔离散采样,以数字形式记录在磁带上。磁带上的原始数据可回放而显示为图形。

常规的观测是沿直线测线进行,所得数据反映测线下方二维平面内的地震信息。这种二维的数据形式难以确定侧向反射的存在以及断层走向等问题。为精细详查地层情况以及利用地震资料进行储集层描述,有时在地面的一定面积内布置若干条测线,以取得足够密度的三维形式的数据体,这种工作方法称为三维地震勘探。三维地震勘探的测线分布有不同的形式,但一般都是利用反射点位于震源与接收点之中点的正下方这个条件来设计震源与接收点位置,使中点分布于一定的面积之内。

(2)地震数据处理。数据处理的任务是加工处理野外观测所得地震原始资料,将地震数据变成地质语言-地震剖面图或构造图,经过分析解释,确定地下岩层的产状和构造关系,找出有利的含油气地区。还可与测井资料、钻井资料综合进行解释,进行储集层描述,预测油气及划定油水分界。

削弱干扰、提高信噪比和分辨率是地震数据处理的重要目的。根据所需要的反射与不需要的干扰在波形上的不同与差异进行鉴别,可以削弱干扰。震源波形已知时,信号校正处理可以校正波形的变化,以利于反射的追踪与识别。对多次覆盖记录提供的重覆信息进行叠加处理以及速度滤波处理,可以削弱许多类型的相干波列和随机干扰。预测反褶积和共深度点叠加,可以消除或减弱多次反射波。统计性反褶积处理有助于消除浅层混响,并使反射波频带展宽,使地震子波压缩,有利于分辨率的提高。

地震数据处理的另一重要目的是实现正确的空间归位。各种类型的波动方程地震偏移处理是构造解释的重要工具,有助于提供复杂构造地区的正确地震图像。

地震数据处理需进行大数据量运算。现代的地震数据处理中心由高速电子数字计算机及其相应的外围设备组成。常规地震数据处理程序是复杂的软件系统。

(3)地震资料解释,包括地震构造解释、地震地层解释及地震烃类解释或地解地质解释。

地震构造解释以水平叠加时间剖面和偏移时间剖面为主要资料,分析剖面上各种波的特征,确定反射标准层位和对比追踪,解释时间剖面所反映的各种地质构造现象,构制反射地震标准层构造图。

地震地层解释以时间剖面为主要资料,或是进行区域性地层研究,或是进行局部构造的岩性岩相变化分析。划分地震层序是地震地层解释的基础,据此进行地震层序之沉积特征及地质时代的研究,然后进行地震相分析,将地震相转换为沉积相,绘制地震相平面图,划分出含油气的有利相带。

地震烃类解释利用反射振幅、速度及频率等信息,对含油气有利地区进行烃类指标分析。通常需综合运用钻井资料与测井资料进行标定分析和模拟解释,对地震异常作定性与定量分析,进一步识别烃类指示的性质,进行储集层描述,估算油气层厚度及分布范围等。

3.1.3　油气地球化学勘探

油气地球化学勘探简称油气化探,是运用地质-地球化学的理论和观点,通过研究油气微运移现象或化探异常,达到找油找气的目的,并兼顾其他基础地质研究的一种直接找矿方法。

油气化探异常不会在所有的沉积盆地内见到,只能有选择地出现在含油气盆地中。在沉积盆地内,决定油气化探异常的因素有两个:一是构造特征;二是有机质的丰度及其向油气方向转化的程度。构造活动提供了烃类离开油气源区,向储集层运移而富集的圈闭条件,同时也是形成油气纵向运移通道的主要动力。

油气化探异常在含油气盆地内的分布是规律有序的,可归纳为以下几类:①异常围绕着生油气区分布;②异常沿着区域主要构造线分布;③异常集中出现在不同构造线的交汇部位;④异常沿着断裂成带、成串出现;⑤异常在阶梯状断裂带上呈羽状排列。

按照指标分类法,油气化探可分为烃类气体法、水文地球化学法、生物地球化学法、岩石(土壤)吸附烃法、沥青地球化学法、汞测量法、ΔC 法、碳同位素法等。

1. 水文地球化学法

水文地球化学法简称水化学找油,是建立在水文地质学、水文地球化学和石油地质学之间的一门新的边缘学科。水化学找油的目的就是要揭示含油气盆地内水化学成分形成过程以及各种元素与同位素在一定条件下的分散和集中的规律,从而在垂直剖面上获得与油气有关的水文地球化学信息。油气的影响致使水化学成分发生变异,呈现规律性的变化,表现在含油和非含油区的地下水化学成分有迥然不同的特点。因而可根据地下水中某些元素或化合物的增高及其分布规律推测地下含油气远景,追索和寻找油气聚集的有利地区,确定油气藏的位置。

水化学找油气指标较多,能从不同的角度多层次地挖掘蕴藏在地下水中的油气信息。根据地球化学性质与其在含油气远景评价中所起的作用,水化学找油气指标可分为直接指标、间接指标、环境指标、构造指标、成因指标。下面介绍一下直接指标。

在成因上与油气成分有直接联系并溶解于水的组分是水化学找油气的直接指标。它是一组指示油气存在较敏感的指标,能够阐明区域含油气远景,评价构造的含油性。

1)可溶气态烃

天然水中可溶气态烃主要以甲烷系列、甲烷-重烃系列及甲烷-重烃-不饱和烃系列三种形式存在。其水文地球化学规律如下:

(1)可溶气态烃有良好的迁移性能,在水中赋存比较稳定,可提供较可靠的油气信息。

(2)甲烷系列一般被看作是背景含量,其绝对值受表生地球化学作用影响,当其浓度超过背景含量,分布有一定规律,且碳同位素属于热成因范畴时,可能是深部烃类气体向上运移的结果。

(3)地下水中出现甲烷重烃系列的分散晕和重烃含量增加时,是油气存在的信息,但晕圈范围往往超过油气田规模,并有一定的偏移。

(4)在浅层地下水中出现比较复杂的气体系列时,是多种成因气体相互叠加的结果,可借助于甲烷碳同位素和其他指标予以鉴别。

2)苯、酚及其同系物

苯、酚及其同系物是石油中的芳烃化合物,它们的高迁移性能、热力学稳定性以及与油气在成因上有密切的联系性被视为寻找油气藏的直接指标。其水文地球化学规律如下:

(1)天然水系中不同类型的水普遍含有苯、酚,除在油气田水中含量较高外,在煤系地层、现代泥炭土及近代生物地球化学作用比较活跃的地区均会出现高含量的苯、酚。

(2)苯、酚在水中主要是以金属化合物的盐类状态存在,它们在水中的赋存与水的化学类型、pH 值等有一定的相关关系。

(3)在纵向上,随着地下水埋藏深度和温度的增加,苯、酚含量的总趋势是向着增高的方向演变,并随接近油气藏而增高,而且其含量与原油性质有一定的联系。在地下水中,苯、酚的高含量多出现在油气田或深大断裂带上方。

3)芳烃的紫外吸收光谱和荧光光谱特征

紫外吸收光谱主要研究轻芳烃和杂环化合物。分子荧光光谱主要研究稠环芳烃,这些化合物是石油的重要组成部分。由于芳烃与烷烃相比具有较高的溶解度,所以在水动力条件和化学势的驱动下,促使微量芳烃及其衍生物由油气藏向地表运移,从而成为识别油气的指纹。

紫外吸收光谱和荧光光谱能对地下水中芳烃组分进行系列扫描,根据各个波段之间的相对关系,可以区分水中以哪种芳烃为主,进而可以判断油气属性,即地下圈闭内是石油还是天然气,是重质油还是轻质油。

4)铵离子与氨

水中的铵离子主要呈氯化物状态存在,石油中含氮物质的分解并溶解转入水中是地下水中铵离子的重要来源。蛋白质分解形成各种氨基酸类,继续脱氨基作用可使氨基酸形成氨和各种有机酸或其他比较简单的产物。溶解于水中的氨形成水化物,同时由于氨和水分子彼此相互作用形成 NH_4^+ 和 OH^-。

铵离子与氨的高含量是良好的含油气指标。通常在高盐度的卤水中,当 pH 值不超过6.4 时,它是评价圈闭含油气性的良好指标。

5)环烷酸

地下水中的环烷酸是石油中环烷酸直接进入水中溶解或由于环烷烃的氧化而形成的。

6)其他有机组分

在水化学找油中经常运用的有机指标还有可溶有机质的总量、脂肪酸、有机碳及有机氯等。

2. 土壤吸附烃法

吸附烃系指被岩石或黏土颗粒表面吸附的甲烷及其同系物。甲烷是共价键化合物,具有正四面体对称结构,以分子的形式被吸附于沉积物颗粒的表面或晶格中。烃类物质及其伴生物以分子的形式在微渗透与扩散等作用下通过多种通道向上运移至地表时,除一部分轻质烃逸散入大气或被氧化外,有相当一部分烃类黏附在矿物颗粒表面或晶格中。查明这部分被吸附的烃类含量、组成及其分布规律,研究它们与油气藏的关系是吸附烃找油法的主要任务。

1)烃类气体的总浓度

吸附烃($C_1 \sim C_4$)的总浓度可以从一个方面提供深部的油气信息。我国主要生油气岩的烃类总量均大于 10 000 μL/kg,而同时代的非生油岩的总烃含量较上述低 1~2 个数量级。油气田的存在必然对上覆沉积物中的烃类气体浓度产生深远的影响,形成与周边不同的烃类气体异常。

2)重烃气

重烃气系指 $C_2 \sim C_5$ 等组分的总和,一般在浅层氧化环境下只能形成微量的重烃,而大量的重烃气生成与有机质的热演化阶段相一致,被人们视为油气化探的重要指标。

3. ΔC 法

ΔC 法又称为蚀变碳酸盐法,其基本原理是储集层中的低分子烃类从深部的还原环境向上渗透或扩散到达近地表的氧化环境时,一部分被土壤颗粒吸附,另一部分由于氧化而生成 CO_2,CO_2 将分解沉积物中的硅酸盐和铝硅酸盐,生成碳酸盐、二氧化硅和三氧化二铝。此外,CO_2 可直接与某些金属离子结合而形成某种稳定的特殊碳酸盐。在特定的温度区间

（500~600℃）内,热解这些特殊类型的碳酸盐能重新释放出轻烃成因的 CO_2,测定其含量,研究其分布规律,可以预测区域含油气远景,判断油气藏的存在。

4.碳同位素法

通过对表生地球化学带内气态烃同位素的研究和应用,可以将其作为气态烃的示踪剂,能给出气态烃来源和演化程度的信息,鉴别气体的成因属性及其与烃源岩的关系。

气态烃同位素成分及其含量的变化主要是由于气态烃在形成和运移过程中受地球物理、地球化学和生物化学作用而发生的同位素分馏作用所引起的。自然界中能引起同位素分馏的主要作用有同位素交换反应、蒸发作用和生物化学作用。

一种元素的同位素及其化合物,由于参加化学反应的速度存在着微小差异,使振动频率和有效碰撞次数不同,故引起了同位素在参加反应物之间的重新分配,使一种化合物富集较轻的同位素,而另一种化合物集中较重的同位素,从而导致了同位素的分馏。利用同位素的分馏效应差异,可以判断和解释气体的成因问题。

受检测手段的限制,目前在油气化探中应用较广的是甲烷稳定碳同位素(尤其是 $\delta^{13}C_1$),依据的是不同成因类型的气态烃其 $\delta^{13}C_1$ 有较宽的分馏范围(-1.0%~-10.0%)。这是因为沉积有机质在生物化学作用阶段,由于 $^{12}C—^{12}C$ 与 $^{13}C—^{12}C$ 键能的差别,细菌使 $^{12}C—^{12}C$ 键优先断裂,而形成富含 ^{12}C 的甲烷,故具有 $\delta^{13}C_1$ 值轻的特点(低于-5.5%)。经细菌分解后的沉积有机质相对富集 ^{13}C,在有机质成熟阶段伴生的气态烃就具有较重的 $\delta^{13}C_1$ 值(-5.5%~-4.1%),并随着有机质成熟度的增加,甲烷逐渐富集 ^{13}C,因此,具有更重的 ^{13}C 值,如干气阶段 $\delta^{13}C_1$ 值多在-3.5%左右。

3.1.4　油气钻井

钻井本身不是目的,而是一种找油气和采油气的手段。无论是找油气还是采油气,都必须清楚地了解地下的地质情况。到目前为止,钻井仍然是了解地下地质情况最直接、最可靠的方法。通过钻井可以真实地记录和收集钻井过程中钻遇的地层地质资料,以确定地层的地质剖面和油气构造;了解井下岩层的油气水、孔隙度、渗透率等信息;通过钻井连通产层进而试油(气)可了解钻井的产油能力。

3.1.4.1　地质录井

地质录井简称录井,在整个钻井过程中,直接或间接有系统地收集、记录、分析来自井下的各种信息,是所有录井工作的总称。地质录井包括直接录井和间接录井两类。直接观察的如地下岩心、岩屑、油气显示和地球化学录井;间接观察的如钻井、钻速、泥浆性能变化,各种地球物理测井等。地质录井就是将直接和间接收集、记录的信息加以综合分析,弄清油气层的位置、厚度、流体性质等,为固井、试油、确定完钻深度等提供充分的依据;是配合钻井勘探油气的一种重要手段,是随着钻井过程,利用多种资料和参数观察、检测、判断和分析地下岩石性质和含油气情况的方法。地质录井主要包括岩屑录井、岩心录井、钻时录井、荧光录井、钻井液录井及气测录井等。

3.1.4.2　地球物理测井

在油气田的勘探与开发中,地球物理测井是发现和评价油气层的重要手段。岩层有各种物理特性,如电化学特性、导电特性、声学特性、放射性、中子特性及核磁特性等。至于岩层结构方面的特性如孔隙度、渗透率、饱和度、裂隙等,可用岩层的几种物理特性来综合计算求得。采用专门的仪器设备,沿井身(钻井剖面)测量地球物理参数的方法称为地球物理测井,简称测井。相对于地震来说,测井是一种直接测量的方式,可直接测量井眼及其周围的物理参数,通过测井可以得到每个沉积地层中的含油、气性,进而计算油气资源量,包括划分地层,储层在纵、横向的变化,开采后每个层出多少油,每个层还剩多少油,存于何处。所以人们称誉"测井是地质的眼睛"。常用的方法有电法测井、声波测井、核测井、井径测井以及最终的测井解释。

3.1.4.3 油气钻井工艺

当某一油区已被发现,决定进行开发时,需钻生产井、注水井、资料井等基础设施。各阶段钻井的名称、用途、直径大小及深度不同,但它们的钻井过程都基本一样。石油、天然气资源的开采,不需要工人下井,所以井眼直径可以大大缩小,一般为 100~500 mm,井深一般为几百米到几千米,生产井寿命较长,一般为几十年。

1. 钻井系统

石油钻井的地面配套设备称为钻机。石油钻机是由多种机器设备组成的一套大功率重型联合工作机组,其每一设备和机构都是为了有针对性地满足钻井过程中某一工艺需要而设置的。整套钻井设备主要由六个系统组成。

1) 动力系统

钻井好像是一座流动性大的独立作业的小型工厂。钻机所需的各工作系统大多数是用柴油机做发动机,通过变速箱直接驱动或由柴油机发电来驱动钻井设备的。柴油机驱动的钻机称为机械钻机,电驱动的钻机称为电动钻机。这个系统的作用是产生动力,并把动力传递给钻井泵、绞车和转盘等。

驱动方案有多种,应用最多的驱动方案有统一驱动、分组驱动和单独驱动,其主要区别在于动力设备类型及其功率在绞车、转盘、钻井泵三个工作机上的分配方式不同。一般来说,柴油机驱动主要采用统一驱动方案,交直流电动机驱动主要采用分组驱动方案。为了布置方便,也为了加强洗井与喷射效果,可采用单独驱动方案。

2) 起升系统

在整个建井过程中,起升系统一直起着非常重要的作用,主要用来下放、悬吊或起升钻柱、套管柱,完成钻进时的钻压控制任务。起升系统主要由井架、天车、游车、大绳、大钩、吊环及绞车等组成。一套钻柱的重量可达到数十吨到上百吨,下套管的重量最重的可达到四五百吨,所以起升系统一定要有较大的承重能力。

整个起升系统应合理配置,天车装在井架顶部,游动滑车用大绳吊在天车上,大绳的一端装在绞车滚筒上,叫做快绳,另一端固定在井架底座上,叫做死绳。绞车滚筒旋转时缠绕和放开快绳,使游动系统上下起落。游动滑车下边挂有大钩,以悬吊钻具。

3) 旋转系统

旋转系统主要由转盘、转盘变速箱、水龙头、方钻杆组成,主要功能是保证在钻井液高压循环的情况下给井下钻具提供足够的旋转扭矩和动力,以满足破岩钻进等的要求。转盘是带动整个钻柱及钻头旋转的设备,水龙头则保证在钻井液循环时钻柱能够旋转。旋转系统还有接、卸钻具的功能。

在现代钻井中,顶部驱动装置得到了广泛使用。它主要由三个部分组成,即导向滑车总成、水龙头-钻井马达总成和钻杆上卸扣装置总成,实现了将转盘、水龙头、马达、大钳等钻井设备的有机集成。顶部驱动钻井装置可接立柱(三根钻杆组成一根立柱)钻进,省去了转盘钻井时接、卸方钻杆的常规操作,节约钻井时间20%~25%,同时减轻了工人的劳动强度,也减少了操作者的人身事故。使用顶部驱动装置钻井时,在起下钻具的同时可循环钻井液、转动钻具,有利于钻井中井下复杂情况和事故的处理,使钻机的钻台面貌为之一新,为实现自动化钻井创造了条件。

4)循环系统

循环系统最主要的功能是在钻进中通过循环钻井液从井底清除岩屑、冷却钻头和润滑钻具。钻井液由钻井泵泵入高压管线到钻台立管,经过水龙带和水龙头进入钻柱,直到井底钻头,通过钻头水眼由环形空间返回地面,再经过钻井液振动筛与除砂器、除泥器和离心机清除钻井液中的岩屑和固体颗粒后,返回到钻井液罐,构成一个从地面到井下再返回的循环通路。循环系统主要包括钻井泵、固相控制设备和钻井液罐等。整个循环系统的中心设备是钻井泵。

一般钻井液中都含有固相,有些固相是有用的,如土、化学处理剂、重晶石等,有些固相则是有害的,如钻屑、砂粒等。将钻井液中的有害固相清除掉,保留有用固相的工艺称为固相控制,简称固控。机械固控法是通过使用机械设备将钻井液中的固相颗粒分离出来,从而达到固控目的的方法。

5)气控系统

气控系统主要包括控制面板、传输管线和阀门、执行机构(如气动离合器、气缸和气马达等)以及压气机等。其功能是确保对整个工作机构及其部件的准确、迅速控制,使整机协调一致地工作。

6)井控系统

在整个钻井作业过程中,井控系统要对井下可能发生的复杂情况进行控制和处理,以恢复正常作业。井控系统包括三个主要部分。

(1)防喷器组。防喷器组一般由2~6个防喷器组成,其作用是在相应的工作条件下关闭井口,防止地层流体进入井内或流出地面。防喷器和闸门全部用液压遥控。防喷器是整个井控系统的核心。防喷器可分为闸板式(全封、半封)防喷器、环形防喷器和旋转防喷器等多种。

(2)控制装置。控制装置由蓄能器装置(远程控制台)、遥控装置(司钻控制台)以及辅助遥控装置(辅助控制台)组成。蓄能器装置是制备、储存与控制压力油的液压装置,由油泵、蓄能器、阀件、管线、油箱等元件组成。通过操作换向阀可以控制压力油输入防喷器油腔,直接使井口防喷器实现开关动作。遥控装置是使蓄能器装置上的换向阀发生动作的遥控系统,间接使井口防喷器实现关开动作。遥控装置安装在司钻控制台上司钻岗位的附近。辅助遥控装置安装在值班室内,作为应急的备用遥控装置。

(3)井控管汇。井控管汇主要包括节流与压井管汇。节流管汇的作用:通过节流阀的节流作用,实施压井作业;通过节流阀的泄压作用,降低井口压力,实现软关井;通过放喷阀的大量泄流作用,保护井口防喷器组。压井管汇的作用:当用全封闸板封井口时,通过压井管汇强行灌重钻井液,实施压井作业;当发生井喷时,通过压井管汇往井口强行注清水,以防燃烧起火;当已井喷着火时,通过压井管汇往井筒里强行注灭火剂,协助灭火。

2. 钻进工艺

一口油井从选择井位开始到最后对生产层进行射孔、试油,建成一条永久性的油气通道,要经过多个工艺过程。

1)钻前准备

在确定好井位,完成该井的设计之后,开始钻进前的准备工作是非常重要的,它是钻井工程的最先一道工序。钻前准备主要包括:修公路、平井场及打基础、钻井设备的搬迁和安装、井口准备以及备足钻井所需要的各种工具、器材。

2)钻进工艺

钻进是进行钻井生产取得进尺的唯一手段,是用一定的压力把钻头压到井底岩石上,使钻头牙齿吃入岩石中并旋转以破碎井底岩石的过程。在井底产生岩屑后,流经钻柱内孔和钻头喷嘴的钻井液冲击井底,并随时将井底岩屑清洗、携带到地面,这一过程称为洗井。在转盘钻井的整个钻进过程中,洗井始终在进行。只有在接单根、起下钻或其他无法循环的特殊情况下,才停止钻井液的循环。

建井周期是指从钻机搬迁安装到完井为止的全部时间,包括搬迁安装时间、钻进时间和完井时间。钻进时间是指从第一次开钻到完钻为止的全部时间。实际上,钻进时间内并非每时每刻都取得进尺,所以可把钻进时间分为生产时间和非生产时间。非生产时间指钻井过程中因钻井事故、设备修理、组织停工和处理复杂情况等所损失的时间。可以说因钻井事故及事故处理所损失的时间是影响非生产时间的主要因素。钻井事故可分为卡钻事故、钻具事故、井喷事故、钻头事故等。

3. 固井

在钻出的井眼内下入套管柱,并在套管柱与井壁之间注入水泥浆,使套管与井壁固结在一起的工艺过程叫做固井。一口井在开钻前,根据该井的钻探目的、本地区地质条件及钻井工艺技术水平所确定的套管层次、尺寸、各层套管下入深度、管外水泥返高及每层套管相对应的钻头尺寸等,称为该井的井身结构。井身结构的确定既要符合优质、快速、安全钻进及勘探开发的要求,又要力求节约、降低钻井成本,提高经济效益。套管的类型很多,根据功能不同可以将其分成以下几种类型:导管、表层套管、技术套管、生产套管(油层套管)。其目的是:①封隔易塌、易漏等复杂地层,保证钻井顺利进行;②封隔油气水层,建立油气流出通道,防止产层间互窜;③加固井筒,延长油气井寿命;④进行增产措施;⑤安装井口装置;⑥封闭暂不开采的油气层。

4. 完井

一口井钻达预定的井深,称为完钻。从完钻进入油气层到油气正常开采生产的这一段称为完井。完井是指一口井钻达预定的井深后,使井底和油气层以一定结构连通起来的工艺,是连接钻井和开采的重要环节。

完井是钻井作业的重要组成部分,在钻井投资中占有 20%～30% 的比重。从石油勘探和开发的生产实践中,人们认识到要使油气井在生产中获得最佳的经济效益,就必须重视完井作业的研究和应用,选择优化的完井方法。通常完井分成探井完井和开发井完井。探井完井包括发现有生产价值的油气、开始下油层套管、注水泥固井、射孔、试油气,直到弃井或临时性弃井;开发井完井包括钻开油气层、下油层套管、注水泥、射孔、下生产管柱和装井口,直到交井。无论是探井还是开发井,保护油气层和延长油气产能的寿命都是完井作业的核心目标。

钻井的最终目的是为了开采油气,因此,在钻开油气层的过程中要保护好油气层,使其不受伤害或少受伤害,以保持油气井良好的生产能力。

保护油气层要从两方面着手:一方面是认识油气藏本身的特性,如通过岩石的结构、矿物组成、胶结状况和黏土的成分等来确定是否存在一些潜在的构成对油气层伤害的因素;另一方面是针对油气藏的特点,采取恰当的钻开油气层的措施和完井方法。目前直井常用的完井方式有十几种,但每种完井方式都有其各自的适用条件和局限性。常用的完井方式包括射孔完井、裸眼完井、复合型完井、砾石充填完井。

3.1.4.4　试油气

完井作业的最后工序是试油气,可分成探井试油气和生产井试油气。探井试油气主要是了解地层的真实情况和生产能力,对勘探的情况和生产能力作出评价。探井试油气一般采用分层测试,从下到上,试完一层封闭一层。如果试油气有生产价值,可保持该油气井,进行临时弃井作业。

所谓试油气,就是测试油气井的生产能力,取全、取准各项资料,为油气田开发提供依据。有的油气井在井下二三百米的井段内分布着几套油气层,这就需要自下而上分层试油气,以便取得各个层段的产量、压力及其他相关资料。一般情况下,对于有自喷能力的油气层,通过在井口更换 3~4 个不同直径的油嘴(油嘴直径从 3~20 mm 不等)进行测试,测试时油嘴直径的更换应该由小到大。每一油嘴测试的时间为 2~3 天,直到油气井的产量和井底压力稳定为止。每个油嘴都要测得日产油量、日产气量、日产水量、含砂量、井底压力。最后还要用一个小直径的油嘴测试,以便进行深井取样。待这些工作完成之后,要将压力计下到油层部位关井,测压力恢复及地层压力。关井时间一般需要 3~5 天,然后将压力计取到地面上来,并从压力计中取出压力记录卡片。最后,将从 3~4 个不同油嘴取得的各项资料和压力恢复资料进行整理、分析,从而评价油气井的产油能力,计算储层渗透率以及其他储层参数等。

3.2　采油工程原理与方法

在原始条件下,油层岩石与孔隙空间内的流体处于压力平衡状态,一旦钻开油层,这种平衡就被破坏,由于井中的压力低于油层内部的压力,在井筒与油层之间就形成了一个指向井筒方向的压力降。这时,由于压力降低引起岩石和流体的弹性膨胀,其相应体积的原油就被驱向井中,如果油藏压力足够,就可将原油举升到井口,形成自喷采油;如果油藏压力不能将原油举升到井口,就需要借助某些人工举升的办法采油。

采油方法通常是指把流到井底的原油采到地面所用的方法,基本上可分为两大类:一类是依靠油藏本身的能量使原油喷到地面,叫做自喷采油;另一类是借助外界能量将原油采到地面,叫做人工举升采油或者机械采油。一般情况下,天然能量不足的油田,有的没有自喷能力,有的自喷期限较短,只有 1 年左右的时间,最多的也不过 3~5 年,而一个油田的生产年限要延续 20~30 年以上,因此,油层中的原油大部分是靠人工举升方式采出来的。

3.2.1　自喷采油

自喷采油就是原油从井底举升到井口,从井口流到集油站,全部依靠油层自身的能量来完成的。自喷采油的能量一方面来源于油层压力,另一方面来源于随同原油一起进入井底的溶解气所具有的弹性膨胀能量。

3.2.1.1　自喷井的四种流动过程

油井自喷生产,一般要经过四种流动过程(如图 3-2 所示)。

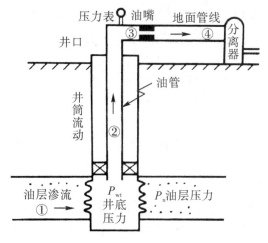

图 3-2　自喷井四种流动过程示意图

(1)原油从油层流到井底的流动——油层渗流。当油井井底压力高于油藏饱和压力时,流体为单相流动(在油层中没有溶解气分离出来);当井底压力低于油藏饱和压力时,油层中有溶解气分离出来,在井底附近形成多相流动。井底流动压力可通过更换地面油嘴而改变,油嘴放大,井底压力下降,生产压差加大,油井产量增加。在多数情况下,油层渗流压力损耗(生产压差)约占油层至井口分离器总压力损耗的 10%~40%。

(2)从井底沿着井筒上升到井口的流动——井筒流动。自喷井井筒油管中的流动物质一般是油、气两相或油、气、水混合物,流动状态比较复杂,必须克服三相混合物在油管中流动的重力和摩擦力,才能把原油举升到井口,继续沿地面管线流动。井筒的压力损耗最大,约占总压力损耗的 40%~60%。

(3)原油到井口之后通过油嘴的流动——油嘴节流。油气到达井口通过油嘴的压力损耗,与油嘴直径的大小有关,通常约占总压力损耗的 5%~20%。

(4)沿地面管线流到分离器、计量站——地面管线流动。压力损耗较小,约占总压力损耗的 5%~10%。

自 20 世纪 80 年代以来,随着计算机应用的发展,对自喷井的流动过程开展了节点分析研究。所谓节点分析,就是把油井的整个生产系统(从油层到地面分离器)分成若干个节点,由节点把系统分成若干部分,然后就其各个部分在生产过程中的压力损耗进行分析,从而比较科学地分析整个生产系统,使油井工作制度更为合理。前面介绍的四种流动过程,就是其中的几个主要节点。

3.2.1.2　自喷采油的基本设备

自喷采油的基本设备包括井口设备及地面流程主要设备。

1. 井口设备

(1)套管头:在整套井口装置的下端,其作用是连接井内各层套管并密封套管间的环形空间。

(2)油管头:装在套管头的上面,它包括油管悬挂器和套管四通。油管悬挂器的作用是悬挂油管管柱,密封油管和油层套管间的环形空间;套管四通的作用是正反循环洗井,观察套管压力以及通过油套环形空间进行各项作业。

(3)采油树是指油管头以上的部分。从井口整体设备外观来看,采油树是指总闸门以上的部分。采油树包括总闸门、生产闸门、清蜡闸门、节流装置,它的作用是控制和调节自喷井的生产,引导从井中喷出的油气进入出油管线。

总体来说,自喷采油井口设备简单、操作方便、油井产量高、采油速度高、生产成本低,是一种最佳的采油方式,在管理上要保持合理的生产压差,施行有效的管理制度,尽可能地延长油井自喷期,以获得更多的自喷产量。

自喷井的井口设备是其他各类采油井的基础设备,其他采油方式的井口装置都是以此为基础的。

2. 地面流程主要设备

一般来说,自喷井的井口地面流程除一套能控制、调节油气产量的采油树外,还有对油井产物和井口设备加热保温的一套装置以及计量油、气产量的装置。地面流程设备主要包括加热炉、油气分离器、高压离心泵以及地面管线等。这一系列流程设备对其他采油方式也具有通用性。

3.2.2　人工举升采油

人工举升采油包括:气举采油、有杆泵采油、潜油电动离心泵采油、水力活塞泵采油和射流泵采油等。

3.2.2.1　气举采油

气举采油就是当油井停喷以后,为了使油井能够继续出油,利用高压压缩机人为地把天然气压入井下,使原油喷出地面的方法。

气举采油基于 U 形管的原理,从油管与套管的环形空间,通过装在油管上的气举阀将天然气连续不断地注入油管内,使油管内的液体与注入的高压天然气混合,以降低液柱的密度,减少液柱对井底的回压,从而使油层与井底之间形成足够的生产压差,使油层内的原油不断地流入井底,并被举升到地面上。

气举采油一般要在油管管柱上安装 5~6 个气举阀,这些气举阀从井下一定的深度开始,每隔一定距离安装一个。

气举采油必备的条件是:①必须有单独的气层作为气源或可靠的天然气供气管网供气;②油田开发初期要建设高压压缩机站和高压供气管线,一次性投资大。

3.2.2.2　有杆泵采油

有杆泵采油是世界石油工业传统的采油方式之一,也是迄今为止在采油过程中一直占主导地位的人工举升方式。有杆泵采油包括常规有杆泵采油和地面驱动螺杆泵采油,两者都是用抽油杆将地面动力传递给井下泵的,前者将抽油机悬点的往复运动通过抽油杆传递给井下柱塞泵,后者将井口驱动头的旋转运动通过抽油杆传递给井下螺杆泵。

1.常规有杆泵采油

有杆泵采油由地面抽油机、井下抽油杆和抽油泵三部分组成。抽油泵由工作筒、衬套、柱塞(空心的)、装在柱塞上的排出阀和装在工作筒下端的吸入阀组成。

抽油泵的工作原理示意图如图 3-3 所示。它的工作原理是:当活塞上行时[如图 3-3(a)所示],排出阀在油管内的液柱作用下关闭,并排出相当于活塞冲程长度的一段液体,与此同时,泵筒内的液柱压力降低,在油管与套管环形空间的液柱压力作用下,吸入阀打开,井内液体进入泵内,占据活塞所让出的空间;当活塞下行时[如图 3-3(b)所示],泵筒内的液柱受压缩,压力增高,当此压力等于环形空间液柱压力时,吸入阀靠自身重力而关闭,在活塞继续下行中,泵内压力继续升高,当泵内的压力超过油管内液柱压力时,泵内液柱即顶开排出阀并转入油管内。这样,在活塞不断上下运动的过程中,吸入阀和排出阀也在不断地交替关闭和打开,结果使油管内的液面不断上升,一直升到井口,排入地面出油管线。

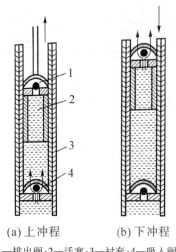

(a)上冲程　　　(b)下冲程

1—排出阀;2—活塞;3—衬套;4—吸入阀。

图 3-3　抽油泵的工作原理图

如上所述,抽油泵的工作原理可简要概括为:当活塞上行时,吸液体入泵,排液体出井;当活塞下行时,泵筒内液体转移入油管内,不排液体出井。

在理想情况下,当抽油泵的充满状态良好时,上下冲程都出油。在不考虑液体运动的滞后现象时,从井口观察出油情况,应当是光杆上行时排油量大、下行时排油量小。这一忽大忽小的排油现象,是随光杆的上下行程而变化的。

抽油机是常规有杆泵采油的主要地面设备,按其基本结构可分为游梁式抽油机和无游梁式抽油机。

1）游梁式抽油机

游梁式抽油机主要由游梁-连杆-曲柄机构、皮带与减速箱、动力设备和辅助装置等四大部分组成。该抽油机的工作过程是：由地面抽油机上的电动机（或天然气发动机）经过传动皮带将高速旋转运动传递给减速箱减速后，再由曲柄连杆机构将旋转运动改变为游梁的上下运动，悬挂在驴头上的旋绳器连接抽油杆，并通过抽油杆带动井下抽油泵的柱塞做上下往复运动，从而把原油抽吸至地面。游梁式抽油装置示意图如图 3-4 所示。

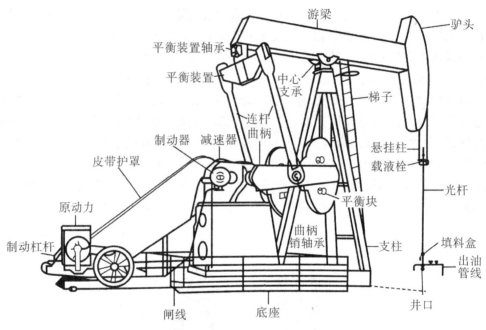

图 3-4　游梁式抽油装置示意图

2）无游梁式抽油机

无游梁式抽油机的种类较多，我国先后研制和应用了链条式抽油机、带传动抽油机、滚筒型无游梁式抽油机和液压抽油机等。其中主要以链条式抽油机和带传动抽油机为代表，这两种抽油机都具有长冲程、低冲次、悬点匀速运动、负荷能力大、平衡效果好等特点，适合于抽稠油和小产量深抽井。

2. 地面驱动螺杆泵采油

地面驱动螺杆泵采油的工作原理是：动力设备带动驱动头、抽油杆柱旋转，使螺杆泵转子随之一起转动，油层产出流体经螺杆泵下部吸入，由上端排出，实现增压，并沿油管柱向上流动。这种采油方法简便，实际使用时井下也不需要再装泄油装置。由于螺杆泵转子随抽油杆柱下入或起出，螺杆泵转子一旦脱离定子（泵筒），油套管之间便连通，于是起到了泄油的作用。该方法适用于产量不太大的浅井和中深井。

有杆泵采油是当前国内外应用最广泛的采油方法，国内有杆泵采油约占人工举升采油总井数的 90% 左右，其设备简单、投资少、管理方便、适应性强。从 200～300 m 的浅井到3 000 m 的深井，产油量从日产几吨到日产 100～200 t 都可以应用。在设备制造方面，从地面抽油机、井下抽油杆到抽油泵，国内产品早已系列化、成套化，能够满足油田生产的需要。抽油泵的不足之处是排量不够大，对于日产量达到 200 t 以上的油井不能满足要求。

3.2.2.3　潜油电动离心泵采油

潜油电动离心泵采油与其他机械采油相比,具有排量大、扬程范围广、生产压差大、井下工作寿命长、地面工艺设备简单等特点。当油井单井日产油量(或产液量)在 100 m³ 以上时,多数都采用潜油电动离心泵采油。在人工举升采油方法中,除了抽油泵之外,潜油电动离心泵是应用较多的采油设备。

1. 潜油电动离心泵的组成

潜油电动离心泵由三部分组成:井下部分、地面部分和联接井下与地面的中间部分。

井下部分是潜油电动离心泵的主要机组,它由多级离心泵、油气分离器、保护器和潜油电机四部分组成,是抽油的主要设备。井下部分的组装方法是:多级离心泵在上部,油气分离器、保护器在中间,潜油电机在下部,在潜油电机的下部,还可以连接测试装置,如连接压力计,以便及时掌握井下压力情况。

地面部分由控制屏、变压器和辅助设备(电缆滚筒、导向轮和井口支座等)组成。控制屏可用手动或自动开关来控制潜油电泵工作,同时保护潜油电机,防止电机、电缆系统短路和电机过载。变压器用来将电网电压(380 V)提高到电机工作所需要的电压。辅助设备包括潜油电动离心泵的运输、安装及操作用的辅助工具和设备。

中间部分由特殊结构的电缆和油管组成,使电流从地面输送到井下。电缆有圆电缆和扁电缆两种。在井下,圆电缆和油管固定在一起,扁电缆和泵、分离器、保护器固定在一起。采用扁电缆是为了减少机组外形的尺寸。

潜油电动离心泵是由地面电源通过变压器、控制屏和电缆将电能输送给井下潜油电机,使潜油电机带动多级离心泵旋转把原油举升到地面上来的。

2. 多级离心泵工作原理

多级离心泵的工作原理与地面离心泵一样,当电机带动轴上的叶轮高速旋转时,充满在叶轮内的液体在离心力的作用下从叶轮中心沿着叶片间的流道甩向叶轮的四周。由于液体受到叶片的作用,使压力和速度同时增加,经过导壳的流道而被引向次一级的叶轮,这样,逐次地流过所有的叶轮和导壳,进一步使液体的压力能量增加。将每个叶轮逐级叠加之后,就可获得一定扬程,从而将井下液体举升到地面。

3.2.2.4　水力活塞泵、射流泵采油

水力活塞泵是利用地面高压泵将动力液(水或油)加压后,经油管或专用动力液管传至井下。井下泵由一组成对的往复式柱塞组成,其中一个柱塞被动力液驱动,从而带动另一个柱塞将井内液体升举到地面。水力活塞泵的优点是扬程范围较大、起下泵操作简单,可用于斜井、定向井和稠油井采油;缺点是地面泵站设备多、规模大。

射流泵也是一种以液体作为传递动力的泵,它是通过两种流体之间的动量交换实现能量传递来工作的。射流泵系统由地面储液罐、高压地面泵和井下射流泵组成。井下射流泵包括固定式和自由式。射流泵通过喷嘴将动力液高压势能转变为高速动能,在喉管内,高速动力液与低速产液混合,进行动量交换,再通过扩散管将动能转变为静压,使混合液采到地面。

3.2.3 油田注水

3.2.3.1 注水的目的

当一个油田投入开采后,随着地下原油的不断产出,油层的压力也将随着下降。当油层压力降到饱和压力以下时,地下原油的性质就会发生变化,流动困难,最后将在油层留下大量的死油,无法采出。要想将这些宝贵的原油采出,就必须提高油层压力,向地层补充能量,驱替油流产出。通过注水井向油层注水补充能量,保持油层压力,是在依靠天然能量进行采油之后或油田开发早期为了提高采收率和采油速度而被广泛采用的一项重要的开发措施。

3.2.3.2 注水技术

1. 水质处理

可供注水使用的水源主要有淡水水源和盐水水源两大类。淡水水源包括江、河、湖、泉以及地下水源等;盐水水源则主要指海水。这些水一般都不能直接注入地层,水中的泥沙、机械杂质,以及各种微生物和细菌等可能会堵塞油层中的孔道,污染油层;水中的高含氧和盐等有害物质会腐蚀注水设备,所以必须将这些水进行净化处理。

水质处理是在专门的净化站进行的。来自水源的水进入净化站后,先要经过沉淀池使水中的泥沙及较大的颗粒沉淀。经沉淀的水中还含有少量的悬浮物和大量的细菌,去除的简单办法就是过滤。过滤是在专门的过滤池或过滤器中进行。经过滤后的水虽然已经很清澈了,但却有许多我们肉眼看不到的细菌存在,这就需要对水进行杀菌处理,常用的办法是在水中加入杀菌剂进行杀菌。为了防止水中含有的氧气及碳酸气体对注水设备的腐蚀,最后还要对水进行脱氧处理,常用的方法有化学除氧和真空除氧等。真空除氧是在除氧塔中进行的,化学除氧则是在水中加入 Na_2SO_3 等化学药剂进行的。当水源中含有大量的过饱和碳酸盐时,由于它们极不稳定,当注入地层后由于温度升高可能产生碳酸盐沉淀而堵塞油层,因此需预先进行曝晒处理,将碳酸盐沉淀下来,使水质稳定。经过水质处理的水最后还要进行化验,检查是否已符合注水标准。

2. 污水处理

在注水开发时,注入地下的水以及油层中的水将会随原油一起采出,将这些水(称为油田污水)回注地层,不仅可以节约用水,而且避免了污染环境。然而这些水中还会有许多浮油和有害物质,要想使用就必须先将这些水送去污水处理站进行处理。

地下油水采出后首先要进行脱水处理,使油水分离。分离后的水中仍含有大量的浮油和杂质,污水处理的主要任务就是去除这些油和杂质。一般污水处理的过程包括沉降,撇油,絮凝,浮选,过滤,加抑垢剂、防腐剂和杀菌剂及添加其他化学药剂处理等。化验符合要求后,就可以回注油层了。

3. 注水井投注程序

注水井完钻后,一般要经过排液、洗井和试注之后才能转入正常注水。

(1)排液。排液的目的在于清除近井地带油层内的堵塞物,在井底附近造成适当的低压带,为注水创造有利条件;同时还要采出部分弹性油量,以减少注水井排或注水井附近的能量损失,有利于注水井排拉成水线。

（2）洗井。注水井在排液之后还需要进行洗井。洗井的目的是把井筒内的腐蚀物、杂质等污物冲洗出来，避免油层被污物堵塞，影响注水。

洗井方式有两种：一种是正洗，即水从油管进井，从油套环形空间返回地面；另一种是反洗，即水从油套环形空间进井，从油管返回地面。

（3）试注。试注的目的在于确定能否将水注入油层并获得油层吸水启动压力和吸水指数等，以便根据配注水量选定注水压力。因此，在试注时要进行水井测试，求出注水压力和地层吸水能力。地层吸水能力的大小一般用吸水指数表示。如果试注效果好（可与邻井同类油层吸水能力相比较），即可进行转注了；如果效果不好，则要进行调整或采用酸浸、酸化、压裂等措施，直至合格为止。

（4）转注。注水井通过排液、洗井、试注，取全、取准试注的资料并绘制出注水井指数曲线后，再经过配水就可以转注为正常注水。

4. 分层注水技术

在一套开采的层系井网中，经常有十几个或几十个含油小层，这些小层间的渗透率差别很大，有的小层渗透率高，而有的却很低。在注水井笼统注水之后，高渗透层吸水能力强，水线推进的速度快；而低渗透层吸水能力差，水线推进速度慢。因此，同在一口注水井中，却形成各小层之间水线推进非常不均匀的情况。

从采油井方面看，与注水井相连通的高渗透层早已见水，见水层的压力和含水上升，从而干扰和影响了其他小层的出油，其结果是油井含水上升，产油量下降，给油田生产带来了不利的影响。为了改善这种状况，大庆油田的石油工作者创造出了一整套分层注水、油水井配产配注，以及注水井调整吸水剖面等工艺技术措施，极大地改善了注水油田开采的状况。

分层注水管柱由井下油管、封隔器和配水器组成，它利用封隔器在油管与套管之间的环形空间将整个注水井段分隔成几个互不连通的层段，在每个层段中都装有配水器，注入水通过每个层段配水器上的水嘴分别注入各层段的油层中。配水器的主要作用是对于高渗透层，利用配水器上水嘴的节流作用，来降低高渗透层的注水压力，从而达到控制高渗透层吸水量的目的；对于中低渗透层，可以根据各层段计划注水量所选定的水嘴，合理地进行配注，必要时还可以提高注入压力，以提高中低渗透层的吸水量。在多数情况下，分层注水将整个注水井段分为 3~4 级。

5. 注水井调剖

油层是不均质的。注入油层的水常常有 80%~90% 的水量为厚度不大的高渗透层所吸收。注水层的吸水剖面很不均匀，且其不均质性常常随时间推移而加剧。因为水对高渗透层的冲刷提高了高渗透层的渗透性，从而使它更容易受到冲刷。因此，注水油层常常出现局部的特高渗透性，使注水油层的吸水剖面更不均匀。

为了调整注水井的吸水剖面，提高注水井的波及系数，改善水驱效果，常向地层中的高渗透层注入堵剂，当它凝固或膨胀后，可降低高渗层的渗透率，迫使注入水增加对低含水部位的驱油作用，这种工艺措施称为注水井调剖。

3.2.3.3　注水地面系统

注水开发的主要目的是保持地层能量，驱动原油。这就要求注入地层的水要有足够的压力。加压是在注水站进行的。注水站装有多级加压泵，将由管线送来的水进行加压，加压站的控制间和加压管线上装有压力表和流量计,以便随时监测送往各配水间的情况。

配水间是供水站和各油井的分转站,负责将各注水站的来水分别输送到各注水井中。一般一个配水间要负责十几口注水井的配水和注水情况的监测。

注水井的井口是水进入井口的最后装置,实际上它也是一个采油树,它的颜色一般是绿色的。井口装置的主要作用是悬挂井内管柱、控制注水和洗井方式以及井下作业。由于注水压力较高,井口装置要求能承受高压。注水流程具体如下:从水源来的水首先要在净化站净化,净化过的水还要经注水站进行加压,然后再由配水间送往各注水井。从地下采出的污水也要经过污水处理站进行再处理,然后回注地层。

3.2.4　油层酸化压裂

为了实现油田开发目标,在开发过程中往往需要采取一系列增产增注措施来提高油井产量及保证注入井达到注入量要求。在低渗透砂岩和灰岩油藏的开发中,水力压裂和酸处理(酸化与酸压)是油田开发的基本措施。

1. 油层酸处理(酸化与酸压)

1) 酸化

酸化是利用地面高压泵把酸液通过井筒挤入油层,使酸液与油层的孔隙发生化学溶蚀作用,以扩大油流的通道,提高油层的渗透率,或者依靠酸液溶解井壁附近的堵塞物,如泥浆、泥饼及其他沉淀物质,以提高油井产量的。

根据酸液在地层中的作用,酸化一般可分为两类。一类是注酸压力低于油层破裂压力的常规酸化(也叫做一般酸化),这时酸液主要发挥化学溶蚀作用,扩大与其接触的岩石的孔隙、裂缝、溶洞;另一类是注酸压力高于油层破裂压力的酸化压裂(简称酸压),这时酸液将同时发挥化学作用和水力作用,扩大孔洞和压开新的裂缝,形成通畅的油渗流通道。

一般来说,对于砂岩油气藏,通常采用常规酸化;而对裂缝性灰岩油气藏,常采用酸化压裂。

2) 砂岩油层的酸化

砂岩的颗粒主要是石英、长石,砂岩的胶结物多为黏土和碳酸盐类。砂岩酸化是通过溶解砂粒之间的胶结物和部分砂粒,来提高近井地带的渗透率,或者是清除井筒附近的油层堵塞,以恢复油层的天然渗透性能的。砂岩地层酸化只限于常规酸化,而不宜采用酸化压裂。

如果砂岩中的碳酸盐含量高于10%,或者井下油层堵塞物的碳酸盐含量较高时,可单独用盐酸酸化,盐酸浓度一般可采用10%~15%。

如果砂岩中的碳酸盐含量低于10%,或者堵塞的碳酸盐含量较低,则应采用盐酸和氢氟酸的混合液(叫做土酸)进行酸化。土酸可以溶解泥质和石英,试验表明:土酸溶液对黏土、泥浆颗粒和泥饼的溶解能力都大大超过盐酸的溶解能力。

氢氟酸(HF)几乎对砂岩的一切成分,如石英、黏土、碳酸盐等都具有溶蚀作用。

溶蚀反应中的生成物 CaF_2,当酸液浓度降低时,会沉淀下来堵塞孔道,而当酸液中包含有盐酸(HCl)时,则可以防止或减少 CaF_2 的沉淀,所以砂岩酸化多用土酸,因为土酸兼有盐酸和氢氟酸的优点。在多数情况下,采用浓度15%的 HCl 和浓度4%的 HF 的混合液,对砂岩油层酸化效果较好。

3) 碳酸盐岩(灰岩)油层的酸化

碳酸盐岩油层是指石灰岩和白云岩储层。对这类油层,通常采用盐酸酸化。酸化反应所生成的 $CaCl_2$ 和 $MgCl_2$ 都溶于水,生成的 CO_2 也溶于水,因此,酸化可以扩大油气层的孔隙,提高油层的渗透性能。根据室内试验和现场实践证明:对于石灰岩和白云岩储层,采用盐酸酸化效果最好。

对于裂缝性灰岩油气藏,为了扩大酸化溶蚀的范围,常常采用酸化压裂,简称酸压。所谓酸化压裂,就是在高于地层吸收能力的情况下,往地层中挤酸,使井下压力逐渐升高,一旦井底压力上升到高于地层破裂压力时,就会把地层岩石中原有的裂缝撑开,或者把地层岩石压破而形成新的裂缝。如果继续以大排量向地层注酸,就会使被撑开的天然裂缝或新压开的人造裂缝向外延伸,扩大油气流的供给范围,使油气井的产量大幅度增加。

2. 油层水力压裂

水力压裂是油井增产和注水井增注一项成熟的技术,在国内外已经被广泛应用。它不仅可以使油气田内部的一些低产井增产,而且可以使一些经济效益差的低渗透油田得以开发。

1) 水力压裂

水力压裂就是利用地面高压泵,通过井筒向油层挤注具有较高黏度的压裂液。当注入压裂液的速度超过油层的吸收能力时,则在井底形成很高的压力,当该压力超过井壁附近油层岩石的破裂压力时,油层就被压开并产生裂缝。这时,继续不停地向油层挤注压裂液,裂缝就会继续向油层内部延伸。为了保持压开的裂缝处于张开状态,接着向油层挤入带有支撑剂(通常是石英砂)的携砂液。携砂液进入裂缝之后,一方面可以使裂缝继续向前延伸,另一方面可以支撑已经压开的裂缝,使其不至于闭合。再接着注入顶替液,将井筒的携砂液全部顶替进入裂缝,用石英砂将裂缝支撑起来。最后,注入的高黏度压裂液会自动降解排出井筒之外,在油层中留下一条或多条长、宽、高不等的裂缝,使油层与井筒之间建立起一条新的流体通道。油层压裂之后,油井的产量一般会大幅度增长。

2) 压裂液和支撑剂

压裂液有水基、油基和混合基三种类型,而应用最广泛的为水基压裂液。水基压裂液是一种凝胶液,由水与天然的或合成的聚合物配制而成,它是压开地层裂缝并携带支撑剂进入地层裂缝的一种液体。压裂液的性能应满足下列要求:①渗滤性低,能以较少的用量得到较长的裂缝;②悬浮性好,能将支撑剂全部均匀地带入裂缝,而不沉于井底;③摩擦阻力小,容易泵送;④与地层中原有的流体及岩层有较好的配伍性;⑤热稳定性好,能适应深井高温、高压的要求;⑥压裂完成后,废液易于排出,不堵塞地层;⑦来源广,成本低。

支撑剂有石英砂、陶粒、核桃壳、塑料球、玻璃球等,而使用最广泛的是石英砂,深井中多用陶粒。对支撑剂的要求是:强度大,颗粒均匀、圆度好,杂质少,来源广,成本低。

一般来说,油气井压裂之后,单井日产油量比压裂以前提高了 3~5 倍,平均增产有效期大约为 6 个月,有的井达到一年以上。当油井产量递减到压裂之前的产量之后,可进行重复压裂。

3.3　复杂条件下的采油技术

随着石油工业的发展和石油开采工艺水平的提高,可动用的原油储量不断增加,同时,世界石油消费水平的进一步增长,也刺激着石油开采技术的发展。为满足世界对石油的需求,人们进行了砂、蜡、水、稠、凝、低渗等复杂条件下的油藏开发,并在原油开采过程中产生了一系列相应的采油技术。

3.3.1　防砂

油层出砂是砂岩油层开采过程中的常见问题之一。对于疏松砂岩油藏,出砂是提高采油速度的主要障碍。我国疏松砂岩油藏分布范围较广、储量大、产量占有重要的地位,油井出砂是这类油藏开采的主要矛盾。出砂的危害极大,主要表现为:砂埋油层或井筒砂堵造成油井停产,出砂使地面和井下设备严重磨蚀、砂卡,冲砂检泵、地面清罐等维修工作量剧增,出砂严重时还会引起井壁坍塌而损坏套管。这些危害既提高了原油生产成本,又增加了油田开采难度,因此,油井防砂工艺技术的研究和发展对疏松砂岩油藏的开采至关重要。防砂与清砂技术是这类油藏正常生产的重要保证。

油层出砂是由井底附近地带的岩层结构破坏所引起的,它是各种因素综合影响的结果。这些因素可以归结为两个方面,即地质条件和开采因素,其中地质条件是内因,开采因素是外因。为防止油井出砂,一方面要针对油层及油井的条件,正确选择固井、完井方式,制定合理的开采措施,提高管理水平;另一方面要根据油层、油井及出砂的具体情况采用防砂方法。

目前,防砂方法发展迅速,无论采用哪一种方法,都应该能够有效地阻止油层中砂岩固体颗粒随流体流入井筒。对每一具体的油层和油井条件,最终都要以防砂后的经济效果来选择和评价。根据防砂原理,目前常用的防砂方法可归类为机械防砂(如筛管防砂)、化学防砂(如人工胶结砂层)、焦化防砂(如注热空气固砂)等方法。

3.3.2　防蜡与清蜡

石油主要是由各种组分的烃组成的多组分混合物。各种组分的烃的相态随着其所处的状态(温度和压力等)不同而变化,呈现出液相、气液两相或气液固三相,其中的固相物质主要是含碳原子数为 $16 \sim 64$ 的烷烃,这种物质叫做石蜡。石蜡在油藏条件下一般处于溶解状态,随着温度的降低,其在原油中的溶解度降低。对于溶有一定量石蜡的原油,在开采过程中,随着温度、压力的降低和气体的析出,溶解的石蜡以结晶体析出、长大聚集和沉积在管壁等固相表面上,即出现所谓的结蜡现象。油井结蜡一方面影响着流体举升的过流断面,增加了流动阻力;另一方面影响着抽油设备的正常工作,因此,防蜡和清蜡是含蜡原油开采中需要解决的重要问题。

根据人们的生产实践和对结蜡机理的认识,为了防止油井结蜡,可从三个方面着手:

(1)阻止蜡晶的析出。在原油开采过程中,采用某些措施(如提高井筒流体的温度等)使得油流温度高于蜡的初始结晶温度,从而阻止蜡晶的析出。

(2)抑制石蜡结晶的聚集。在石蜡结晶已析出的情况下,控制蜡晶长大和聚集的过程,如在含蜡原油中加入防止和减少石蜡聚集的某些化学剂,如抑制剂,使蜡晶处于分散状态而不会大量聚集。

(3)创造不利于石蜡沉积的条件。如提高沉积表面光滑度、改善表面润湿性、提高井筒流体速度等。

在含蜡原油的开采过程中,虽然可采用各类防蜡方法,但油井仍不可避免地存在蜡沉积的问题。蜡沉积严重地影响着油井的正常生产,所以必须采取措施将其清除。

目前,油井常用的清蜡方法根据清蜡原理可分为机械清蜡和热力清蜡两类。机械清蜡是指用专门的工具刮除油管壁上的蜡,并靠液流将蜡带至地面的清蜡方法。在自喷井中采用的清蜡工具主要有刮蜡片和清蜡钻头等。一般情况下采用刮蜡片清蜡;但如果结蜡很严重,则用清蜡钻头;结蜡虽很严重,但尚未堵死时,用麻花钻头;如果已堵死或蜡质坚硬,则用矛刺钻头。热力清蜡是利用热力学能提高液流和沉积表面的温度,熔化沉积于井筒中的蜡。

3.3.3　油井堵水

油井出水是油田开发中后期遇到的普遍现象,特别是水驱油田,油井出水是不可避免的现象。油层的非均质性以及开发方案和开采措施不当等原因,会使水的推进不均匀,造成个别井层过早水淹和油田综合含水的迅速上升,而降低产量和采收率。因此,在油田开发过程中,必须及时注意油井出水动向,利用各种找水方法确定出水层位,采取相应的堵水措施。油井堵水方法有机械堵水、化学堵水等。

1.机械堵水(封隔器卡封高含水层)

注水开发的多层非均质油藏,由于其层间差异大,所以尽管在注水井上采取了分注或调剖措施,但还是难以避免个别层过早水淹而使油井含水迅速升高。为了降低油井含水、减少层间干扰、提高油井产量,可采用封隔器卡封高含水层,使其停止工作。

2.化学堵水

油井化学堵水技术是用化学剂控制油井出水量和封堵出水层的方法。根据化学剂对油层和水层的堵塞作用,化学堵水可分为非选择性堵水和选择性堵水。非选择性堵水是指在油井上采用适当的工艺措施分隔油水层,并用堵剂堵塞出水层的化学堵水方法;选择性堵水是指通过油井向生产层注入适当的化学剂堵塞水层或改变油、水、岩石之间的界面张力来降低油水同层的水相渗透率,而不堵塞油层或对油相渗透率影响较小的化学堵水方法。

3.3.4　稠油及高凝油开采技术

流动性差是稠油开采中的主要问题:一方面原油黏度高,油层渗流阻力过大,使得原油不能从油层流入井筒;另一方面即使原油能够流到井底,但在其从井底向井口的流动过程中,由于降压脱气和散热降温而使黏度进一步增加,严重地影响了原油生产的正常进行。在高凝油的开发过程中,当原油温度低于凝固点时,原油因凝固而失去流动性,油井无法正常生产。

1.热处理油层采油技术

热处理油层采油技术通过向油层提供热力学能,提高油层岩石和流体的温度,从而增大油藏驱油动力,降低油层流体的黏度,防止油层中的结蜡现象,减小油层渗流阻力,达到更好地开采稠油及高凝油油藏的目的。目前,常用的热处理油层采油技术主要有注热流体(如蒸汽和热水)和火烧油层两类方法。

注蒸汽处理油层采油方法提高油井产量和油层采收率的主要原因是通过蒸汽将热力学能提供给油层岩石和流体,一方面使油层原油的黏度大大降低,增加了原油的流度;另一方面原油受热后发生体积膨胀,可减少最终的残余油饱和度。注蒸汽处理油层采油方法根据其采油工艺特点主要包括蒸汽吞吐和蒸汽驱两种方式。

火烧油层是在油层中燃烧部分原油来产生热量的,它是通过适当的井网将空气或氧气自井中注入油层,并用点火器将油层中部分原油点燃,然后向油层不断注入空气或氧气,以维持油层燃烧,燃烧前缘的高温不断加热油藏岩石和流体,使原油蒸馏、裂解,并被驱向生产井的采油方式。热力采油是通过注入蒸汽或火烧油层,使地层原油温度升高,黏度降低,变成易流动的原油,而提高原油采收率的方法。

1)蒸汽吞吐

蒸汽吞吐采油是将一定数量的高温、高压饱和蒸汽注入油层(吞进蒸汽),而后关井数天,让蒸汽的热力向油层扩散,以加热原油,来降低原油黏度,最后开井采油(吐出热油)的。通常的做法是:按照每米油层注入蒸汽 70~120 t,根据每口井的油层厚度计算出需要注入的蒸汽数量。而后开始注入蒸汽,注入时间大约为 10~20 d,然后关井 2~7 d。关井的目的是:使注入的蒸汽尽可能向油层扩展。然后开井生产,在最初 1~2 d,采出的几乎全部都是蒸汽的冷凝水,接着很快出现产油高峰,其产油量比吞吐前提高几十倍。但随着开井生产时间的延长,原油产量逐渐下降,当产量降到经济极限时,这一周期的生产结束。一个周期生产的时间,一般可以延续几个月,最长的可达到一年左右。当这一周期结束后,可重新进行下一周期蒸汽吞吐。通常每一口井可进行吞吐 5~7 次,但吞吐增产效果逐渐变差。据实际资料估算,一个稠油油田,如果仅靠蒸汽吞吐采油,预计采收率仅为 10%~20%,所以,在吞吐采油之后,在油田地质条件和技术经济可行的情况下,应该采用蒸汽驱油。

2)蒸汽驱

蒸汽驱采油是稠油油藏经过蒸汽吞吐采油之后,为进一步提高采收率而采取的一项热采方法,因为蒸汽吞吐采油只能采出各个油井附近油层中的原油,在油井与油井之间还留有大量的死油区。蒸汽驱采油,就是由注入井连续不断地往油层中注入高干度的蒸汽,使蒸汽不断地加热油层,从而大大降低地层原油的黏度。注入的蒸汽在地层中变为热的流体,将原油驱赶到生产井的周围,并被采到地面上来。

在辽河曙光、高升油田的一些区块以及克拉玛依油田的九区,注蒸汽驱油都获得了良好的驱油效果。一般情况下,蒸汽驱采油可使采收率增加 20%~30%。

2. 井筒降黏技术

井筒降黏技术是指通过热力、化学、稀释等措施使得井筒中的流体保持低黏度,从而达到改善井筒流体的流动条件,缓解抽油设备的不适应性,提高稠油及高凝油的开发效果等目的的采油工艺技术。该技术主要应用于原油黏度不很高或油层温度较高,所开采的原油能够流入井底,只需保持井筒流体有较低的黏度和良好的流动性,采用常规开采方式就能进行开采的稠油油藏。目前常用的井筒降黏技术主要包括化学降黏技术和热力降黏技术。

井筒化学降黏技术是指通过向井筒流体中掺入化学药剂,从而使流体黏度降低的开采稠油及高凝油的技术。井筒化学降黏技术的作用机理是:在井筒流体中加入一定量的水溶性表面活性剂溶液,使原油以微小油珠分散在活性水中形成水包油型乳状液或水包油型粗分散体系,同时活性剂溶液在油管壁和抽油杆柱表面形成一层活性水膜,起到乳化降黏和润湿降阻的作用。

井筒热力降黏技术是利用高凝油、稠油的流动性对温度敏感这一特点,通过提高井筒流体的温度,使井筒流体黏度降低的工艺技术。目前,常用的井筒热力降黏技术根据其加热介质可分为两大类:即热流体循环加热降黏技术和电加热降黏技术。

3.3.5　井底处理新技术

自 20 世纪 80 年代后期以来,在我国关于油、气、水井增产增注的各项井底处理新技术大量涌现,发展异常迅速,其中有的已形成了一定规模的工业应用。这些新技术主要包括:高能气体压裂技术、水力解堵技术、电脉冲井底处理技术、超声波井底处理技术和人工地震处理油层技术等。

1. 高能气体压裂技术

高能气体压裂(HEGF)是一种利用火药或火箭推进剂在井筒中高速燃烧产生大量的高温、高压气体来压裂油气层的增产增注技术。该技术的施工程序是将火药下至目的层,通过地面通电或投棒引燃,其技术关键是控制好高能气体的升压速度和最高压力。要求这一升压速度慢于爆炸压裂而快于水力压裂,一般在 1 ms 到几百 ms 之间;同时,限制最高压力低于地层岩石的屈服压力,一般在 100 MPa 以内。这样就能在井筒周围产生多条裂缝,并且无破碎、压实带,从而把天然裂缝与井筒沟通,提高油层导流能力,同时又增大了与天然裂缝沟通的机会;压裂过程中伴有压力冲击波及高温作用,因而对近井地带被污染及各种机械杂质、结蜡堵塞的井具有很好的解堵作用,对中低渗透层亦有明显的改造作用,能有效降低表皮系数(又称为污染系数),并相应提高渗透率,从而达到增产、增注的目的。

2. 水力解堵技术

我国绝大部分油田存在油层非均匀性严重、渗透性差的缺点,这给原油的开采带来了很大的困难,导致采油速度及采出程度普遍下降。采用高压水清洗、清除近井地带的机械杂质、钻井液和沥青胶质沉积,破坏盐类沉积,形成不闭合的裂缝等,可有效改善地层渗透率,疏通产油通道和注水通道。

根据井下地层的特点,利用高压水射流原理,研制出了一种高压旋转水射流井下解堵工具,其结构如图 3-5 所示,整套工具由井下多级过滤器、扶正器、控制器、旋转脉冲喷头等组成。

高压水旋转射流解堵技术是利用井下可控转速的旋转自振空化射流解堵装置产生高压水射流直接冲洗炮眼解堵和高频振荡水力波、空化噪声(超声波)物理解堵的。自振空化射流是近年来发展起来的一种新型高效射流。研究表明,这种射流具有强烈的压力振荡作用和冲蚀岩石效果,其射流振动频率达几千至上万赫兹,压力脉动幅度达 24%~37%,在相同泵压下,破碎岩石效果为普通射流的 2~4 倍。射流的空化作用能产生比射流冲击压力高 8.6~124 倍的瞬时空炮冲击压力和高达上千摄氏度的瞬时高温,并伴生频率达几十万赫兹的高频空化噪声(超声波)。

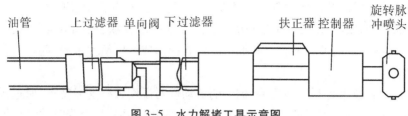

图 3-5　水力解堵工具示意图

　　由于射流可直接冲入炮眼,因此能量集中,对炮眼处理深度可大大提高,最深可达 600 mm 以上。通过改变射流压力、射流偏转角度和控制器阻尼,可将旋转速度控制在 10~400 r/min 范围内;通过油管带动解堵装置在射孔段内上下缓慢行走,可达到对整个射孔段炮眼和近井地层的全方位处理;直接的水力脉冲冲击加上高频水力振荡和空化的热力及超声波,可使炮眼和近井地层受到力学与物理的多种综合作用,处理效果将优于单一物理作用的处理措施,因此,高压水旋转射流处理近井地层技术不仅具有工艺简单、成本低、能量集中、处理深度大、效果显著的特点,而且可根据堵塞类型和严重程度,选择射流压力、旋转速度、处理层段和处理时间,具有选择性好、适应性强、易与其他处理方法结合等优点。

　　3. 电脉冲井底处理技术

　　电脉冲井底处理技术是通过井下液体中电容电极的高压放电,在油层中造成定向传播的压力脉冲和强电磁场,产生空化作用,解除油层污染,对油层造成微裂缝从而达到增产增注目的的工艺措施。该工艺的物理实质是高压击穿充满在井内的局部介质,在容积很小的通道内迅速释放出大量能量,产生强大的冲击波和电磁场。

　　电脉冲井底处理技术的关键是井下流体中电容电极的高压放电。放电过程是在井下仪器的放电室内进行的,对流体中的电极偶施加电压后,当电压高于介质的击穿值时就产生放电,但是,在两电极偶之间的空间内形成两次击穿放电过程之间有一定的时间间隔,因而为周期性放电,伴随放电孔道内流体爆炸释放出大量能量。该技术的作用机理主要有:产生压力波和空化作用,解除油层孔道中的堵塞;在油层中产生微裂缝和改造原有裂缝;在脉冲作用下,压差交替变换大小和方向,减小了毛细管力的影响,使油层流体由滞留区向排液活动区流动,提高原油的采收率。

　　4. 超声波井底处理技术

　　超声波井底处理技术是利用超声波的振动、空化等作用于油层,解除近井地带的污染和堵塞,以达到增产、增注目的的工艺措施。

　　超声波处理油层系统由地面声波——超声波发生器、传输电缆和井下大功率电声转换装置(发射型换能器)三大部分组成,如图 3-6 所示。施工时,将井下换能器用普通射孔电缆送至要处理的油层部位,由相应的电源提供电能,地面发生器产生脉冲波、超声波和电功率振荡信号,经电缆传输给大功率发射型换能器,换能器将电功率振荡信号转换成机械振动能——声波,经流体介质(油水混合物)耦合进入油气层,解除污染、堵塞,提高近井地带油层渗透性,达到增产、增注的目的。

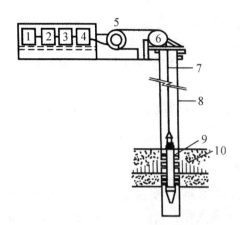

1—三相四线交流电源;2—声波发生器电源;3—声波发生器;4—输出监测脉冲波形、电压;
5—电缆绞车;6—滑轮;7—电缆;8—套管;9—换能器;10—油层。

图 3-6　超声波处理油层仪器组成示意图

超声波井底处理技术的增产增注机理主要包括以下几个方面:

(1)声波传递方向与流体流动方向具有相反的特性,无论其强弱,都会促使原油加速向声源流动,因而与渗流方向相反的井底辐射波可以促进油层流体向井筒渗流和聚集。

(2)超声波处理可使原油降黏、破乳、凝固点下降。

(3)超声波的振动、空化作用可以解除近井地带的堵塞和产生微小裂缝,恢复和提高油层渗透性。

(4)超声波的振动作用使毛细管半径不断发生变化,破坏了油层流体的受力平衡,有利于部分受毛细管束缚的原油被开采出来。

(5)对注水井而言,可降低水的表面张力和毛细管渗流阻力,同时具有杀菌、防垢等作用。

5.人工地震处理油层技术

人工地震处理油层技术是利用地面人工震源产生强大的波动场作用于油层进行振动处理,从而提高油层中油相渗透性及毛细管渗流和重力渗流速度,促使石油中的原始溶解气及吸附在油层中的天然气进一步分离,以达到提高原油产量及采收率的目的。

人工地震处理油层技术的采油机理是振动波具有很强的穿透能力和特有的共振现象,当其作用于油层时,将产生以下有利于采油的作用:①振动可加速油层中流体的流动;②振动可降低原油黏度、降低界面张力,从而改善原油流动和降低水油流度比,有利于水驱油过程;③振动可促进气体从原油或岩石孔隙表面上分离,产生气驱油作用;④振动使孔隙表面的某些沉淀污染物脱落分散并被液流携走,起到疏通孔隙通道、解除油层损害的作用。

3.4　采气工程原理与方法

采气工程是以气藏工程成果为基础的复杂的系统工程,它针对天然气流入井筒后进入输气管网之前的全部问题,着重解决井筒内流体举升及其他工艺问题,从开采工艺上确保气井的正常生产,确保气藏工程和开发方案的实施,确保对气田(气藏)高效率、高效益的开发。

一般气藏的压力比较高,采收率也比较高,并且往往以自喷采气为主。气井一般采用油管生产方式,当天然气流动到井口后,通过井口装置和采气树采至地面。采气树是指井口装置中油管头以上的部分,主要由总闸门、四通、油管闸门、针型阀、测压闸门、套管闸门组成。其作用是开关气井、控制气井产量和压力的大小、测量井口压力等,它也是不停产进行下压力计测压、实施气井动态监测的入口。

气藏与油藏在地质特点和开采特征上存在的差异,下面主要对气藏气井的开采进行分类,并对排水采气进行重点讲述。

3.4.1　气藏气井开采

按照不同的地质特点和开采特征(如压力、产量、产油气水和气质情况等),可以把常规气藏气井开采划分为无水气藏气井、有水气藏气井、低压气藏气井开采。

3.4.1.1　无水气藏气井的开采

无水气藏是指气层中无边底水和层间水的气藏(也包括边底水不活跃的气藏)。这类气藏的驱动主要靠天然气弹性能量进行消耗方式开采。在开采过程中,除产少量凝析水外,气井基本上产纯气(有的也产少量凝析油,但不属凝析气井)。

1. 开采特征

气井的阶段开采明显,大量的生产资料和动态曲线表明无水气藏气井生产可分为四个阶段(如图 3-7 所示)。

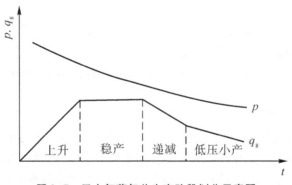

图 3-7　无水气藏气井生产阶段划分示意图

(1)产量上升阶段。气井处于调整工作制度和井底产层净化的过程。产量、无阻流量随着井下渗透条件的改善而上升。

(2)稳产阶段。产量基本保持不变,压力缓慢下降。稳产期的长短主要取决于气井的采气速度。

(3)产量递减阶段。当气井能量不足以克服地层的流动阻力、井筒油管的摩阻和输气管道的摩阻时,稳产阶段结束,产量开始递减。

(4)低压小产阶段。产量、压力均很低,但递减速度减慢,生产相对稳定,开采时间延续很长。

上述四个阶段的特征在采气曲线上表现得很明显。前三个生产阶段为一般纯气井开采所常见,而第四个阶段在裂缝孔隙型气藏中表现得特别明显。

2. 无水气藏气井的开采措施

无水气藏气井的开采措施有:①可以适当采用大压差采气;②确定合理的采气速度;③充分利用气藏能量;④采用气举排液。对于下有油管的井,有条件时可采用外加能量的方法排除井底积液。

3.4.1.2　有边水、底水气藏气井的开采工艺

1. 动态特征

有活跃边水、底水存在的气藏,如果开采措施不当,边水或底水会过早侵入气井,使气井早期出水,这不仅会严重加快气井的产量递减,而且会降低气藏的采收率。实践证明,气井出水的早晚主要受以下四个因素影响:

(1)井底距原始气水界面的距离。在相同条件下,井底距气水界面越近,气层水到达井底的时间越短。

(2)气井生产压差。随着生产压差的增大,气层水到达井底的时间缩短。

(3)气层渗透性及气层孔缝结构。气层纵向大裂缝越发育,底水到达井底的时间越短。

(4)边底水水体的能量与活跃程度。

2. 治水措施

出水的形式不一样,其相应的治水措施也不相同,根据出水的地质条件不同,采取的相应措施归纳起来有控、堵、排三个方面。

1)控水采气

在气井出水前和出水后,为了使气井更好地产气,存在着控制出水问题。对水的控制是通过控制气流带水的最小流量或控制临界压差来实现的。

以底水锥进方式活动的未出水气井,可通过分析氯根,利用单井系统分析曲线确定临界产量(压差),控制在小于此临界值下进行生产,以保持无水采气。

控制临界流量无水采气的优点是:①无水采气是有水气藏的最佳采气方式,它具有稳产期长、产量高、单井累积产量大的优点;②气流在井筒保持单相流动,压力损失小,在相同产量下,井口剩余压力大、自喷生产时间长;③可推迟建设处理地层水的设施;④采气成本低,经济效益高。

因此,对于有地层水显示,或地层水产量不大的井,首先要考虑提高井底压力,控制压差,尽量延长无水采气期。

2)堵水

对水窜型气层出水,应以堵为主,通过生产测井弄清出水层段,把出水层段封堵死。对水锥型出水气井,应先控制压差,延长出水显示阶段,当气层钻开程度较大时,可封堵井底,使人工井底适当提高,把水堵在井底以下。

3)排水

为了消除地下水活动对气井产能的影响,可以加强排水工作,如在水活跃区打排水井或改水淹井为排水井等,以减少水向主力气井流动的能力。

3.4.1.3　低压气藏的开采

气藏的开发和开采是衰竭式开采,因此,随着天然气的不断采出,气井压力将逐渐降低。

在气藏开采的中、后期能量消耗较多,气藏处于低压开采阶段。

当气藏处于低压开采阶段时,气井的井口压力较低,而一般输气干线的压力往往较高(4~8 MPa),因此,当气井的井口压力接近输压或低于输压时,气井生产因受井口输压波动的影响而难以维持正常生产,严重时由于井口压力低于输压而使气井被迫关井停产或被水淹,这样将使较多的、还有一定生产能力的气井过早停产,大大降低了气藏的采收率,使气井能量不能充分利用。

因此,对这类处于低压条件下开采的气田或气井,应采取一些有效措施,使其恢复正常生产和正常输气。目前常采用以下几种工艺措施。

1. 高、低压分输工艺

由于低压气井井口压力较低,不宜进入长输干线,因此,可根据具体情况,利用现有的场站和管网加以改造和利用,如减少站场、管线的压力损失,改变天然气流向,使低压气就近进入低压管线或就近输给用户,而不进入高压长输管线等,这样可在井口压力不改变的条件下维持气井正常生产,提高低压气井生产能力和供气能力,延长气井的生产期。

2. 使用天然气喷射器开采

气藏一般为多产层系统,气藏中存在同一气田、同一集气站既有高压气井,又有低压气井这一特点。为了更好地发挥高压气井的能量,提高低压气井的生产能力,使之满足输气设备的要求,可使用喷射器,利用高压井的压力来提高低压气的压力,使之达到输送压力。

喷射器的原理是利用高压气体引射低压气体,使低压气体压力升高而达到输送的目的。高压动力天然气在喷嘴前以高速通过喷嘴喷出,在混合室中,由于气流速度大大增加,使压力显著降低,因此,在混合室形成一个低压区,使低压气井的天然气在压力差的作用下被吸入混合室;然后,低压天然气被高速流动天然气携带到扩散管中。在扩散管内,高压天然气的部分动能传递给被输送的低压气,使低压气的动能增加,同时,由于扩散管的管径不断增大,使混合气流速度减慢,从而把动能转换为压能,使混合气压力提高,达到增压的目的。

3. 建立压缩机站

当气田进入末期开采时,对于剩余储量较大,而又不具备上述开采条件的低压气井,可建压缩机站将采出的低压气进行增压后进入输气干线或输往用户。这也是降低气井废弃压力,增大气井采气量,提高气井最终采收率的一项重要措施,其应用方式如下:

(1)区块集中增压采气,即用一个增压中心系统(增压站)对全气田统一集中增压。该方式适用于产纯气或者产水量小的气田或数口气井,且气井应较为集中、集输管网配备良好。

(2)单井分散增压采气,就是在单井直接安装低压力、小压比(气体在压缩机出口处的压力与进口处的压力之比)的小型压缩机,把各气井的天然气增压输往集气站,再由站上的大型压缩机集中增压输往用户。该方式主要适用于气井控制地质储量大、气水量较大,且受井口流动压力影响较为严重、濒临水淹的气水同产井以及压力极低的情况,压缩机应尽可能靠近井口。

4. 负压采气工艺技术

负压采气技术是当气井井口压力为负压(低于大气压)时采用的采气工艺技术。这项技术是通过一定的工艺设备,将气井井口的压力由大于或等于大气压降为负压来实施采气的。应用该项技术,可使采用常规采气工艺技术无法再生产的低压气井进一步得到利用,从而加快了低压气藏(井)的开采速度,提高了最终采收率,使有限的能源得到充分的利用。负压采气的实质就是在低于大气压下对气井进行抽放。决定负压采气效果的先决因素是产层的渗透性,渗透性好,则抽放效果好。

3.4.2　排水采气

排水采气是在水驱气藏开发过程中,气井见水层特别是高含气井常见的采气工艺。有许多方法可以排出气井中的积液,如优选管柱、泡沫排水、柱塞气举、连续气举、有杆泵、潜油电泵、水力活塞泵、射流泵等。下面重点介绍气井积液原理、优选管柱排水采气工艺、气举排水采气工艺、泡沫排水采气工艺、机抽排水采气工艺、电潜泵排水采气工艺等。

3.4.2.1　气井积液

气井中一般都会产生一些液体,这些液体的存在会影响气井的流动特性。井中液体的来源有两种:一是地层中的游离水或烃类凝析液与气体一起渗流进入井筒;二是地层中含有水汽的天然气流入井筒,由于热损失而使温度沿井筒逐渐下降,出现凝析水。

图 3-8 描述了气井的积液过程。由图可见,多数气井在正常生产时的流态为环雾流,液体以液滴的形式由气体携带到地面,气体呈连续相,而液体呈非连续相。当气相流速太低,不能提供足够的能量使井筒中的液体连续流出井口时,液体将与气流呈反方向流动并积存于井底,气井中将存在积液。

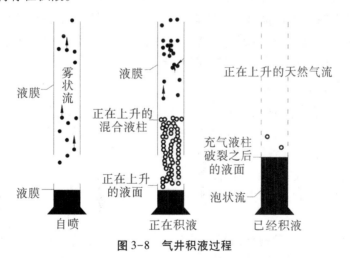

图 3-8　气井积液过程

对于积液来源于凝析水的气井,在积液过程中,由于天然气通常在井筒上部达到露点,所以开始液体滞留在井筒上部。当气井流量降低到不能再将液体滞留在井筒上部时,液体泡沫随之崩溃而落入井底,井筒下部压力梯度急剧增高。一般来说,只需少量积液就可使低压气井停喷。

井筒积液将增加对气层的回压,限制井的生产能力。井筒积液量太大,可使气井完全停喷,这种情况经常发生在大量产出地层水的低压井内。高压井中液体会以段塞形式出现。另外,井筒内的液柱会使井筒附近地层受到伤害,使含液饱和度增大、气相渗透率降低,井的产能受到损害。

3.4.2.2 优选管柱排水采气工艺

优选管柱排水采气是针对气井长时间生产后地层压力降低、气带水能力减弱后,气井生产无法达到"三稳定"状态而采用及时调整生产管柱,将大直径油管换为小直径油管,借以增强气井自喷能力,使其恢复正常生产状态的一种工艺措施。

严格地说,优选管柱工艺实质上是一种优化设计方法,而不是一种单纯的排水采气工艺。该工艺的技术关键是确定气井的产量并使之满足气井连续排液的临界流动条件,其设计的理论、方法十分成熟。该工艺方法适合于产水量不大、具有一定自喷能力的气井,一般要求生产水气比小于 $40 \ m^3/104 \ m^3$,因此现场多在开采中后期的低产井中采用这种工艺,或将其与泡沫排水、气举排水等工艺相结合应用,可增强排水能力和效果,延长工艺的推广应用期。该工艺目前使用的最大井深不超过 2 500 m,也可用于含硫气井。

3.4.2.3 气举排水采气工艺

所谓气举排水是利用外来动力(如天然气压缩机或邻井的高压气)作为举升动力,借助于井下气举阀的作用向产水气井的井筒内注入高压气源,借以排除井底积液,恢复生产的一种人工举升工艺方法。气举排水一般是向环形空间内注入高压气体,通过冲管举升气水进行生产的。

气举阀是实施气举工艺至关重要的工具。气举阀的作用有两点:一是卸去井筒液体的载荷,让气体能从油管柱的最佳部位注入;二是控制卸载和正常举升的注气量。因此,气举阀与其他人工举升方式一样,能够建立所需的井底流压,达到预期的排液量。

气举排水适用于水淹井复产、大产水井助喷及气藏强排水开采方式,最大排水量为 $400 \ m^3/d$,最大举升高度为 3 500 m,可用于中、高含硫的气井。

3.4.2.4 泡沫排水采气工艺

泡沫排水采气工艺是一种化学排水方法,通过向井筒内注入能大量产生泡沫的化学剂,把水分散成低密度的泡沫状含水气体,减小油管内流体的重力损失和气体滑脱损失,进而增强气带水的自喷能力。

泡沫排水工艺的最大特点是使用简单。最初的泡排剂是液剂,需配套平衡罐或高压柱塞泵注入套管内,后来相继研制出固态的棒剂,使用更加方便。图 3-9 是气井泡沫排水工艺流程示意图。

加入起泡剂(特别是高效起泡剂)后,带至井口、地面的水溶液存在大量泡沫,并聚集在分离器内,一旦进入外输管线则可能引起阻塞,导致输压增高,为此还必须加入消泡剂,与起泡剂配套使用。

泡沫排水工艺适用于产水量不大的弱喷、间喷井排水,最大排水量约 $120 \ m^3/d$,可用于低含硫气井,现场实用性强、使用广泛。

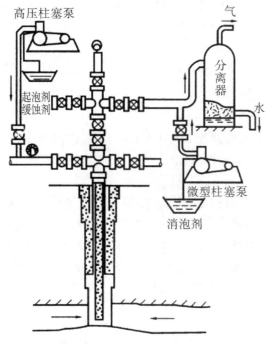

图 3-9　泡沫排水工艺流程示意图

3.4.2.5　机抽排水采气工艺

机抽排水采气工艺是国内外已广泛应用的十分成熟的工艺。该工艺借助于抽油机、动力设备,将有杆深井泵下入到井底液面以下适当深度,通过抽油机带动泵筒中的柱塞运动而抽吸排水。进入泵筒中的地层水从油管中排出至地面,天然气则从环形空间中产出,如图 3-10 所示。该工艺的流程是井底积液由井下分离器分离后将气排到环空内,水则进入软密封深井泵中。由于抽油机的抽吸作用将水抽到地面出口管线,而天然气也从环空中升至井口大四通,进入地面分离器再次分离,如果压力不足则须加压后进入输送管线。

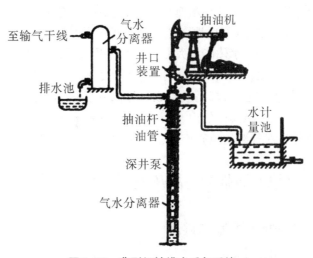

图 3-10　典型机抽排水采气系统

机抽排水采气适用于水淹井复产、间喷井及低压产水气井排水。目前最大排水量为 70 m³/d,最大泵深为 2 000 m。该工艺设计安装管理较方便、经济成本较低,但对高含硫或结垢严重的气井不适用。

该工艺的主要缺点是受下泵深度的限制,但是,采用负荷能力较大的抽油机和高强度抽油杆,能使其举升深度愈来愈大。

3.4.2.6　电潜泵排水采气工艺

变速电潜泵排水工艺是随油管下入井底的一套多级离心泵装置将水淹气井中的积液从油管中迅速排出,降低对井底的回压,形成一定的"复产压差"后,促使气井重新恢复生产的一种机械排水采气措施。

电潜泵排水采气的工艺流程是在地面"变频控制器"的自动控制下,电力经过变压器、接线盒、电力电缆使井下电机带动多级离心泵做高速旋转,积液通过旋转式气体分离器、多级离心泵、单流阀、泄流阀、油管、特种井口装置被举升到地面,通过排水管线到卤水池。待复产后,气水混合物经油套管环形空间进入地面分离器,分离后的天然气进外输管线。典型的电潜泵排水采气工艺的地面流程如图 3-11 所示。

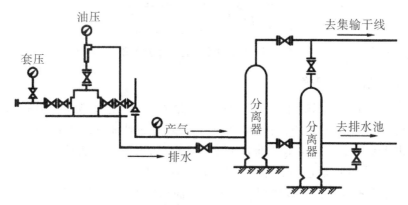

图 3-11　电潜泵排水采气工艺的地面流程

电潜泵排水采气工艺适用于各种水淹气井,其特点是参数的可调性强、排量范围大(最大可达 350 m³/d)、扬程广、能大幅度地降低井底的液柱压力而增大生产压差,是气井强排水的重要手段,适合于产水量大、水体能量大的排水气井及采用其他排水工艺都无法有效复产的水淹井等,设计、安装都比较方便,但经济投入比较大,运行成本高,对含硫气井不适用。

上述几种排水采气工艺方法,都是技术成熟、现场使用较多的工艺方法,另外还有一些其他的排水工艺方法。对一口具体的出水气井来说,任何一种排水采气方法对井的开采条件都有一定要求,必须针对气藏的地质特点、气井的生产动态特点和环境条件来合理选择。

3.5　油气开采技术面临的挑战及发展趋势

3.5.1　油气开采技术面临的挑战

世界油气开采经营战略自 20 世纪 90 年代进入依靠高新技术取胜的时代以来,随着世界性科学技术的发展,用高新技术改造传统技术、引进和开发新技术、缩短新技术开发和应用周期,为油气开采业的生存和发展开辟了新的前景。信息化—集成化—智能化技术,将为石油企业带来勃勃生机。但是,进入 21 世纪之后,油气开采技术仍将不断面临新的挑战,这给发展油气开采技术提出了新的要求,也提供了新的机遇。

1. 国际油价动荡的挑战

20 世纪 70 年代以来,国际油价经历了多次迅速上涨、急剧下跌的反复动荡。由于石油与天然气是关系到当前和未来一个时期国际政治与社会发展的战略性资源,所以为争夺和控制这一战略性资源而开展的国际政治斗争将会持续进行。

国际油价除深受资源量与需求(消费)的影响外,还直接受国际政治和经济的影响。进入 21 世纪后,国际油价的动荡更加剧烈,所以油气开采工业必须开发新技术以适应油价动荡的挑战。

2. 世界经济全球化的挑战

世界经济的全球化,必将对我国油气开采技术提出新的要求,从而影响油气开采技术的发展方向。20 世纪 90 年代,我国除与国际合作开发海上油田外,还进入了国际石油市场,投资开发国外油气田。面对我国经济高速增长所带来的能源需求的巨大压力,我国石油公司已开始实施跨国经营战略。我国油气开采技术与国际接轨的形势,为在国际石油市场的竞争中促进我国经济发展,并为国际政治稳定和经济发展作出与我国地位相适应的贡献。

3. 新发现油田的开采技术难度日益增大

(1)新发现的油田规模变小。近些年来,无论在国外还是国内,尽管有一些大型油气田被发现,但其数量在减少,而小型油气田的比例明显在增加。特别是一些复杂小断块油田的开采难度增大,技术要求越来越高。

(2)新发现的油田大多位于环境恶劣的地区。随着沙漠油田,特别是海洋深水域勘探的活跃,沙漠和海上这些开采成本相对高的油田投入开发的数量必将不断增加。为此,必须发展适应沙漠和海上油气田的高效、低成本的开采技术。

(3)新发现资源品位变差。原油品质和油气储层性质是资源品位的主要指标。新发现和未动用的稠油油藏以及低渗透和超低渗透油气藏的数量不断增加,由于其开采难度大、技术要求高而导致成本高,只有采用高效低成本的开采技术,低品位油气资源才能得到有效开发。

4. 油田开采中后期的稳产和提高采收率

油田投入开采后,随着开采时间的推移,石油含水上升,产量递减。为了提高开采效果,必须采取相应的开采技术措施,以控制含水上升速度,实现稳产和减少产量递减,这将对油气开采技术提出新的要求。若采用当前技术,常规油田将有半数以上的原油仍残留在地下无法采出,而低品位油藏残留地下的原油将超过 70%。因此,如何提高采收率,直接关系到油气资源的充分利用。这不仅是技术问题,更是与开采成本和油气价格等诸多因素相关的复杂问题。

5. 愈来愈严格的环境保护要求

环境保护与可持续发展是当今人们普遍关注的问题。油气资源开采面临着环境保护的巨大压力,它要求发展适应环境保护的开采技术,同时,它也为石油开采技术开拓了新的发展空间。例如,用更少的井达到同样开发效果的水平井、分支井开采技术,井场占地面积更小的大位移井开采技术,收集锅炉燃烧废气中的 CO_2 驱油技术,减少油井作业泄漏及天然气排放技术和以减少产出水地面处理为目的的井下油水分离技术等。

3.5.2　油气开采的关键技术

油气开采技术经历着以下几个变化:从提高单井产量向集成化油藏经营,从单学科孤军奋战向多学科协同工作,从单项技术应用向集成化技术解决问题等多方面的发展。油气开采技术总体上已经形成以下格局:以油藏经营为主体,以技术发展为基础,以技术集成化为手段,以多学科协同为特点,以实时解决为目标的技术体系。从我国油气资源及其开发状况来看,油气开采关键技术包括提高采收率技术、稠油油藏开采技术、低渗透油气藏开采技术、复杂结构井技术。此外,对我国未来油气开采技术将产生重大影响的技术,例如智能完井技术、井下油水分离技术和油藏实时解决方案等将得到发展,一系列传统技术将得到进一步完善和改造,同时,面对新的挑战还将会出现一系列新的技术。

1. 提高采收率技术

经济有效地提高油气采收率是油气资源开发的永恒目标,为此发展了许多提高采收率的方法及其配套技术。然而,如何有效地应用这些方法和技术,都是有待不断研究的课题。一些学者将提高采收率的方法归结为两类不同范畴的技术,即 IOR 技术(改善采油,Improvement Oil Recovery)和 EOR 技术(强化采油,Enhanced Oil Recovery),虽然它们共同的目标都是经济、有效地开发剩余油以提高采收率,但它们分别属于不同的技术范畴,因为其对象不同、技术思路不同,所以技术实施时机和方法也将会不同。

1) IOR 技术

IOR 技术的对象是相对富集的大尺度的未被驱替介质波及的剩余油,主要用于改善二次采油,特别是提高多层非均质油藏的注水波及效率。虽然 IOR 技术并未改变二次采油的驱替机理,但它已是二次采油技术的高度集成和综合应用。

IOR 技术主要包括:调整井和加密井技术,改善水动力条件的技术(周期注水、间歇注水、水气交替注入等),调剖技术,水平井、复杂结构井技术以及老井侧钻井技术。相对于 EOR 技术而言,IOR 技术成熟度高、操作成本低。多层非均质油藏尽管已进入高含水期,但仍然存在着巨大的应用潜力。自从 20 世纪 40 年代油田注水得到工业化应用以来,IOR 技术上有了很大的发展,至今仍然存在很大的发展潜力,因此,IOR 技术仍然是大幅度提高采收率不可忽视的技术。

2) EOR 技术

EOR 技术的主要对象是被注入水波及地区以薄膜、油滴、油片、角滞油等形式仍然残留于地下的高度分散的小尺度的剩余油以及难以采用注水开发的油藏。EOR 技术主要包括热采技术、注气技术、化学驱技术和微生物技术,它们的驱油机理与水驱有所不同。

针对稠油油藏的热采技术在当前 EOR 技术中占主导地位,其中又以注蒸汽为主。目前美国是热采产量最高的国家,我国仅次于美国和委内瑞拉,居世界第三位。注气技术是目前应用程度仅次于热采的另一项 EOR 技术,它不仅可用于新油藏的开发,也可作为三次采油手段用于水驱后油藏提高采收率。当用于水驱之后时,其开采对象主要是水淹带内被滞留在地下的残余油,采收率可提高 10%。注气提高采收率方法中主要是 CO_2 混相驱,为寻找廉价气源而注入氮气和空气(低温氧化)的研究和矿场试验已逐步开展,并取得了进展。

化学驱(表面活性剂、聚合物、碱)由于在低油价下难以产生良好的经济效益,所以 20 世纪 90 年代后期在国外已应用甚少。针对我国油藏条件,聚合物驱得到了很大的应用和发展,无论应用规模、配套技术以及科学研究方面都处于国际前列。

EOR 技术是一个复杂的技术体系,它涉及五个要素(采收的对象、采收的环境、采收的工作介质、采收的能量和采收的动力过程)、三种接口(原油和储层之间、驱替剂和储层之间以及驱替剂和原油之间的相互作用)、三类渗流动力学过程(在不同井网下驱替剂和油在储层中渗流的动力学过程,驱替剂-油界面的渗移、指进、互溶、弥散等动力学过程)。加深对这一复杂体系要素之间的相互作用及其动力学过程的认识,对提高 EOR 技术无疑是十分重要的。

尽管 EOR 技术难度大、技术成熟度不高,但它是油气田开发不可或缺的关键技术。在油田开发过程中进行提高采收率决策时,IOR 和 EOR 技术的定位直接关系到油田开发效益。只有掌握剩余油的分布情况,了解提高采收率技术的实施对象,才能有效地应用 IOR 技术和 EOR 技术。

2. 低渗透油气藏开采技术

由于低渗透油气藏特殊的储层特征和渗流特性,使低渗透油气藏开采中油气层保护、能量保持、增产措施和提高采收率问题更加突出,特别是受高投入、低产出影响的经济效益问题直接关系到相应技术的发展。贯穿于钻井、完井、增产措施、采油采气的整个过程的储层伤害和低产是低渗透油气藏开发技术首先面对的两个主要问题。相关技术发展主要围绕解决这两个主要问题。低渗透油气藏主要开采技术的发展见表 3-1。

表 3-1　低渗透油气藏开采技术进展

技术	20 世纪 90 年代前	现今
钻井技术	水基泥浆钻井 油基泥浆钻井 泡沫钻井	气体钻井 雾化钻井 泡沫钻井 充气液钻井 (欠平衡钻井)
完井技术	下套管、固井、射孔压裂	裸眼完井 水平井裸眼分段压裂
井网	垂直井、密井网 实现强驱替	水平井、稀井网 实现强驱替
增产改造技术	水力压裂 酸化 泡沫压裂	氮气泡沫压裂 泡沫压裂 酸化 水平井裸眼分段泡沫压裂 液态 CO_2 加砂压裂 长水平段替代压裂

技术	20 世纪 90 年代前	现今
驱替方式	弹性驱 深解驱 注水	弹性驱、溶解气驱、气驱 水气交注 混注 人造气顶驱

　　一些低渗透油气藏往往存在天然裂缝或潜在裂缝,开采过程显现应力敏感性(应力伤害),同时又采用整体压裂措施,因此,地应力分布研究对低渗透油气藏的井网布置、水力压裂方位以及水平井方位的确定都较为重要。低渗透油气藏开发中的压力保持和提高采收率方法也是十分突出的问题,近年来针对油气藏条件采用了各种注气措施。为了改善低渗透油藏增产措施的效果,目前又着手研究层内爆燃,将传统的水力压裂与爆燃相结合,在水力压裂裂缝周围形成爆燃裂缝,以进一步改善其渗流条件。

　　3. 稠油开采技术

　　随着常规石油可供利用量的日益减少,稠油已成为 21 世纪的重要石油资源。当今世界稠油油藏开发仍以蒸汽吞吐、蒸汽驱、火烧油层及热水驱为主,但其前沿技术也在迅速发展。世界稠油开采技术现状见表 3-2。

表 3-2　世界稠油开采技术现状

商业性应用成熟技术	发展中技术	概念研究技术
蒸汽吞吐 蒸汽驱 水平井技术 火烧油层技术(应用有限)	多分支井技术 蒸汽辅助重力驱 冷采技术 4D 地震技术 水平井注气萃取技术(Vapcx)	微波采油技术 井下蒸汽发生技术 微生物采油技术 Aquaconversion 技术 井口减黏裂化技术 溶剂脱沥青技术 离子电弧技术(Plasma Arc)

　　为了降低稠油开采成本,提高稠油采收率和稠油价值,稠油改质作为稠油开发的新技术日益得到重视。稠油改质技术发展现状及用于稠油开采的地下(就地)和井口改质技术分别见表 3-3 和表 3-4。

表 3-3　世界稠油改质技术发展现状

技术类型	成熟技术	发展中技术	概念研究技术
脱碳	延迟焦化 减黏裂化 溶剂脱沥青 部分氧化	水平井注气萃取技术	部分氧化技术
加氢	渣油加氢 Slurry Systems		

技术类型	成熟技术	发展中技术	概念研究技术
上下游综合技术		Aquaconversion 技术	微波采油技术 微生物采油技术 离子电弧技术

表 3-4 用于稠油开采的地下、井口改质技术

地下改质技术	井口改质技术
水平井注气萃取技术(Vapex)	Aquaconversion 技术
微波采油技术	减黏裂化(Visbreaking)
微生物采油技术	溶剂脱沥青
火烧油层技术	离子电弧技术

4. 复杂结构井技术

复杂结构井一般是指以水平或倾斜及分支为主要特征的井眼轨迹和井深结构复杂的井,它是在定向井、水平井的基础上发展起来的油气开采的新技术。为适应多种油气藏类型的开发需要,复杂结构井的井身结构也是多种多样的。

复杂结构井可增加井眼对油气藏的控制程度,改善流体在储层中的渗流条件,增大油层处理措施的有效性。

复杂结构井在油气藏开发中的应用为油田开发带来新概念、新技术,也必将促进钻井、完井和采油新技术的发展。

5. 智能井技术

智能井技术是为适应现代油藏经营管理新概念和信息技术在油气藏开采技术中的应用而发展起来的新技术。智能井是在井内装有可获得井下油气生产信息的传感器、数据传输系统和控制设备,并可在地面进行数据收集和决策分析的井。

智能井应具备五个子系统:①收集井下各种信息的传感系统;②使油井生产不断得到重新配置的井下控制系统;③传递井下数据的传输系统;④地面数据收集、分析和反馈控制系统;⑤可逐步发展井下流体的三维可视技术及数据压缩技术。

目前,智能井正在发展成为一种具有一定智力的智能化完井体系,人们称它为"智能完井""聪明完井"或智能井系统。由于智能井在油井结构与完井方面已成为一体,当油井完井以后,人们可以遥控井下安装在油层的智能测量和控制设备,根据油井情况灵活控制多油层的各层流量,在地面实时监测井下各层的流量、压力和温度,从而成为油藏经营管理的强有力工具。边远、未勘探地区、水下或者深海钻井,高温/高压油藏和浮式船生产等都给开采技术能力带来了新的挑战,在这种环境下,发展智能井技术是最好的解决开采难题的方法。

智能井技术更适用于大位移、大斜度、水平井、多分支井、边远地区无人操作的油井、多层注采井以及电潜泵采油井。智能井技术现已在国外油田开始应用,它为现代油藏经营管理和油藏实时解决方案进一步奠定了基础。

6. 油藏实时解决方案

为了优化资产组合、降低成本、高效而快速地开发油藏,以适应不断变化和竞争加剧的市场以及充分发挥迅速发展的新技术的作用,国外石油公司提出了油藏实时解决方案。油藏实时解决方案的实质就是对油藏进行"五个实时",即实时监控、实时数据采集、实时解释、实时决策、实时解决(实时作业施工)。

为了实现实时解决的目标,油藏实时解决方案有四项技术形成保障体系。

(1)产品-技术一条龙服务(PSL)技术。包括:测井、射孔、压裂、酸化、钻井、固井、钻头、泥浆,连续油管修井作业。新的技术和产品要不断完善和提高一条龙服务的内容和质量。

(2)油藏描述和油藏认知。包括:集成化油藏模型、测井解释、地震解释、岩心资料解释、钻井评价报告、生产预测和油藏整体描述。它是在单项信息处理基础上的综合信息集成,是实时解决方案和进行综合决策的基础。

(3)业务与技术解决方案。由相关各专业领域的专家组成的多学科工作组在"虚拟环境"下进行综合分析研究,通过整体的技术经济分析,应用不同的技术、设备调整生产安排,确定最经济可行的解决方案,以获得最大利润。

(4)实时作业施工。实时作业施工的核心技术是专家们可通过通讯工具、互联网、计算机和可视化会议厅,直接实时观察作业现场,实时获取信息,及时做出决策以指导现场作业。这项技术可为更多的专家提供参与决策的机会,同时也可以使一个专家能够监测多井施工的情况。

实时油藏解决将以其完整、综合、快速、高效的特点成为油气资源开发技术的重要发展方向。

随着世界科学技术的高速发展和全球化、信息化进程的加快,油气开采技术将面临新的挑战和机遇,这必然加速对传统技术的改造和新工艺、新技术的研发。

思考题

1. 油气勘探和油气开采的任务是什么?
2. 重力、磁力、电法勘探的异同有哪些?
3. 简述二维地震与三维地震的区别。
4. 整套钻井设备主要由哪六个系统组成?
5. 自喷采油有哪几种流动过程?
6. 多级离心泵的工作原理是什么?
7. 油田注水的目的是什么?
8. 无水气藏气井的生产有哪几个阶段?
9. 油气开采技术面临哪些挑战?

第4章 油气储运工程

油气储运工程就是油和气的集输、储存与运输的总称,主要包括矿场油气的集输及处理、油气的长距离运输、各转运枢纽的储存和装卸、终点分配油库(或配气站)的营销、炼油厂和石化厂的油气储运等环节。油气储运系统在石油工业内部是连接产、运、销各个环节的纽带,在石油工业外部是能源保障系统的重要一环。油气储运系统的可靠与否不仅影响国家经济建设的可持续发展,也制约区域经济的平衡发展。油气储运系统对保障国家的经济稳定、发展具有非常重要的意义。

4.1 石油矿场集输

石油矿场集输是指把各分散油井所生产的石油及其产品集中起来,经过必要的初加工处理,使之成为合格的原油和天然气,然后分别送往长距离输油管线首站(或矿场原油库)或输气管线首站外输的全部工艺过程。

4.1.1 石油集输系统

在油气田,从井口到原油和天然气外输之间所有的油气生产过程均属石油集输范畴。石油集输生产过程及相应关系如图 4-1 所示,它以集输管网及各种生产设施构成的庞大系统覆盖着整个油气田。由于各油气田、各油层所产石油的物性、产量不同,井口的参数(温度、压力等)不一,地貌气候的差异,不同生产阶段油井产物的变化等,要求石油集输系统要根据这些客观条件,利用其有利因素,使地面管网规划、设备选择及生产流程设计与之相适应,从而达到优化的目的,这就使得各油气田的集输系统之间存在着诸多差异。

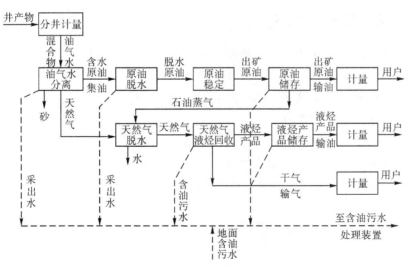

图 4-1 集输工作过程示意图

1. 石油集输工作的主要内容

（1）油气计量，包括单井产物油、气、水的计量以及油气在处理过程中、外输至用户前的计量。因单井产量值是监测油气藏开发的依据，所以需要对各油井进行单独计量。各井的油气经分离和分别计量后汇集在一起，用一条管路混输至处理站，或用两条管路（单井产量大时）分别输往处理站。

（2）集油、集气，即将分井计量后的油气水混合物汇集送到处理站（联合站），或将含水原油、天然气分别汇集送至原油处理站及集气站。

（3）油气水分离，即将油气水混合物分离成液体和气体，将液体分离成含水原油及含油污水，必要时分离出固体杂质。

（4）原油脱水，即将含水原油破乳、沉降、分离，使原油含水率符合标准。

（5）原油稳定，即将原油中的 $C_1 \sim C_4$ 等轻组分脱出，使原油饱和蒸汽压符合标准。

（6）原油储存，即将合格原油储存在油罐中，维持原油生产与销售的平衡。

（7）天然气脱水，即脱出天然气中的水分，保证其输送和冷却时的安全。

（8）天然气液烃回收，即根据需要，脱出天然气中部分 C_2、C_3、C_4、C_5 重烃气组分，保证其在管线输送时不析出液烃。

（9）液烃储存。将液化石油气（LPG）、天然气凝液（NGL）分别装在压力罐中，维持液烃生产与销售的平衡。

（10）输油、输气。将原油、天然气、液化石油气和天然气经计量后外输，或在油气田配送给用户。

2. 石油集输工程的规模

油气田的生产特点是油气产量随开发时间呈上升、平稳、下降三个阶段，原油含水率则逐年升高，反映到地面集输系统中不仅是数量（油、气、水产量）的变化，也会发生质量（如原油物性）的变化，所以要考虑在一定时期内以地面生产设施的少量变动去适应油气田开发不同阶段的要求。油气田石油集输工程的适用期一般为 5～10 年，按油气田开发区规定的逐年产油量、产气量、油气比、含水率的变化，按 10 年中最大处理量确定生产规模。

4.1.2　石油集输工艺流程

石油集输流程是油气在油气田内部流向的总的说明，它包括以油气井井口为起点到以矿场原油库或输油、输气管线首站为终点的全部的工艺过程。石油集输流程是根据各油气田的地质特点、采油工艺、原油和天然气物性、自然条件、建设条件等制定的。

石油集输流程有多种分类方法：

（1）在油井的井口和集中处理站之间有不同的布站级数，按石油集输系统布站级数可命名为：一级布站集输流程（只有集中处理站）、一级半布站集输流程（有计量阀组和集中处理站）、二级布站集输流程（有计量站和集中处理站）、三级布站集输流程（有计量站、接转站和集中处理站）。

（2）按集输流程加热方式命名为：不加热集输流程、井场加热集输流程、掺热水集输流程等。

（3）按通往油井管线的数目命名为：单管集输流程（在各井口设水套加热炉加热油气）、

双管集输流程(一管集输油气,一管输送热液掺入井口以保证必要的温度)和三管集输流程(一管集输油气,一管输送热水,一管是热回水管,对油气管线伴热保温)。

(4)按石油集输系统密闭程度命名为:开式流程和密闭流程。

4.1.3　油气分离

从井口出来的井液主要是水和烃类混合物。在油气藏的高温、高压条件下天然气溶解在原油中,在井液从地下沿井筒向上流动和沿集输管道流动过程中,随着压力的降低,溶解在液相中的气体不断析出,形成了气液混合物。为了满足产品计量、处理、储存、运输和使用的需要,必须将它们分开,这就是油气分离。

1.气液分离工艺

1)分离方式

在生产中采用多级分离方式。多级分离是指气液两相在保持接触的条件下,当压力降到某一数值时,把析出的气体排出,液相部分继续降压,重复上述过程,如此反复直至系统压力降为常压。每排一次气,作为一级,排几次气叫做几级分离。由于储罐的压力总低于管道的压力,在储罐内总有气排出,常把储罐作为多级分离的最后一级。三级油气分离流程示意图如图 4-2 所示。

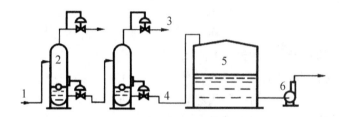

1—来自井口的油气混合物;2—油气分离器;3—平衡气;4—原油;5—储罐;6—泵。

图 4-2　三级油气分离流程示意图

2)分离级数

从理论上讲,分离级数愈多,液相收率愈高,但实际上随着分离级数的增加,液相收率的增量迅速下降,设备投资和经营费用却大幅度上升。实践证明:对于一般油气田,采用三级或四级分离经济效益较好;对于油气产量比较低的油气田,一般采用二级分离经济效益较好。

2.油气分离器

油气分离是在油气分离器内进行的。油气田上使用的分离器,按外形分,主要有卧式和立式两种类型;按功能分,有气液两相分离器和油气水三相分离器;按分离方式分,有离心式分离器和过滤式分离器。卧式分离器可分为卧式两相和三相分离器,它们在生产实际中均得到了广泛的应用。

1)卧式油气两相分离器

流体由油气混合物入口进入分离器,经入口分流器后,流体的流向和流速发生突变,使油气得到初步分离。在重力的作用下,分离后的液相进入集液部分,在集液部分停留足够的时间,液相中的气泡上升进入气相,集液部分的液相最后经原油出口流出分离器进入后续的处理环节。来自入口分流器的气体则分散在液面上方的重力沉降部分,气体所携带的粒径较大的油滴靠重力沉降到气-液界面;未沉降下来的油滴则随气体进入除雾器,在除雾器内碰撞、聚结成大油滴,靠重力沉降到集液部分,脱出油滴的气体经气体出口流出分离器。

2)卧式油气水三相分离器

卧式油气两相分离器只是简单地将油井产物分成气、液两相。实际上,油井产物是油、气、水、砂的混合物,由于它们的密度不同,在油、气分离的同时,也可实现水、砂的分离,这就是油气水三相分离。

卧式油气水三相分离器是流体由油气水混合物入口进入分离器,入口分流器把油气水混合物初步分成气、液两相。液相进入集液部分,在集液部分油水实现分离,上层的原油及其乳状液从挡油板上层溢出进入油池,经出油口流出分离器;水经挡水板进入水室,通过出水口流出分离器;气体水平通过重力沉降部分,经除雾器后由气体出口流出。

4.1.4　原油脱水

油井产物中多含有水、砂等杂质,水中还溶解了一些矿物盐(尤其是开采后期)。输送和处理大量的水会使设备不堪重负,增加了能量的消耗,同时矿物盐还会造成设备结垢和腐蚀,原油中夹带的泥砂会堵塞管道和储罐,还能使设备磨损,因此原油必须在矿场经过脱水、净化加工才能成为符合外输要求的合格产品。

1. 原油乳状液

原油中的水分,有的呈游离状态,在常温下用简单的沉降法短时间内就能从油中分离出来,称为游离水;有的则形成乳状液,很难用沉降法分离,称为乳化水。乳状液是两种(或两种以上)不相溶液体的混合物,其中一种液体以极小的液滴形式分散在另一种液体之中,并靠乳化剂得到稳定。原油中含有多种天然乳化剂,如沥青、胶质等。

原油和水的乳状液主要有两种类型:一种是水以极小的液滴分散于原油中,称为油包水型乳状液,用符号 W/O 表示,此时水是内相或分散相,油是外相或连续相;另一种是原油以极小的液滴分散于水中,称为水包油型乳状液,用符号 O/W 表示,此时油是内相或分散相,水是外相或连续相。

在油气田上,低含水的原油乳状液主要是油包水型乳状液,在高含水期的油气田井液含水主要是游离水,也含有一定的油包水型乳状液。

2. 原油脱水方法

原油的脱水过程有破乳和沉降两个阶段。乳状液的破坏称为破乳,是指乳状液中的油水界面因乳化剂的作用形成的膜被化学、电、热等外部条件所破坏,分散相水滴碰撞聚结的过程。破乳后水呈游离状悬浮于油中,在进一步的碰撞中结成更大的水滴,靠重力作用沉入底部,这便是沉降。

脱水处理的方法有:①加热;②化学破乳;③电脱水;④重力沉降。为了提高脱水效果,油气田上常将这些方法联合使用。

(1)重力沉降脱水。含水原油经破乳后,需把原油同游离水、杂质等分开。在沉降罐中主要依靠油水密度差产生的下部水层的水洗作用和上部原油中水滴的沉降作用使油水分离,此过程在油气田常被称为一段脱水。

(2)热化学脱水。原油热化学脱水是将含水原油加热到一定的温度,并向原油乳状液中加入少量的表面活性剂(称为破乳剂),从而破坏油水乳状液的稳定性,促使水滴碰撞、聚结、沉降、以达到油水分离的目的。

(3)电脱水。电脱水是对低含水原油彻底脱水的最好方法。在油气田上,电脱水常作为原油脱水工艺的最后环节。在电脱水器中,原油乳状液所受到的高压直流或交流电场的作用,削弱了水滴界面膜的强度,促使水滴碰撞合并,聚结成粒径较大的水滴,从原油中沉降分离出来。带有电解质的水是良好的导电体,因而水包油型乳状液通过强电场时易发生电击穿现象,使脱水器不能正常工作,所以电脱水器只能处理低含水的油包水型乳状液。典型的原油脱水净化流程如图4-3所示。

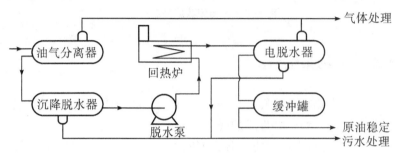

图4-3　典型的脱水流程

为了保证脱水效果,一般采用加热的方法降低进入电脱水器原油的黏度。原油中的矿物盐大都溶解在水中,大部分原油在脱水的同时也就脱掉了盐。

目前,油气田上多采用"二段脱水"(热化学脱水及电化学脱水)达到脱水合格。一段脱水到含水率30%左右,二段脱水达到出矿原油要求的含水率0.5%以下,脱出水含油要求不高于0.5%。

4.1.5　原油稳定

原油是烃类混合物,其中低碳烃 $C_1 \sim C_4$ 在常温常压下是气体,这些轻烃从原油中挥发出来时会带走戊烷、己烷等组分,造成原油在储运过程中损失,并污染环境。将原油中的轻烃脱出,降低其蒸汽压,减少蒸发损耗,称为原油稳定。从原油中脱出的轻烃是重要的石油化工原料,也是洁净的燃料。

原油稳定的方法主要有闪蒸法和分馏法。采用哪种方法,应根据原油的性质、能耗、经济效益的原则确定。当原油中 $C_1 \sim C_4$ 含量小于2%(质量分数)时,可采用负压闪蒸;对于轻质原油(如凝析油)或当 $C_1 \sim C_4$ 含量高于2%时,可采用分馏法稳定;当有余热可利用或与其他工艺结合时,即使 $C_1 \sim C_4$ 含量少,也可考虑用加热闪蒸和分馏稳定工艺。

闪蒸法是在一定温度下降低系统压力,利用在同样温度下各种组分汽化率不同的特性,使大量的 $C_1 \sim C_4$ 轻烃蒸发,达到将其从原油中分离出来的目的。

闪蒸法可以是负压闪蒸(如图4-4所示),原油脱水后,一般在0.06~0.08 MPa,55~65℃下进行负压闪蒸;还可以是加热闪蒸,一般在0.25~0.3 MPa,120℃下进行加热闪蒸。

分馏法是使气液两相经过多次平衡分离,将易挥发的轻组分尽可能转移到气相,而重组分保留在原油中的原油稳定方法。分馏法设备多、流程复杂、操作要求高,是国外应用最广泛的原油稳定方法,其原因是该法能比较彻底地分馏原油中的甲烷、乙烷和丙烷,稳定效果好。由于我国各油气田所产原油大部分 $C_1 \sim C_4$ 的含量为 $0.8\% \sim 2\%$,所以采用此法不多。

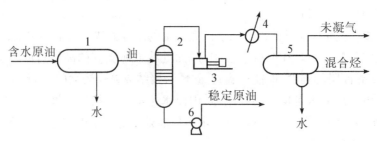

1—电脱水器;2—稳定塔;3—负压压缩机;4—冷却冷凝器;5—三相分离器;6—泵。

图 4-4　负压闪蒸原理流程图

4.2　天然气矿场集输

与油井一样,气井产物除天然气外,一般还含有液体和固体杂质。液体包括液烃和气田水,固体杂质包括岩屑、砂、酸化处理后的残存物等。

天然气的主要成分是可燃的烃类气体,一般包括甲烷、乙烷、丙烷、丁烷等,其中甲烷的比例远远高于其他烃类气体。除了可燃的烃类气体外,天然气中还可能含有少量的 CO_2、N_2、H_2S、水蒸气以及微量的其他气体。

同油气田一样,从井口到天然气外输之间所有的生产过程均属气田集输生产范畴。气田集输系统的作用是收集天然气,经降压、分离、净化使天然气达到符合管输要求的条件,然后输往外输管道首站。图 4-5 是气田集输过程的框图。

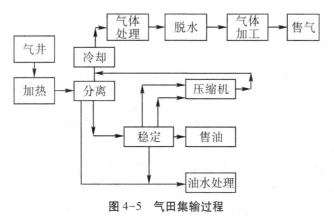

图 4-5　气田集输过程

1. 井场工艺

从气井井口产出的天然气首先要经针型阀节流,这是控制气井产量和压力大小的设施。针型阀可以是一级节流,也可以是多级节流。对高压气井,为了防止一级节流压差过大会产生水合物和剧烈震动,危及气井正常生产和人身安全,常采用多个针型阀串联的多级降压方式对气井进行控制。

由于气体节流要吸热,天然气流经针型阀时温度将大大降低,甚至产生冰堵,迫使气井停产,因此,在设计井场时配套了水套炉或者换热器,采用加热的方法对节流后的天然气进行保温。

之后天然气被送入分离器进行分离。从井口采出的天然气或多或少地含有不同比例的液体(凝析油和水)、固体杂质(黏土、岩屑等),如果不经处理,则可能对井场的设备、管线、阀门和仪器、仪表产生堵塞。井场分离器用重力分离、离心分离或碰撞分离等物理原理,实施气液的初步分离,同时除去游离水和固体杂质。

从井场分离器出来的天然气,经过温度计量和流量计量后进入集气干线;分离出来的水则通过计量后进入污水池,处理达标后集中排放。

此外,安全阀也是井场常用设备,在分离器、锅炉、管线等设施中都安装有安全阀,以防止设备超压,确保安全生产。对含硫气井井场还配套有加注缓蚀剂的装置。

2. 单井集气的井场

气井井场的流程分为单井集气流程和多井集气流程两大类,图4-6是单井集气流程的示意图。

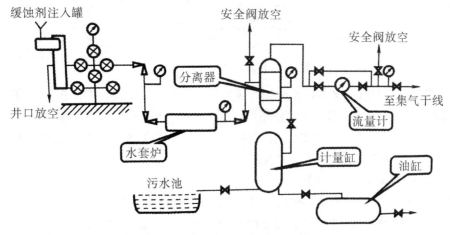

图4-6 气井单井集气流程示意图

天然气从井口采出后,先经过一级节流降压、水套炉加热,再经过二级节流降压,然后进入分离器中,使天然气中的机械杂质游离水和凝析油被分离开来。天然气经过计量后被送入集气干线,而从分离器出来的液体经过油水分离、计量后,将水回注或处理后排放,液烃则运往炼油厂处理。

单井常温分离集气工艺流程一般适用于气田建设初期气井少、分散、气井压力不高、用户近、供气量不大、不含或微含硫的单井生产和气处理,其缺点是井口(井场)数量偏多,每个井场都必须有人值守,造成定员多、管理分散、污水不便集中处理等困难,但对井距远、采气管线长的边远井,这种集气方式仍然十分适宜。

3. 集气站流程

如果把多口井的天然气集中到某一处进行集中处理,则称为多井集气流程或集气站流程。图4-7是一个8口井的常温集气站流程示意图,由图可以看出各口井都是通过放射状集气管线到集气站集中的,其主要流程是二级节流、一级加热、一级分离,适用于气体基本不含固体杂质和游离水(或在井场上已经进行完初步处理)的情况。任何一口井的天然气到集气站后,首先经过一级节流,把压力调到一定值(以不形成水合物为准),再经过换热器加热至预定温度,然后进行二级节流,把压力调到规定值。经节流降压后的天然气再通过分离器,将气体中所含的固体颗粒、水滴甚至少量凝析油脱出,然后经流量计计量,通过汇管使每口井的天然气集中起来,最后集中进入集气干线。而分离出的液体则再次进行油、水分离和计量,之后统一进行处理。

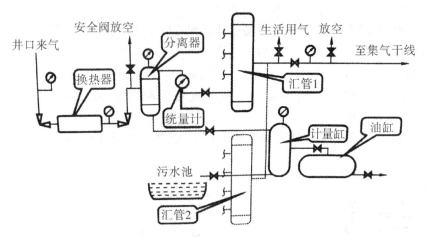

图 4-7　常温集气站流程示意图

与单井集气流程相比,多井常温分类的集气站流程具有所需设备和操作人员较少,人员集中、便于管理等优点,在气田上得到了广泛应用。当气体中所含杂质较多时,其流程可多设计一次分离器分离流程。若井口天然气的凝析油含量较高,则应采用低温分离的集气站流程,这样可以尽可能高效地分离和回收凝析油。

4. 水合物的形成及防止

在低温高压下,天然气中某些气体组分(甲烷、乙烷、丙烷、异丁烷、CO_2、H_2S 等)能与液态水形成白色结晶状物质,其外形像致密的雪或松散的冰。这就是所谓的水合物。水合物的形成机理及条件与水结冰完全不同,即使温度高达 29℃,只要天然气的压力足够高,它仍然可以与水形成水合物。天然气水合物形成的条件为:①气体处于饱和状态并存在游离水;②有足够高的压力和足够低的温度;③有一定的扰动。

由于水合物是一种晶状固体物质,天然气中一旦形成水合物,很容易在阀门、分离器入口、管线弯头及三通等处形成堵塞,影响天然气的收集和输送,因此必须采取措施防止其生成。

对于水合物应采取预防为主的方针,因为一旦形成了水合物,要消除它往往相当困难。要防止水合物的形成或消除已形成的水合物,所采取的措施自然应该从破坏水合物形成的条件入手。工程上防止水合物的措施主要有干燥脱水、添加水合物抑制剂(甲醇、乙二醇、二甘醇和三甘醇等)、加热、降压等。在某些情况下,其中后三种措施还可用于消除已形成的水合物。

4.3　长距离输油管道

输油管道可划分为两大类:一类是企业内部的输油管道,例如油气田内部连接油井与计量站联合站的集输管道,炼油厂及油库内部的管道等,其长度一般较短,不是独立经营的系统;另一类是长距离输油管道,例如将油气田的合格原油输送至炼油厂、码头或铁路转运站的管道,其管径一般较大,有各种辅助配套工程,是独立经营的系统,这类输油管道也称干线输油管道。目前长距离输油管道长度可达数千千米,原油管道最大直径超过 1 m。

按照所输送介质的种类,输油管道又可分为原油管道和成品油管道。

1. 长距离输油管道的组成

长距离输油管道由输油站与线路两大部分组成。

输油站主要用于给油品增压、加热。管道起点的输油站称作首站,接收来自油气田、炼油厂或港口的油品,通过计量输向下一站。在输送过程中由于摩擦、地形高低等原因,油品压力不断下降,因此,在长距离管道中途需要设置中间输油泵站给油品增压。对于加热输送的管道,油品在输送过程中温度逐渐下降,需要通过中间加热站给油品升温。输油泵站与加热站设在一起的称为热泵站。管道终点的输油站称为末站,接收来自管道的油,并向炼油厂或铁路、水路转运。末站设有较多的油罐以及准确的计量系统。

长距离管道的线路部分包括管道本身,沿线阀室,通过河流、公路、山谷的穿(跨)越构筑物,阴极保护设施,通信与自控线路等。长距离输油管道由钢管焊接而成,一般采用埋地敷设。为防止土壤对钢管的腐蚀,管外都包有防腐绝缘层,并采用电法保护措施。长距离输油管道和大型穿(跨)越构筑物两端每隔一定距离设有截断阀室,一旦发生事故可以及时截断管内油品,防止事故扩大并便于抢修。通信系统是长距离输油管道的重要设施,用于全线生产调度及系统监控信息的传输。通信方式包括微波、光纤与卫星通信等。

2. 长距离输油管道的特点

对于大量原油的运输,可供选择的方式主要是管道运输和水运。水运首先取决于地理条件及发油点和收油点要有装卸能力足够大的港口;其次,油轮的运输成本是随着油轮吨位的增大而降低的,见表 4-1。

表 4-1　油轮运输成本与载重量的关系

载重量/(10^4 t)	1.6	1.9	3.0	4.5	7.0	8.5	10.0	20.0
运输成本/%	100	90	63	50	43	40	38	25

例如,从中东到中国的航程约为 6 200 km,用 2.5×10^5 t 级油轮的运价要比用 1.0×10^5 t 级的少 3.5 美元/t,因此,必须要有足够大的运量和运距,才可能发挥水运的优势。目前,国外用于远洋运输的油轮的载重量大都在 1.0×10^5 t 级以上,2.0×10^5 t 级的超级油轮居多,船队的年运量大都在 1.0×10^7 t 以上。远洋运输的弱点是受外界事件的影响大,其突出的优点是大运量时运费低,且随运距的变化不大。

与油品的铁路、公路、水路运输相比,管道运输具有独特的优点。

(1)运输量大。不同管径和压力下管道的输油量参见表 4-2。

表 4-2　不同管径和压力下管道的输油量

管径/mm	529	720	920	1020	1220
压力/MPa	5.4~6.5	5~6	4.6~5.6	4.6~5.6	4.4~5.4
输油量/(10^6 t·a^{-1})	6~8	16~20	32~36	42~52	70~80

（2）运费低、能耗少，且口径愈大，单位运费愈低。国外几种方式运输油品的燃料消耗和成本比较见表4-3。

表4-3　国外几种方式运输石油的能源消耗和成本比较

	管道	铁路	内河	海运	公路
成本比	1	4.6	1.4	0.4	20
能源消耗比	1	2.5	2.0	0.53	8

（3）输油管道一般埋在地下，比较安全可靠，且受气候、环境影响小，对环境污染小，其运输油品的损耗率比铁路、公路、水路运输都低。

（4）建设投资少、占地面积小。管道建设投资和施工周期均不到铁路的1/2。管道埋在地下，投产后有90%的土地可以耕种，占地只有铁路的1/9。

虽然管道运输有很多优点，但也有其局限性：①主要适用于大量、单向、定点运输，不如车、船运输灵活多样；②对一定直径的管道，有一定经济合理的输送量范围；③有极限输量的限制。

3. 输油管道的运行及控制

1）输油泵站的连接方式

长距离管道各泵站间相互联系的方式（也称为管道的输送方式）主要有两种，即"旁接油罐"输送方式和"从泵到泵"输送方式。

"旁接油罐"输送方式是上一站来的输油干线与下一站输油泵的吸入管线相连，同时在吸入管线上并联着与大气相通的旁接油罐。旁接油罐起到调节两站间输量差的作用，由于它的存在，长输管道被分成若干个独立的水力系统。以这种方式运行的管道便于人工控制，对管道的自动化水平要求不高，但不利于能量的充分利用，还存在旁接罐内油品的挥发损耗。

"从泵到泵"输送也叫做密闭输送，它是将上一站来的输油干线与下一站输油泵的吸入管线相连，正常工作时没有起调节作用的旁接油罐（多数泵站设有小型的事故罐）。其特点是各站的输量必然相等，各站的进出站压力联系紧密，全线构成一个统一的水力系统。这种输油方式便于全线统一管理，但要有可靠的自动控制和保护措施。现代化的输油管道均采用"从泵到泵"输送方式。

2）输油管道的水击及控制

输油管道密闭输送的关键之一是解决"水击"问题。"水击"是由于突然停泵（停电或故障）或阀门误关闭等造成管内液流速度突然变化，因管内液体的惯性作用引起管内压力的突然大幅度上升或下降所造成对管道的冲击现象。水击所产生的压力波在输油管道内以1 000~1 200 m/s的速度传播。对于输油管道，管道中液流骤然停止引起的水击压力上升速率可达1 MPa/s，水击压力上升幅度可达3 MPa。

水击对输油管道的直接危害是导致管道超压，它包括两种情况：一是水击的增压波（高于正常运行压力的压力波）有可能使管道压力超过允许的最大工作压力，使管道破裂；二是减压波（低于正常运行压力的压力波）有可能使稳态运行时压力较低的管段压力降至液体的饱和蒸汽压，引起液流分离（在管路高点形成气泡区，液体在气泡下面流过）。对于中间建有泵站的长距离管道来说,减压波还可能造成下游泵站进站压力过低,影响下游泵机组的正常吸入。

通常采用两种方法来解决水击问题,即泄放保护及超前保护。泄放保护是在管道上装有自动泄压阀系统,当水击增压波导致管内压力达到一定值时,通过阀门泄放出一定量的油品,从而削弱增压波,防止水击造成危害。超前保护是在产生水击时,由管道控制中心迅速向有关泵站发出指令,各泵站采取相应的保护措施,以避免水击造成危害。例如,当中间泵站突然停泵时,泵站进口将产生一个增压波向上游传播,这个压力与管道中原有的压力叠加,就可能在管道中某处造成超压而导致管道破裂,此时若上游泵站借助调压阀节流或通过停泵产生相应的减压波向下游传播,则当减压波与增压波相遇时压力互相抵消,从而起到保护作用。

4. 清管

清管是保证输油管道能够在设计输量下长期安全运行的基本措施之一。原油管道的清管不仅要在输油前清除遗留在管内的机械杂质等堆积物,还要在输油过程中清除管内壁上的石蜡、油砂等凝聚物。管壁"结蜡"(管壁沉积物)会使管道的流通面积缩小、摩阻增加,增大管输的动力消耗。

管道在输油过程中可产生各种凹陷扭曲变形以及严重的内壁腐蚀。为了及时发现管道的故障,取得资料并进行修理,可以使用智能清管器在管内进行检测,也可以用专用的清管器为管道内壁做防腐处理。这种检测与做内防腐的特殊清管器在我国尚未普遍使用。一般在输油站上设有清管器发送和接收系统,用以发放和接收清管器。通常的清管器收发系统包括发球和收球两个装置。

5. 不同油品的管道顺序输送

在同一管道内,按一定顺序连续地输送几种油品,这种输送方式称为顺序输送。输送成品油的长距离管道一般都采用这种输送方式。这是因为成品油的品种多,而每一种油品的批量有限,当输送距离较长时,为每一种油品单独铺设一条小口径管道显然是不经济的,甚至是不可能的。而采用顺序输送,各种油品输量相加,可铺一条大口径管道,输油成本将极大下降。用同一条管道输送几种不同品质的原油时,为了避免不同原油的掺混导致优质原油"降级",或为了保证成品油的质量,也采用顺序输送。国外有些管道还可实现原油、成品油和化工产品的顺序输送。

两种油品在管道中交替时,在接触界面处将产生一段混油。在混油段中前行油品含量较高的一部分进入前行油品的油罐,后行油品含量较高的一部分进入后行油品的油罐,而混油段中间的那部分进入混油罐,这个切换的过程就是"混油切割"。混油往往不符合产品的质量指标,需重新加工,或者降级使用,或者按一定比例回掺到纯净油品中(以不导致该油品的质量指标降级为限)。某一种油品中允许混入另一种油品的比例与这两种油品物理化学性质的差异,以及油品的质量潜力有关。两种油品的性质越接近,质量潜力越大,则允许混入另一种油品的比例也越大。故顺序输送管道中油品的排序有一定规则,即将性质相近的油品相邻输送。例如,美国科洛尼尔管道一个输送周期中油品的排序为:高级汽油→普通汽油→煤油→燃料油→柴油→普通汽油→高级汽油。

目前,油品管道输送中还发明了一种用物理隔绝方法,在进行第二批次油品输送时,在第一批和第二批中间加上一个隔离球,把前后批次的油品隔开,以减少混油段。另外,还可采用加隔离塞,或者在两种油品之间加一段隔离液的方法来减少混油。

4.4　油料的储存

石油及其产品的储存是石油工业中的一个重要环节。凡是用于接收、储存和发放原油或石油产品的企业和单位都称为油库,它是协调原油生产、原油加工、成品油供应及运输的纽带,是国家石油储备和供应的基地,对于促进国民经济发展、保障人民生活、确保国防安全都有特别重要的意义。

4.4.1　油库

油库主要储存可燃的原油和石油产品,大多数储存汽油、柴油等轻质油料,有些还储存润滑油、燃料油等重质油料。油库的储油容量越大、轻质油料越多、业务范围越广,其危险性就越大,一旦发生火灾或爆炸等事故,影响范围大,对企业和人民的生命财产造成的损失也大。从安全防火观点出发,根据油库总储油容量的大小,分成若干等级并制订出与之相应的安全防火标准,以保证油库长期安全运营。根据油库的储油能力不同,可将油库分为一级、二级、三级、四级和五级油库,其划分标准见表4-4。不同等级的油库安全防火要求有所不同,容量愈大,等级愈高,防火安全要求愈严格;油品的轻组分愈多,挥发性愈强,防火安全要求也愈严格。

表4-4　油库的等级划分

等级	总容量/m³	等级	总容量/m³
一级	≥100 000	四级	1 000~10 000
二级	30 000~100 000	五级	<1 000
三级	10 000~30 000		

不同类型的油库其功能也不相同,大体上可以分为以下几种:①油田用于储集和中转原油;②油料销售部门用于平衡消费流通领域;③企业用于保证生产;④储备部门用于战略或市场储备,以保证非常时期或市场调节需要。

4.4.2　储油方式

由于储油设施的差异,储油方式也有所不同。最常用的储油设备是地上金属油罐,在条件适宜的地方还用地下盐穴、岩洞或建造水下油罐。

1.地上金属罐储油

1)立式圆柱形罐

金属油罐绝大部分采用立式圆柱形,因罐顶的结构不同被分成以下几种。

(1)拱顶储罐。罐顶常用的是球形顶,是一种自支撑式罐顶,它受力合理,能承受较高的内压,有利于降低蒸发损耗。各种油品都可以用拱顶罐储存,可以根据油品性质的不同而选择不同的油罐附件。

（2）浮顶储罐。上部是开口的圆筒，钢浮顶浮在油面上，随油面升降。因为浮顶与液面间基本不存在气体空间，从而基本上消除了蒸发损耗。

浮顶储罐的浮顶是一个漂浮在储液表面的浮动顶盖，随着储液的输入输出而上下浮动。浮顶与罐壁之间有一个环形空间，这个环形空间有一个密封装置，使罐内液体在顶盖上下浮动时与大气隔绝，从而大大减少了储液在储存过程中的蒸发损失。与固定顶罐相比，采用浮顶罐储存油品可以减少80%的损失。

（3）内浮顶储罐。内浮顶储罐是带罐顶的浮顶罐，也是拱顶罐和浮顶罐相结合的新型储罐。内浮顶储罐的顶部是拱顶与浮顶的结合，外部为拱顶，内部为浮顶。

内浮顶储罐具有独特优点：一是与浮顶罐相比，因为有固定顶，能有效地防止风、沙、雨雪或灰尘的侵入，绝对保证储液的质量。二是内浮盘漂浮在液面上，使液体无蒸汽空间，减少蒸发损失85%~96%；减少空气污染，减少着火爆炸危险，发生火灾一般不会造成大面积燃烧；易于保证储液质量，特别适合于储存高级汽油和喷气燃料及有毒的石油化工产品；由于液面上没有气体空间，减少了罐壁、罐顶的腐蚀，从而延长了储罐的使用寿命。

（4）网架顶储罐。由于固定罐顶的直径过大容易失稳，在拱顶内安装网架支撑罐顶，解决了制造大罐的技术问题。网架顶储罐也可以安装内浮盘。

2）卧式罐和球罐

（1）卧式罐。卧式罐一般简称为卧罐。与上述立式圆柱形储罐相比，卧式罐的容量小，单罐容积为 $2 \sim 400 \ m^3$，常用容积为 $20 \sim 50 \ m^3$；承压能力范围大，在 $0.01 \sim 4.0 \ MPa$ 之间。卧式罐可用于储存各种油料和化工产品，例如汽油、柴油、液化石油气、丙烷、丙烯等。卧式罐的缺点是单位容积耗钢量大，当储存一定数量油料时，所需卧罐个数多，占地面积大。

（2）球罐。球罐是生产实际中应用比较广泛的压力容器。与圆柱形储罐相比，球罐的优点是：当二者容积相同时，其表面积最小；当压力和直径相同时，其壁厚仅为圆柱形储罐的一半左右；当直径和壁厚相同时，其承压能力约为圆柱形储罐的两倍，因而它可大量节省钢材、减少占地面积，适用于制造中压容器。但是，球罐壳体为双向曲面，现场组装比较困难、施工条件差、对焊工的技术要求高、制造成本高，因而它又不可能取代圆柱形储罐。球罐主要用于储存液化石油气、丙烷、丙烯、丁烯及其他低沸点石油化工原料和产品，在炼油厂、石油化工厂、城市燃气供应部门都有广泛应用。

2. 地下盐穴、岩洞储油

1）地下盐穴

盐岩具有承压能力强，几乎无渗透，对石油的化学性质稳定等特点，在盐岩中构筑地下油库是理想的储油方法。利用盐溶解于水的特性，在地面向盐层内打井，用水在盐岩中溶出盐穴，将盐穴作为储油容器，盐水作为化工原料。

2）地下岩洞

在有稳定地下水的地区开挖岩洞，洞的四周被地下水包围。在洞内储油时，地下水的压力大于油品的静压力，将油封在洞内不能外流。地下储油温度变化小、蒸发损耗很小、储油量大、油品性质稳定，但建设周期长，受地质条件约束，选址困难。

3. 水下储油

为了适应海上油气田的开发，需要在海上建设储油设施，海底油罐就是其中之一。海上的条件比较恶劣,建造油罐要适应抗水压、抗风浪的要求,倒盘形储罐是一个比较好的方案。倒盘形储罐的底部是开口的,油品收发作业采用油水置换原理。

4.5　长距离输气管道及城市输配气工程

天然气输气干线沿线往往有多条分输管道,与各用气的城市管网相连,而在城市附近往往设有调节输量用的地下储气库,形成巨大的输配气系统。图 4-8 是天然气长输管道示意图。

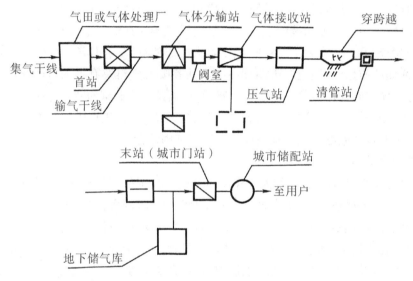

图 4-8　天然气长输管道示意图

1. 长距离输气管道的组成

长距离输气管道又叫做干线输气管道,它是连接天然气产地与消费地的运输通道,所输送的介质一般是经过净化处理的、符合管输气质要求的商品天然气。长距离输气管道管径大、压力高,距离可达数千千米,大口径干线的年输气量高达数百亿立方米。图 4-8 是长距离输气管道,主要包括:输气管段、首站、压气站(也叫做压缩机站)、中间气体接收站、中间气体分输站、末站、清管站、干线截断阀室等。实际上,一条输气管道的结构和流程取决于这条管道的具体情况,但它不一定包括所有这些部分。首站、末站、中间气体接收站及中间气体分输站一般都具有气体计量与调压功能,国外通常将这样的输气站称为计量调压站。

输气管道首站的主要功能是对进入管线的天然气进行分离、调压和计量,同时还具有气质检测控制和发送清管球的功能。如果输气管道从起点开始就需要加压输送,则需在首站设压缩机组,此时首站也是一个压气站。

中间接收站的主要功能是收集管道沿支线来气或者气源地来气,而中间分输站的主要功能是向管道沿线的支线或用户供气。一般在中间接收站或分输站均有天然气调压和计量装置,某些接收站或分输站同时也是压气站。

压气站的主要功能是给气体增压,从而维持所要求的输气流量。清管站的主要功能是发送、接收清管器。

如果输气管道末站直接向城市输配气管网供气,则也称之为城市门站。末站具有分离、调压、计量的功能,有时还兼有为城市供气系统配气的功能。

为了使干线输气管道能够适应城市配气系统用气量随时间的波动,输气干线有时与地下储气库或地面储配站相连。地下储气库通常都设有配套的压气站,当用气低谷时利用该压气站将干线中多余的天然气注入地下储气空间,而当用气高峰时利用压气站抽出库内的天然气并将其注入输气干线中。由于地下储气空间可能会使储存的天然气受到污染,所以必须对从地下抽出的天然气进行净化处理后才能将其注入输气干线。

与输油管道相同,在管路沿线每隔一定距离也要设中间截断阀,以便发生事故或检修时关断,沿线还有保护地下管道免受腐蚀的阴极保护站等辅助设施。通常需要与长距离输气管道同步建设另外两个子系统,即通信系统与仪表自动化系统,这两个系统是构成管道运行SCADA(Supervisory Control And Data Acquisition)系统的基础,其功能是对管道的运行过程进行实时监测、控制和远程操作,从而保证管道安全、可靠、高效、经济地运行。

2. 压缩机组与压气站

1)压缩机组

压缩机和与之配套的原动机统称为压缩机组。压缩机组是干线输气管道的主要工艺设备,同时也是压气站的核心部分。压气站的基本功能是利用压缩机提高气体的压力,以克服管输阻力并满足管道沿线的供气量与压力要求。

(1)压缩机。目前在干线输气管道上采用的输气压缩机有两种类型,即往复式压缩机和离心式压缩机。

往复式压缩机也叫做活塞式压缩机,其基本工作原理是利用活塞在气缸中的往复运动及与之协调配合的吸入阀与排出阀的开启与关闭来实现气体压缩的。干线输气管道上采用的许多往复式压缩机组都是一体化的,即压缩机与配套的原动机是连成一体的。往复式压缩机主要适用于中、小流量,而压比(运气机的出口总压与进口总压之比)较高的场合,如气田集输管网、地下储气库的地面注气系统等。

离心式压缩机的基本工作原理是利用叶轮的高速旋转来提高气体的动能,然后通过扩压器将动能转化为压能,从而使排出压缩机的气体达到较高的压力。根据所要求的压比大小,离心式压缩机可以是单级的,也可以是多级的。离心式压缩机主要适用于大、中排量而压比较低的场合,如干线输气管道。

(2)原动机。干线输气管道上用于驱动输气压缩机的原动机有燃气轮机、蒸汽轮机、燃气发动机、柴油机和电动机。其中用得最多的是燃气轮机和燃气发动机,它们的主要优势是直接利用管道中输送的天然气作为燃料,因而不受能源供应的制约。电动机既可用于驱动往复式压缩机,也可用于驱动离心式压缩机,在有可靠的电力供应且电价便宜的地方,它仍然是一种值得考虑的选择。

2)压气站

输气管道上配置了输气压缩机的站场称为压气站或压缩机站。压气站中的主要工艺设施是压缩机组,通常还包括气体除尘器、气体冷却器、清管装置等工艺设施。如果压气站同时兼有气体接收或分输功能,则还要配置气体流量计量与调压装置。一个压气站一般都配置多台压缩机,其具体数目与连接方式取决于压气站的流量、压比以及所选的压缩机的规格与性能。在一个压气站中,各台压缩机之间可以采用串联、并联及混联方式但不宜同时采用离心式压缩机与往复式压缩机。

3.城市燃气输配管网

现代城市燃气输配管网是比较复杂的系统,主要由以下几部分组成:各种压力等级的燃气管道、城市燃气分配站、压气站、调压计量站、调压室、储气站、计算机监控系统。

根据所采用的管网压力的级数,通常将城市燃气输配管网分为一级系统、两级系统、三级系统、四级系统。

(1)一级系统。整个系统只有低压管网,一般只适用于小城镇。

(2)两级系统。由低压和中压两级管网构成。为了既保证供气的可靠性和稳定性,又节省管材和管网投资,中压管线和低压管网中的主干线一般建成环状,而其他低压管线一般建成树枝状结构。

在中压管网和低压管网之间必须设置调压室。调压室的主要设备是调压器,其功能是降低燃气压力,并维持调压室出口压力稳定。

(3)三级系统。由低压、中压和高压管网组成,其气源一般是来自长距离输气管道的天然气,在少数情况下也可以是高压人工燃气。在这种系统中,高压管线、中压管线一般都采用环状结构,而低压管网的结构与两级系统相同。为了使得各个环上的压力比较均衡,在各级管网之间一般要设置多个调压室。

(4)四级系统。由低压、中压、高压和超高压管网组成,其气源一般是来自长距离输气管道的天然气。这种系统一般适用于人口多、面积大、用气量大的大型城市。在这种系统中,除了要设置各种调压室外,在超高压环线与高压环线之间往往还要设置调压计量站。为了提高整个系统的供气可靠性和灵活性,一般要有多条长距离输气管道与超高压环线相连。

思考题

1.油气储运工程的概念是什么?

2.石油集输工作主要包括哪些方面?

3.石油集输流程的分类有哪些?

4.如何进行原油脱水?

5.什么是原油稳定?

6.如何进行油料的储存?

7.长距离输气管道的组成有哪些?

8.简述长距离输气的目的和意义。

第5章 石油炼制工艺

石油是由烃类和非烃类构成的复杂混合物。从地下开采出来的原油,必须经过一系列的加工,才能获得供社会应用的各种石油产品。从石油中提炼出各种燃料、润滑油和其他产品的基本途径是:将原油按沸点分割成不同馏分,然后根据油品使用要求,除去馏分中的非理想组分,或经化学反应转化成所需要的组分,从而获得合格的石油产品。

通常原油先经过蒸馏过程,根据已制定的加工方案,将其按沸程分割成汽油、煤油、轻柴油、重柴油、各种润滑油馏分和渣油,此即所谓的原油一次加工。蒸馏所得到的各种馏分油称为直馏油,基本不含沥青质和胶质。为了提高产品质量和轻油收率,相当多的直馏馏分油作为二次加工过程的原料,如催化裂化原料、催化重整原料和加氢裂化原料等。润滑油馏分可通过溶剂精制、溶剂脱蜡等加工过程得到各种润滑油的基础油。各种加工过程得到的不同产物,最后都需要通过精制和调和,加入必要的添加剂,才能成为符合各种质量标准的石油产品。

石油加工按其加工与用途可划分为两大分支:石油炼制工业体系和石油化工体系。炼制和化工二者是相互依存、相互联系的,是一个庞大而复杂的工业体系,它们的相互结合和渗透,不但推动了石油化工技术的发展,而且也是提高石油经济效益的主要途径。

5.1 炼油厂的构成

炼油厂主要由两大部分组成,即:炼油装置和辅助设施。由原油生产出各种石油产品一般须经过多个物理和化学的炼油过程。通常,每个炼油过程相对独立地自成一个炼油生产装置。在某些炼油厂,从有利于减少用地、余热的利用、中间产品的输送、集中控制等考虑,把几个炼油装置组合成一个联合装置。为了保证炼油生产的正常进行,炼油厂还必须有完备的辅助设施,例如供电、供水、废物处理、储运等系统。下面对这两部分分别做简要介绍。

5.1.1 炼油生产装置

各种炼油生产装置大体上可以按生产目的分为以下几类:

(1)原油分离装置。原油加工的第一步是把原油分离为多个馏分油和残渣油,因此,每个正规的炼油厂都应有原油常压蒸馏装置或原油常减压蒸馏装置。在这些装置中,还应设有原油脱盐脱水设施。

(2)重质油轻质化装置。为了提高轻质油品收率,须将部分或全部减压馏分油及渣油转化为轻质油,此任务由裂化反应过程来完成,如催化裂化、加氢裂化、焦炭化等。

(3)油品改质及油品精制装置。此类装置的作用是提高油品的质量以达到产品质量指标的要求,如催化重整、加氢精制、电化学精制、溶剂精制、氧化沥青等。加氢处理,减黏裂化也可归入此类。

（4）油品调合装置。为了达到产品质量要求,通常需要进行馏分油之间的调合(有时也包括渣油),并且加入各种提高油品性能的添加剂。油品调合方案的优化对提高现代炼油厂的效益也能起重要作用。

（5）气体加工装置。如气体分离、气体脱硫、烷基化、异构化、合成甲基叔丁基醚(MT-BE)等。

（6）制氢装置。在现代炼油厂,由于加氢过程的耗氢量大,催化重整装置的副产氢气不复使用,有必要建立专门的制氢装置。

（7）化工产品生产装置。如芳烃分离、含硫化氢气体制硫、某些聚合物单体的合成等。

此外,为了保证出厂产品的质量,炼油厂中都设有产品分析中心。

由于生产方案不同,各炼油厂包含的炼油过程种类和多少,或者说复杂程度会有很大的不同。一般来说,规模大的炼油厂炼油过程的复杂程度会高些,但也有一些大规模的炼厂的复杂程度并不高。

5.1.2　辅助设施

辅助设施是维持炼油厂正常生产所必需的。主要的辅助设施如下:

（1）供电系统。多数炼油厂使用外来高压电源,炼油厂应有降低电压的变电站及分配用电的配电站。为了保证电源不间断,多数炼油厂备有两个电源。为了保证在断电时不发生安全事故,炼油厂还自备小型的发电机组。

（2）供水系统。新鲜水的供应系统主要由水源、泵站和管网组成,有的还需水的净化设施。大量的冷却用水需循环使用,故应设有循环水系统。

（3）供水蒸气系统。主要由蒸汽锅炉和蒸汽管网组成。供应全厂的工艺用蒸汽、吹扫用蒸汽、动力用蒸汽等。一般都备有 1 MPa 和 4 MPa 两种压力等级的蒸汽锅炉。

（4）供气系统。如压缩空气站、氧气站(同时供应氮气)等。

（5）原油和产品储运系统。如原油及产品的输油管或码头或铁路装卸站、原油储堆区、产品储罐区等。

（6）三废处理系统。如污水处理系统、有害气体处理(如含硫化氢、二氧化硫气体)、废渣处理(如废碱渣、酸渣)等。三废的排放应符合环境保护的要求。

此外,多数炼油厂还设有机械加工维修、仪表维护、研究机构、消防队等设施。

5.2　炼油装置工艺流程

一个炼油厂或一个炼油装置的构成和生产程序是用工艺流程图来描述。工艺流程图是炼油厂和炼油装置的最基本的技术文件,无论是欲了解一个炼油厂或炼油装置,或是进行设计及技术改造,都必须首先考虑此技术文件。

炼油生产是自动化程度较高的连续生产过程,正确设计的工艺流程不仅能保证正常生产,而且对提高效益有重要的作用。

根据使用目的和描述范围的不同,炼油厂的工艺流程大体上可分为以下三类。

1. 全厂生产工艺流程图

图 5-1 为某燃料型炼油厂的生产工艺流程图。此图反映了炼厂的生产方案、各生产装置之间的关系。图中的数字表示物流量（10^4 t/a），生产装置的方框中的数字表示该装置的处理能力。

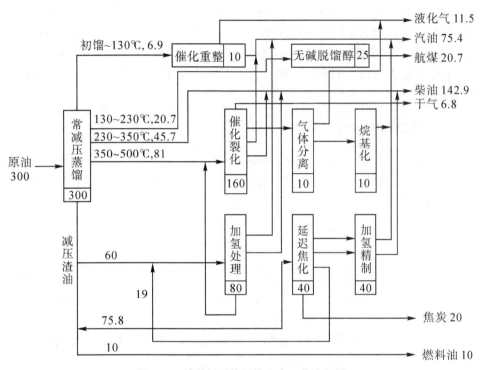

图 5-1　某燃料型炼厂的生产工艺流程图

此流程的主要特点是加工深度比较大，轻质油收率较高；由于减压渣油含硫而且金属含量较高，采用了减压渣油加氢处理技术。

2. 生产装置工艺原理流程图

生产装置工艺原理流程图反映了一个炼油生产装置所采用的技术方案、装置内各主要设备之间的关系和物流之间的关系。这是一个生产装置的设备、机泵、工艺管线和控制仪表按生产的内在联系而形成的有机组合。有时，为了简单明了起见，在图中只列出主要设备、机泵和主要的工艺管线，这就称为原理流程图。学会深入分析和正确设计工艺流程是对炼油工程师的一项基本要求。

3. 炼油装置工艺管线——自动控制流程图

自动控制流程图是作为绘制工艺管线及仪表安装图的依据。在此图中绘出了装置内的所有管线和仪表。

5.3　原油蒸馏

原油蒸馏是炼油厂加工的第一道工序，炼油厂的生产规模即以该厂的原油常压蒸馏处理能力为代表。原油中所含的组分有些相对分子质量比较小、沸点较低、易于挥发，称为轻组分;有的组分相对分子质量较大、沸点较高,称为重组分。石油炼制的基本手段之一就是利用各组分的沸点不同,通过加热蒸馏,将其"切割"成若干不同沸点范围的馏分(馏分就是指馏出的组分,这是石油炼制技术上一个最常用的术语)。将原油先进行预处理,传统的原油预处理是指对原油进行脱盐脱水,随着高酸值原油数量的增加,目前原油的预处理也包括脱酸。脱除原油中的盐分和水分,再通过常压蒸馏分馏出原油所含的轻馏分,包括直馏汽油、航空煤油、直馏轻柴油等馏分,馏出物沸点达到350℃。比这更重的馏分在常压下难以蒸出,必须在减压状态下蒸馏,所得各馏分油可作为催化裂化或加氢裂化的原料,也可作为润滑油料。减压塔底为沸点大于500~540℃的减压渣油,可作为延迟焦化装置的原料或制取沥青及燃料油。

5.3.1 原油脱盐脱水

原油从油田开采出来后,必须先在油田进行初步的脱盐脱水,以减轻在输送过程中的动力消耗和管线腐蚀。但是,由于原油在油田的脱盐脱水效果不稳定,含盐量及含水量仍不能满足炼油厂的需要。

5.3.1.1 原油含盐含水的危害

1. 增加能量消耗

原油在蒸馏过程中要经历汽化、冷凝的相变化,水的汽化潜热很大(2 255 kJ/kg),若水与原油一起发生相变,必然要消耗大量的燃料和冷却水。而原油在通过换热器、加热炉时,因所含水分随温度升高而蒸发,溶解于水中的盐类将析出,且在管壁形成盐垢,这不仅降低了传热效率,也会减小管内流通面积而增大流动阻力,水汽化之后体积明显增大,系统压力上升,导致泵出口压力增大,动力消耗增大。

2. 干扰蒸馏塔的平稳操作

水的相对分子质量比油小得多,水汽化后使塔内气相负荷增大,含水量的波动必然会打乱塔内的正常操作,轻则影响产品分离质量,重则导致水的"爆沸"而造成冲塔事故。

3. 腐蚀设备

氯化物尤其是氯化钙和氯化镁,在加热并有水存在时,可发生水解反应,放出 HCl,其在有液相水存在时即生成盐酸,造成蒸馏塔顶部低温部位的腐蚀。

$$CaCl_2 + 2H_2O \longrightarrow Ca(OH)_2 + 2HCl \qquad (5-1)$$

$$MgCl_2 + 2H_2O \longrightarrow Mg(OH)_2 \downarrow + 2HCl \qquad (5-2)$$

当加工含硫原油时,虽然生成的 FeS 能附着在金属表面上起保护作用,可是当有 HCl 存在时,FeS 对金属的保护作用不但被破坏,而且还加剧了腐蚀。

$$Fe + H_2S \longrightarrow FeS + H_2 \qquad (5-3)$$

$$FeS + 2HCl \longrightarrow FeCl_2 + H_2S \qquad (5-4)$$

4. 影响二次加工原料的质量

原油中所含的盐类在蒸馏之后会集中于减压渣油中。当渣油进行二次加工时,无论是催化裂化还是加氢脱硫,都要控制原料中钠离子的含量,否则将使催化剂中毒。含盐量高的渣油作为延迟焦化的原料时,加热炉管内因盐垢而结焦,产物石油焦也会因灰分含量高而降低等级。

为了减少原油含盐含水对加工的危害,目前,对设有重油催化裂化装置的炼油厂提出了深度电脱盐的要求:脱后原油含盐量要小于 3 mg/L,含水量小于 0.2%。

5.3.1.2　原油脱盐脱水原理

原油中的盐大部分能溶于水,为了能脱除悬浮在原油中的盐细粒,在脱盐脱水之前向原油中注入一定量不含盐的清水,充分混合,然后在破乳剂和高压电场的作用下,使微小水滴聚集成较大水滴,借助重力从油中分离,达到脱盐脱水的目的,这通常称为电化学脱盐脱水过程。

含水的原油是一种比较稳定的油包水型乳状液,不易脱除水,主要是由于它处于高度分散状态的乳化状态。特别是原油中的胶质、沥青质、环烷酸及其某些固体矿物质都是天然的乳化剂,它们具有亲水或亲油的极性基团。因此,极性基因富集于油水界面而形成牢固的单分子保护膜。

保护膜阻碍了小颗粒水滴的凝聚,使小水滴高度分散并悬浮于油中,只有破坏这种乳化状态,使水珠聚结增大而沉降,才能达到油与水分离的目的。

水滴的沉降速度符合球形粒子在静止流体中自由沉降的斯托克斯定律:

$$u = \frac{d^2(\rho_1 - \rho_2)}{18\mu\rho_2}g \tag{5-5}$$

式中:u——水滴沉降速度,m/s;

$\quad d$——水滴直径,m;

$\quad \rho_1$——水的密度, kg/m^3;

$\quad \rho_2$——油的密度, kg/m^3;

$\quad \mu$——油的运动黏度,m^2/s;

$\quad g$——重力加速度,m/s^2。

由式(5-5)可知,要增大沉降速度,主要取决于增大水滴直径和降低油的黏度,并使水与油密度差增加,前者由加破乳化剂和电场力来达到目的,后者则通过加热来实现。破乳化剂是一种与原油中乳化剂类型相反的表面活性剂,具有极性,加入后便削弱或破坏了油水界面的保护膜,并在电场的作用下,使含盐的水滴在极化、变形、振荡、吸引、排斥等复杂的作用后,聚成大水滴。同时,将原油加热到 80~120℃,不但可使油的黏度降低,而且增大水与油的密度差,从而加快了水滴的沉降速度。

5.3.1.3　原油电脱盐脱水工艺

原油的二级脱盐脱水工艺原理如图 5-2 所示。

在原油中添加破乳剂,第一级电脱盐脱水的脱盐率可达 90% 以上,原油预处理采用二级电脱盐脱水工艺。原油在与热源换热后加入水、破乳剂,并在高压电场和 110~140℃温度(原油越重,操作温度越要高些)下进行脱盐脱水,使乳化液破坏、小水滴聚集成大水滴。一级脱盐罐脱盐率在 90%~95% 之间,再经过第二级电脱盐脱水即可达到要求。

一级脱盐后进入二级脱盐罐之前,仍需注入淡水,一次注水是为了溶解悬浮的盐粒,二次注水是为了增大原油中的水量,以增大水滴的偶极聚结力。脱水原油从脱盐罐顶部引出,经接力泵送至换热、蒸馏系统。通过沉降分离,盐水沉降于电脱盐罐的底部,经隔油池分出污油后排出装置。

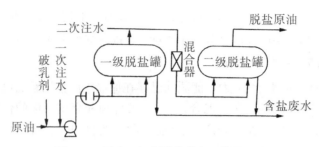

图 5-2　原油二级电脱盐脱水工艺原理图

5.3.1.4　影响脱盐脱水的因素

针对不同原油的性质、含盐量多少和盐的种类,合理地选用不同的电脱盐工艺参数。

1. 温度

温度升高可降低原油的黏度、密度以及乳化液的稳定性,使水的沉降速度增加。若温度过高(>140℃),油与水的密度差反而减小,同样不利于脱水。同时,原油的导电率随温度的升高而增大,所以温度太高不但不会提高脱水、脱盐的效果,反而会因脱盐罐电流过大而跳闸,影响正常送电。因此,原油脱盐温度一般选在 105~140℃。

2. 压力

脱盐罐需在一定压力下进行,以避免原油中的轻组分汽化,引起油层搅动,影响水的沉降分离。操作压力视原油中轻馏分含量和加热温度而定,一般在 0.8~2 MPa。

3. 注水量

在脱盐过程中,注入一定量的水与原油混合,将增加水滴的密度使之更易聚结,同时,注水还可以破坏原油乳化液的稳定性,对脱盐有利。注水量一般为 5%~7%。增加注水量,脱盐效果会提高,但注水过多,会引起电极间出现短路跳闸。

4. 破乳剂和脱金属剂

破乳剂是影响脱盐率的最关键的因素之一。近年来,随着新油井开发,原油中杂质变化很大,而石油炼制工业对馏分油质量的要求也越来越高,针对这一情况,许多新型多功能破乳剂问世,一般都是二元以上组分构成的复合型破乳剂。破乳剂的用量一般是 10~30 $\mu g/g$。

为了将原油电脱盐功能扩大,近年来,开发了一种新型脱金属剂,它进入原油后能与某些金属离子发生作用,使其从油转入水相再加以脱除。这种脱金属剂对原油中的 Ca^{2+}、Mg^{2+}、Fe^{2+} 的脱除率可分别达到 85.9%、87.5% 和 74.1%。脱后原油含钙可达到 3 $\mu g/g$ 以下,能满足重油加氢裂化对原料油含钙量的要求。由于减少了原油中的导电离子,降低了原油电导率,所以脱盐的耗电量有所降低。

5. 电场梯度

单位距离上的电压差称为电场梯度。电场梯度越大,破乳效果越好。但电场梯度大于或等于电场临界分散梯度时,水滴受电分散作用,使已聚集的较大水滴又开始分散,脱水脱盐效果下降。我国现在各炼油厂采用的实际强电场梯度为 100~500 V/cm,弱电场梯度为 150~300 V/cm。

5.3.2 原油脱酸

目前,世界原油市场上高酸值原油(总酸值大于 1.0 mgKOH/g)的产量占全球原油总产量的 5% 左右,并且每年还在以 0.3% 的速度增长。与此同时,随着油田的深度开发,原油酸值还有不断上升的趋势,这将给高酸值原油的加工带来极大的困难。

5.3.2.1 原油脱酸的原理及工艺

石油中的酸性含氧化合物包括环烷酸、芳香酸、脂肪酸和酚类等,总称为石油酸。环烷酸约占石油酸性含氧化合物的 90% 左右,因此原油中酸的腐蚀主要是环烷酸的腐蚀。

在石油炼制过程中,环烷酸的腐蚀性极强,酸值在 0.5 mgKOH/g 时就会产生强烈腐蚀,因加工高酸值原油引起的设备腐蚀而造成的泄漏、停车事故时有发生,直接影响着生产安全及运转周期,造成巨大的经济损失。

由于原油中的环烷酸为油溶性,用一般的方法难以脱除,通过向原油中加入适当的中和剂及增溶剂,使原油中的环烷酸和其他酸与中和剂反应,将其先转化为水溶性或亲水的化合物,即生成盐进入溶剂相及水相,在破乳剂的作用下,在一定的电场强度和温度下,将原油中的环烷酸去除。环烷酸脱除及回收的流程示意图如图 5-3 所示。

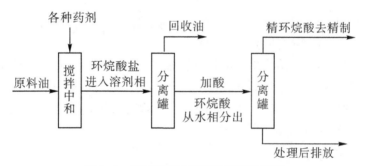

图 5-3 环烷酸脱除及回收流程示意图

5.3.2.2 原油脱酸的影响因素

1. 中和剂的用量

原油中注入中和剂的目的是为了中和原油中的有机酸,使其生成亲水的盐类,从而使其随着水分的脱除而脱除,因此中和剂的用量非常关键,用量过大会导致油水乳化严重,造成脱后含水高,用量过小则不能将有机酸充分中和,从而降低脱酸率。

2. 破乳剂

使用中和剂时,随着中和剂用量的增大,原油乳化程度加重,如果采用一些性能优良的破乳剂,可以有助于原油破乳脱水。因此,需要选择合适的破乳剂。

破乳剂的作用就是破坏原油中形成的乳化膜,对确定的破乳剂,破乳作用的好坏还与破乳剂用量有关。破乳剂用量的大小,取决于原油中乳化膜的多少,这个量必须通过试验才能确定。

3. 增溶剂

加入增溶剂的目的是为了促进生成的环烷酸盐在水中的溶解,提高脱酸率,合适的增溶剂用量应通过试验来确定。

4. 电场强度

在电场作用下,原油中的乳化液滴沿电场方向极化,各相邻液滴间的静电作用力促使它们聚结下沉,相邻液滴间的聚结力与偶极距成正比。电场对原油破乳脱水有明显作用,加适当电压,原油中悬浮的微小水滴就会迅速聚结下沉。电场强度增大时,微小水滴的聚结作用增强,同时大水滴间的分散作用也增大,所以脱酸电场要考虑几方面的相互作用。电场强度一般选在 900~1000 V/cm。

5. 温度

温度升高,原油黏度降低,油水界面张力减小,水滴膨胀使乳化膜强度减弱。水滴热运动增加,碰撞结合机会增多,乳化剂在油中溶解度增加,所有这些均导致原油中乳化水滴破乳聚结,有利于脱酸。合适的脱酸温度为 110~130℃。

6. 注水量

原油注水的目的是为了溶解油中的环烷酸盐类,从而使其随着水分的脱除而脱除,因此,注水量的大小非常关键,太大会导致脱盐电耗增加,甚至跳闸,造成脱后含水高,太小则不能将油中的环烷酸盐完全去除。

5.3.3　蒸馏工艺

蒸馏是炼油工业中一种最基本的分离方法。蒸馏过程和设备的设计是否合理,操作是否良好,对炼油厂生产的影响甚为重大。

原油蒸馏流程就是原油蒸馏生产的炉、塔、泵、换热设备、工艺管线及控制仪表等,按原料生产的流向及加工技术要求而形成的有机组合。将它们之间内在的联系用简单的示意图表达出来,即成为原油蒸馏的流程图。原油蒸馏流程有常压蒸馏、减压蒸馏、常减压蒸馏。目前应用最多的是三段汽化蒸馏。

5.3.3.1　常压蒸馏

常压蒸馏的工艺流程是将电脱盐后的原油经过一系列换热器换热,达到 210~250℃,这时原油中一部分较轻的组分已经汽化,成为气液混合物的原油进入初馏塔,塔顶拔出轻汽油馏分,塔底剩余的称为拔头原油。拔头出料原油经换热后进入常压加热炉加热至 365℃ 左右,形成气液混合物进入常压分馏塔。常压分馏塔高数十米,除塔顶、塔底出口外,在塔体上部和中部设有三四个侧线馏出口,塔内装有 30 余层塔板(也称为塔盘)。在常压塔内,气液混合的原油从塔的下半部进入后,向上窜动,分别在不同的塔板里凝结成液体。按照我们的需要,从塔顶和塔身的侧线,按沸点范围从低到高的顺序,依次分为石脑油、汽油、航空煤油和柴油。

常压蒸馏从正常原油中拔出的轻馏分一般只占原油总量的 25%~40%,从常压塔底部出来的常压渣油(或常压重油)占原油总量的 60% 以上。

5.3.3.2　减压蒸馏

减压蒸馏也称为真空蒸馏,是在接近真空状态(残压 1~8 kPa)下进行的蒸馏过程。这是应用了"物质的沸点随外界压力的减小而降低"的原理,把在常压下难于蒸馏的常压重油在抽真空的条件下降低其沸点进行蒸馏,可以把沸点高达 500℃ 以上的馏分深拔出来。

减压蒸馏的流程是将常压塔底重油用泵送入减压加热炉,加热到 410℃ 左右进入减压塔。减压塔内形成的较高真空度是靠塔顶馏出线上安装抽真空设备实现的。减压塔侧线抽出催化裂化或加氢裂化原料油,塔底为减压渣油,主要用作延迟焦化原料或作为燃料油,也可用于制取沥青。

5.3.3.3　常减压蒸馏

原油常减压蒸馏原理流程图如图 5-4 所示。

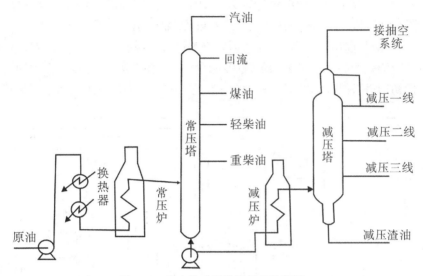

图 5-4　原油常减压蒸馏原理流程图

原油常压精馏塔是常减压蒸馏装置的重要组成部分,图 5-4 是典型的原油常减压蒸馏装置流程图。它是以精馏塔和加热炉为主体而组成的所谓管式蒸馏装置。经过脱盐、脱水的原油(一般要求原油含水小于 0.5%、含盐小于 10 mg/L)由泵输送,流经一系列换热器,与温度较高的蒸馏产品换热,再经管式加热炉被加热至 370℃左右,此时原油的一部分已汽化,油气和未汽化的油一起经过转油线进入一个精馏塔。此塔在接近大气压力之下操作,故称为常压(精馏)塔,相应的加热炉就称为常压(加热)炉。原油在常压塔里进行精馏,从塔顶馏出汽油馏分或重整原料,从塔侧引出煤油和轻柴油、重柴油等侧线馏分。塔底产物称为常压重油,一般是原油中沸点高于 350℃的重组分。原油中的胶质、沥青质等也都集中在其中。为了取得润滑油料和催化裂化原料,需要把沸点高于 350℃的馏分从重油中分离出来。如果继续在常压下进行分离,则必须将重油加热至四五百摄氏度以上,从而导致重油,特别是其中的胶质、沥青质等不安定组分发生较严重的分解、缩合等化学反应。这不仅会降低产品的质量,而且会加剧设备的结焦而缩短生产周期。为此,将常压重油在减压条件下进行蒸馏,温度条件限制在 420℃以下。减压塔的残压一般在 0.8 kPa 左右或更低,它是由塔顶的抽真空系统造成的。从减压塔顶逸出的主要是裂化气、水蒸气以及少量的油气,馏分油则从侧线抽出。减压塔底产品是沸点很高(约 500℃以上)的减压渣油,原油中绝大部分的胶质、沥青质都集中于其中。减压渣油可作锅炉燃料、焦化原料,也可以进一步加工成高黏度润滑油、沥青或催化裂化原料。

5.3.3.4　三段汽化蒸馏

在原油蒸馏流程中,原油经历的加热汽化蒸馏的次数称为汽化段数。例如,上面提到的常压蒸馏或拔头蒸馏就是所谓的一段汽化,提到的常减压蒸馏是两段汽化。前者只有一个常压塔,后者有常压塔和减压塔两个塔。也可以这样说,汽化段数和流程中的精馏塔数是直接相关的。

　　在某些条件下,原油常压蒸馏也采用两段汽化流程。在这种流程中,在常压塔之前再设置一个初馏塔(亦称为预汽化塔)。原油经换热升温至一定温度(约 200～250℃)即进入初馏塔,在初馏塔中分馏出原油中的最轻馏分(国内一般占原油的 5%～10%),由初馏塔底抽出的液相部分再经进一步换热和在加热炉中加热至规定的温度,例如约 370℃,再进入常压塔。通常在初馏塔只取出一个塔顶产品,即轻汽油馏分或重整原料,也有的初馏塔除塔顶产品外,还出一个侧线产品。如果蒸馏装置中还有减压蒸馏部分,则此蒸馏流程即为三段汽化流程,即包括初馏塔、常压塔和减压塔。图 5-5 是三段汽化的常减压蒸馏工艺流程。

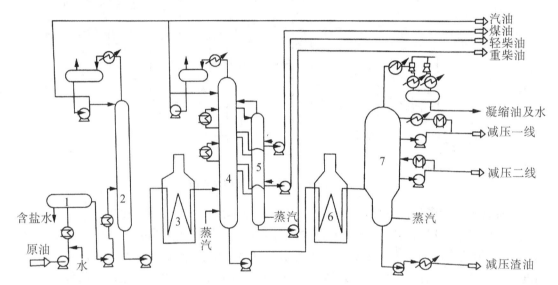

1—脱盐罐;2—初馏塔;3—常压炉;4—常压塔;5—汽提塔;6—减压炉;7—减压塔。

图 5-5　三段汽化的常减压蒸馏工艺流程

　　常压蒸馏是否要采用两段汽化流程或双塔流程应根据具体条件对有关因素进行综合分析后决定。在考虑的诸因素中,原油性质是主要因素。

　　有的两段常压蒸馏流程中,第一段不是初馏塔,而是一个闪蒸塔。闪蒸塔不出塔顶产品,其塔顶蒸汽引入常压塔的中上部,因而无须设置冷凝和回流设施,节省了设备投资和操作费用。

　　除了两段常压蒸馏外,个别炼油厂也有采用两段减压蒸馏的。所谓两段减压蒸馏,就是将减压蒸馏分为两段进行,每个减压塔内的塔板数只是原来塔板数的一半,这样可以提高汽化段的真空度而提高减压拔出率。采用两段减压蒸馏无疑会增加流程的复杂程度和投资,而且第一个减压塔的进料中要加入一定量的轻馏分来帮助高黏度油品汽化或者要提高进料的温度。这种流程一般只是在没有丙烷脱沥青装置而又要求多生产高黏度润滑油的炼油厂才予以考虑,如果常压蒸馏和减压蒸馏都采用两段流程,则此蒸馏流程就成为四段汽化的流程。

5.3.4　蒸馏塔的工艺特征

5.3.4.1　初馏塔的作用

原油蒸馏是否采用初馏塔,应根据具体条件对有关因素进行综合分析后决定。

1. 原油的轻馏分含量

含轻馏分较多的原油在经过换热器被加热时,随着温度的升高,轻馏分汽化,从而增大了原油通过换热器和管路的阻力,这就要求提高原油输送泵的扬程和换热器的压力等级,也就是增加了电能消耗和设备投资。

如果将原油经换热过程中已汽化的轻组分及时分离出来,让这部分馏分不必再进入常压炉去加热,这样一方面能减少原油管路阻力,降低原油泵出口压力,另一方面能减少常压炉的热负荷,二者均有利于降低装置能耗。因此,当原油含汽油馏分接近或大于20%时,可采用初馏塔。

2. 原油脱水效果

当原油因脱水效果波动而引起含水量高时,水能从初馏塔塔顶分出,使得主塔——常压塔操作免受水的影响,保证产品质量合格。

3. 原油的含砷量

对含砷量高的原油[如大庆原油($As>2\ 000\ \mu g/g$)],为了生产重整原料油,必须设置初馏塔。重整催化剂极易被砷中毒而永久失活,重整原料油的砷含量要求小于 $200\ \mu g/g$。如果进入重整装置原料的含砷量超过 $200\ \mu g/g$,则仅依靠预加氢精制是不能使原料达到要求的。此时,原料应在装置外进行预脱砷,使其含砷量小于 $200\ \mu g/g$ 后方可送入重整装置。重整原料的含砷量不仅与原油的含砷量有关,而且与原油被加热的温度有关。例如,在加工大庆原油时,初馏塔进料温度约230℃,经过一系列换热,温度低且受热均匀,不会造成砷化合物的热分解,由初馏塔顶得到的重整原料的含砷量小于 $200\ \mu g/g$。若原油加热到370℃直接进入常压塔,则从常压塔顶得到的重整原料的含砷量通常高达 $1500\ \mu g/g$。重整原料含砷量过高,不仅会缩短预加氢精制催化剂的使用寿命,而且有可能保证不了精制后的含砷量降至 $1\ \mu g/g$ 以下。因此,国内加工大庆原油的炼油厂一般都采用初馏塔,并且只取初馏塔顶的产物为重整原料。

4. 原油的硫含量

当加工含硫原油时,在温度超过 160~180℃ 的条件下,某些含硫化合物会分解而释放出 H_2S,原油中的盐分则可能水解而析出 HCl,造成蒸馏塔顶部、气相馏出管线与冷凝冷却系统等低温部位的严重腐蚀。设置初馏塔可使大部分腐蚀转移到初馏塔系统,从而减轻了主塔常压塔顶系统的腐蚀,这在经济上是合理的。但是,这并不是从根本上解决问题的办法。实践证明,加强脱盐脱水和防腐蚀措施,可以大大减轻常压塔的腐蚀而不必设初馏塔。

5.3.4.2　常压蒸馏塔的工艺特征

原油通过常压蒸馏切割成汽油、煤油、轻柴油、重柴油和重油等产品。

在复合塔内,在汽油、煤油、柴油等产品之间只有精馏段而没有提馏段,侧线产品中必然会含有相当数量的轻馏分,这样不仅影响侧线产品的质量,而且降低了较轻馏分的产率。为此,在常压塔的外侧,为侧线产品设置汽提塔,在汽提塔底部吹入少量过热水蒸气,以降低侧线产品的油气升压,使混入产品中的较轻馏分汽化而返回常压塔。这样既可达到分离要求,而且也很简便,显然,这种汽提塔与精馏塔的提馏段在本质上有所不同。侧线汽提用的过热水蒸气量通常为侧线产品的 2%~3%。各侧线产品的汽提塔常常重叠起来,但相互之间是隔开的。在有些情况下,侧线的汽提塔不采用水蒸气,而仍像正规的提馏段那样采用再沸器。

由于常压塔塔底不用再沸器,热量来源几乎完全取决于加热炉加热的进料。汽提水蒸气(一般约 450℃)虽然也带入一些热量,但是由于只放出部分显热,且水蒸气量不大,因而这部分热量是不大的。

全塔热平衡的情况引出以下问题:

(1)常压塔进料的汽化率至少应等于塔顶产品和各侧线产品的产率之和,否则不能保证要求的拔出率或轻质油收率。对于一般二元或多元精馏塔,理论上来讲,进料的汽化率可以在 0~1 之间任意变化而仍能保证产品产率。在实际设计和操作中,为了使常压塔精馏段最低一个侧线以下的几层塔板上(在进料段之上)有足够的液相回流,以保证最低侧线产品的质量,原料油进塔后的汽化率应比塔上部各种产品的总汽化率略高一些。高出的部分称为过汽化度。常压塔的过汽化度一般为 2%~4%。在实际生产中,只要侧线产品质量能保证,过汽化度低一些是有利的,这不仅可减轻加热炉负荷,而且由于炉出口温度降低可减少油料的裂化。

(2)在常压塔只靠进料供热,而进样的状态(温度、汽化率)又已被规定的情况下,由全塔热平衡决定的全塔回流比变化的余地不大。幸而常压塔产品要求的分离精确度不太高,只要塔板数选择适当,在一般情况下,由全塔热平衡所确定的回流比已完全能满足精馏的要求。二元系或多元系精馏与原油精馏不同,它的回流比是由分离精确度要求确定的。至于全塔热平衡,可以通过调节再沸器负荷来达到。在常压塔的操作中,如果回流比过大,必然会引起塔的各点温度下降、馏出产品变轻,拔出率下降。

5.3.4.3　减压蒸馏塔的工艺特征

原油中 350℃ 以上的高沸点馏分是润滑油、催化裂化、加氢裂化的原料。由于在高温下会发生分解反应,所以在常压塔的操作条件下不能获得这些馏分,只能通过减压蒸馏取得。通过减压蒸馏可以从常压重油中蒸馏出沸点在 550℃ 以前的馏分油。减压蒸馏的核心设备是减压精馏塔和它的抽真空系统。

根据生产任务的不同,减压塔可分为润滑油型和燃料油型两种。

1. 减压塔的工艺特征

(1)降低从汽化段到塔顶的流动压降。这主要依靠减少塔板数和降低气相通过每层塔板的压降来实现。

(2)降低塔顶油气馏出管线的流动压降。为此,减压塔塔顶不出产品,塔顶管线只供抽真空设备抽出不凝气。因为减压塔顶没有产品馏出,故只采用塔顶循环回流,而不采用塔顶冷回流。

(3)减压塔塔底汽提蒸汽用量比常压塔大。塔底汽提蒸汽的主要目的是降低汽化段中的油气分压。近年来,少用或不用汽提蒸汽的干式减压蒸馏技术有较大的发展。

(4)降低转油线压降。通过降低转油线中的油气流速来实现。减压塔汽化段温度并不是常压重油在减压蒸馏系统中所经受的最高温度,此最高温度的部位是在减压炉出口。为了避免油品分解,对减压炉出口温度要加以限制,在生产润滑油时不得超过 395℃,在生产裂化原料时不超过 400~420℃,同时,在高温炉管内采用较高的油气流速以减少停留时间。

(5)缩短渣油在减压塔内的停留时间。塔底减压渣油是最重的物料,如果在高温下停留时间过长,则分解、缩合等反应进行得比较显著。其结果是,一方面生成较多的不凝气使减压塔的真空度下降,另一方面会造成塔内结焦。因此,减压塔底部的直径通常缩小,以缩短渣油在塔内的停留时间。此外,有的减压塔还在塔底打入急冷油以降低塔底温度,减少渣油分解、结焦的倾向。

由于上述各项工艺特征,从外形来看,减压塔比常压塔显得粗而短。此外,减压塔的底座较高,塔底液面与塔底油抽出泵入口之间的位差在 10 m 左右,这主要是为了给热油泵提供足够的灌注头。

2. 减压塔的抽真空系统

减压塔之所以能在减压下操作,是因为在塔顶设置了一个抽真空系统,将塔内不凝气注入的水蒸气和极少量的油气连续不断地抽走,从而形成塔内真空。减压塔的抽真空设备可以采用蒸汽喷射器(也称为蒸汽喷射泵或抽空器)或机械真空泵。在炼油厂中,减压塔广泛地采用蒸汽喷射器来产生真空。

1)抽真空系统的流程

减压塔顶出来的不凝气、水蒸气和少量油气,首先进入一个管壳式冷凝器。水蒸气和油气被冷凝后排入水封罐,不凝气则由一级喷射器抽出,从而在冷凝器中形成真空。由一级喷射器抽出来的不凝气再排入一个中间冷凝器,将一级喷射器排出的水蒸气冷凝。不凝气再由二级喷射器抽走而排入大气。为了消除因排放二级喷射器的蒸汽所产生的噪音及避免排出的蒸汽的凝结水洒落在装置平台上,通常再设一个后冷凝器,将水蒸气冷凝而排入水罐,而不凝气则排入大气。

冷凝器是在真空下操作的。为了使冷凝水顺利地排出,排液管内水柱的高度应足以克服大气压力与冷凝器内残压之间的压差以及管内的流动阻力。通常此排液管的高度至少应在 10 m 以上,在炼油厂俗称此排液管为大气腿。

2)冷凝器

冷凝器通常采用间接冷凝的管壳式冷凝器,故通常称为间接冷凝式二级抽真空系统。它的作用在于使可凝的水蒸气和油气冷凝而排出,从而减轻喷射器的负荷,冷凝器本身并不形成真空,因为系统中还有不凝气存在。

另外,在最后一级冷凝器排放的不凝气中,气体烃(裂解气)占 80%以上,并含有硫化物气体,造成了大气污染和可燃气的损失。目前国内外炼油厂都已开始回收这部分气体,把它用作加热炉燃料,既节约燃料,又减少了对环境的污染。

3)蒸汽喷射器

蒸汽喷射器(或蒸汽喷射泵)由喷嘴、扩张器和混合室构成。高压工作蒸汽进入喷射器中,先经收缩喷嘴将压力能变成动能,在喷嘴出口处可以达到极高的速度 1 000~1 400 m/s,形成高度真空。不凝气从进口处被抽吸进来,在混合室内与驱动蒸汽混合并进入扩张器,在扩张器中,混合流体的动能又转变为压能,使压力略高于大气压,混合气才能从出口排出。

4)增压喷射器(或增压喷射泵)

在抽真空系统中,不论是采用直接混合冷凝器、间接式冷凝器还是空冷器,其中都会有水存在。水在其本身湿度下有一定饱和蒸汽压,故冷凝器内总是会有若干水蒸气。因此,理论上冷凝器中所能达到的残压,最低只能达到该处温度下水的饱和蒸汽压。

减压塔顶所能达到的残压,应在上述的理论极限值上加上不凝气的分压、塔顶馏出管线的压降、冷凝器的压降,所以减压塔顶残压要比冷凝器中水的饱和蒸汽压高。当水温为20℃时,冷凝器所能达到的最低残压为 0.0023 MPa,此时,减压塔顶的残压就可能高于 0.004 MPa。实际上,20℃的水温是不容易达到的,二级或二级蒸汽喷射抽真空系统很难使减压塔顶达到 0.004 MPa 以下的残压。如果要求更高的真空度,就必须打破水的饱和蒸汽压这个极限。因此,在塔顶馏出气体进入一级冷凝之前,再安装一个蒸汽喷射器,使馏出气体升压。由于增压喷射器前面没有冷凝器,所以塔顶真空度就能摆脱水温限制,而相当于增压喷射器所能造成的残压加上馏出线压力降,使塔内真空度达到较高程度。但是,由于增压喷射器消耗的水蒸气往往是一级蒸汽喷射器消耗蒸汽量的 4 倍左右,故一般只用在夏季,或用在水温高、冷却效果差、真空度很难达到要求的情况下,以及在干式蒸馏时使用。

5.3.4.4 原油蒸馏中轻烃的回收

近年来,随着国内原油市场的变化和国内与国际原油价格的接轨,国内各主要炼厂加工中东油的比例越来越高。中东原油一般都具有硫含量高、轻油收率和总拔出率较高的特点。尤其是中东轻质原油,如伊朗轻油和沙特轻油的硫含量一般在 1.5% 以上,350℃前馏分含量在 50% 左右,C_5 以下的轻烃含量达 2%~3%。从常压蒸馏中所得到的轻烃组成看,其中 C_1、C_2 占 20% 左右,C_3、C_4 占 60% 左右,而且都以饱和烃为主。国产原油几乎不含 C_5 以下的轻烃,这样就给常减压装置带来一个新的技术问题——轻烃回收问题。

大量轻烃如果不加以回收,只作为低压瓦斯供加热炉作燃料,不仅在经济上不合理,而且大量的低压瓦斯在炼油厂利用起来也比较困难。在加工中东含硫原油时,如果轻烃没有很好的回收设施,会造成常压蒸馏塔压力的波动,影响正常操作。回收轻烃不仅是资源合理利用的需要,也是加工含硫原油实际生产操作的要求。

只有处理好轻烃回收和含硫轻烃回收问题,才能提高炼油厂的综合效益。因此,对新建的以加工中东原油为主的炼油厂,应该考虑单独建立轻烃回收系统。对掺炼进口原油的老厂,在没有单独设置回收系统时,常借助于催化裂化的富余能力,可采用以下两种方法。

1)常减压与催化裂化联合回收轻烃

常减压与催化裂化联合回收轻烃的方法,其最大的优点在于常减压装置不再增加新的设备。虽然常压塔顶压力高了一点,但各侧线馏分油质量还能达到要求,操作也比较稳定,所以,这种轻烃回收的方法得到了应用。如若在常减压装置增加一台轻烃压缩机,把常压部分的低压轻烃经压缩机增压后,再送入催化裂化装置回收轻烃,这就可以把常压塔的操作压力控制得更低,有利于提高常压塔的分馏效果。

2)提压操作回收轻烃

提压操作回收轻烃,首先是提压操作,然后才是回收轻烃。提压操作对常压分馏来说是不适宜的。要实现提压操作,只有在初馏塔实施。提高初馏塔操作压力,使 C_3、C_4 轻烃在较高的压力和较低的温度下被汽油馏分充分吸收,把吸收有 C_3、C_4 轻烃的汽油馏分送到脱丁烷塔,轻烃和汽油馏分得到分离。轻烃可以通过催化裂化气压缩机压缩,在吸收稳定系统得到回收。常压塔顶二级冷凝油中也存在轻烃,也通过脱丁烷塔来回收轻烃。我国在 $8.0×10^6$ t/a 常减压装置上已成功地采用提压操作的方法回收轻烃。提压操作回收轻烃,选用初馏塔-闪蒸塔-常压塔组成的三塔工艺流程不仅比较合理,而且也完全可行。

5.3.5　原油蒸馏设备

5.3.5.1　管式加热炉

管式加热炉是炼油生产中的最重要的设备之一。它利用燃料在炉膛内燃烧时产生的高温火焰与烟气作为热源,来加热炉管中流动的油品,使其达到工艺规定的温度,以供给原油或油品在进行分馏、裂解或反应等加工过程中所需要的热量,保证生产正常进行。

在一般的炼油装置中,管式加热炉约占其建设费用的 10%~15%,占设备制造费用的 30%左右。加热炉的燃料消耗,在加工深度较浅的炼油厂占加工能力的 3%~6%,中等深度的占 4.5%~8%,加工深度较深的占 8%~15%。因此,加热炉对炼油厂基建费用和操作费用影响都很大。在生产中,往往由于加热炉操作不好或工艺指标超标,影响整个装置生产能力的提高,或者因加热炉管严重结焦、炉管烧穿等事故,使生产被迫停工。

1. 管式加热炉的炉型

管式加热炉按炉体形状来划分,可以分为:箱式炉(方箱炉、斜顶炉)、立式炉、圆筒炉和无焰炉等。

1) 箱式炉

方箱炉是一种较老的箱式炉型。方箱炉操作和维修比较简单,可使用低质量的燃料油。但炉管受热不均,靠近火墙顶部的几排炉管常因局部过热而烧毁,炉管表面平均热强度较低;烟道气经对流室向下流动,阻力大,需在炉外另建烟囱,炉顶为悬挂式,结构复杂。与其他炉型相比,其主要缺点是钢材耗量多、占地面积大、造价较高。新建炼厂现已很少采用。

斜顶炉是在方箱炉的基础上发展起来的,因比方箱炉减少了死角,炉管表面平均热强度略有提高,应用范围也更广。

2) 立式炉

立式炉通常分为卧管式和立管式两种。

卧管式立式炉由型钢柱支撑,炉墙用耐火砖砌成。立式炉的外形为长方体,可分为上、中、下三部分,上部为烟囱,中部为对流室,下部为辐射室。辐射室中间有一间隔墙(有的不设隔墙),把炉膛分成窄长的两部分。辐射管横排在炉膛两侧的墙上,用管架固定。炉底有两排火嘴,火焰直喷间隔墙,然后贴墙而上。对流管设置在辐射室上方,排列方向与辐射管相同,炉管用管板固定,有的立式炉在对流室还装有过热蒸汽管。炉管用回弯头连接,一般辐射管的材质为 Cr5Mo 合金钢,对流管为碳钢。由于火焰垂直向上,与烟气流动方向一致,传热比较均匀;对流室在辐射室上方,烟气直接上抽,阻力损失减小,大大降低了烟囱高度,且无须在炉体外另行建设。

立管式立式炉辐射室内的辐射管由水平安放改为垂直安放,做到了火焰与炉管平行,因此受热比较均匀,炉管表面热强度高,辐射室宽度可以变窄,炉膛体积可以缩小,占地面积也小。由于烟气上升的特性,烟气阻力较小,烟囱高度可以降低,立式炉虽然较方箱炉和斜顶炉传热均匀,炉管表面热强度较高,但上下部炉管还存在着热强度的不均匀性。此外,因对流室和烟囱都布置在炉子上部,炉架需支撑整个炉体,负荷很重,钢架庞大,消耗钢材很多。

3)圆筒炉

圆筒炉的辐射室是一种用钢板卷成的圆筒体,内衬有耐火砖或陶瓷粒蛭石耐热混凝土,辐射炉管沿炉墙周围排成一圈,炉底有火嘴。长方形的对流室在辐射室上部,外面是钢板,内衬耐火砖,对流室炉管大部分为横排。有时为了提高传热效率,对流室的对流管外焊有钉头或翅片,此种炉管称为钉头管或翅片管。

辐射炉管的材质一般采用 Cr5Mo 或碳钢,而对流管一般采用 10 号碳钢。

由于火嘴在底部,火焰向上喷射,所以火焰是和炉管平行的。对于较大的圆筒炉,在炉上部装有对流室。圆筒炉火焰与周围的各炉管是等距离的,所以同一水平截面上各炉管的热强度是较均匀分布的。但是,炉管沿管长的热强度分布是不均匀的。为了解决这一问题,在辐射室上部悬挂着高铬镍合金钢做成的圆锥,由于它的再辐射作用,使炉管不仅在径向热强度分布均匀,而且在轴向的热强度分布也趋于均匀。但是,辐射锥是铬镍合金,其费用昂贵,造价较高。一般热负荷大于 0.4×10^4 kW 的圆筒炉,不采用辐射锥。

圆筒炉具有结构简单、紧凑、占地面积小、投资省、施工快、热损失少等优点。由于圆筒炉的炉墙面积与炉管的表面积的比例较其他炉型低,炉墙的再辐射作用相应减弱了,故其炉管表面积热强度较其他炉型低。另外,立管用机械除焦也较困难,所以圆筒炉适用于油品的纯加热。

4)无焰炉

随着炉型的不断改进,使炉管的表面热强度和炉管的受热均匀性大为改善。但是,同一根炉管面向火焰和背着火焰的两面受热仍不均匀,为了解决这个问题,就产生了双面辐射加热炉。随之又出现了无焰燃烧炉,它是把双面辐射与无焰火嘴相结合的一种新型炉,大多用于炼油厂中的延迟焦化、合成氨、裂解等装置。

无焰燃烧炉简称为无焰炉,其外形与立式炉相似,炉中间排布辐射管,顶部排布对流管,两侧炉墙布满火嘴。燃烧气体与空气混合非常完全,再加上耐火砖的辐射作用和分化作用,燃料燃烧的速度极快,在燃烧器孔道里就已完成燃烧的全部过程,因此没有火焰。

由于孔道温度很高,燃烧放出的热能把砖墙灼热到很高温度,形成一面温度均匀的辐射墙,再加上炉管是双面接受辐射热,所以此辐射热比较均匀,辐射炉管表面热强度大,最高可达 6.9×10^4 W/m²。由于火嘴很多,所以能够灵活地调节各处的受热强度,用无焰火嘴后,辐射室的宽度可以变得更窄,炉膛结构更紧凑,对周围的散热损失更少,且空气过剩系数小,烟气带走的热量少,因此炉子的热效率较高,在炉管表面积相同时,无焰炉的热处理量比一般炉型大,造价也低。但是,无焰炉只适宜燃烧气体燃料,在使用上受限制。

2. 管式加热炉的结构

管式加热炉一般由辐射室、对流室、余热回收系统、燃烧器以及通风系统五部分所组成。

1)辐射室

辐射室是通过火焰或高温烟气进行辐射传热的部分。这个部分直接受到火焰冲刷,温度最高,必须充分考虑所用材料的强度、耐热性等。这部分是热交换的主要场所,全炉热负荷的 70%~80% 是由辐射室担负的,它是全炉最重要的部位。可以说,一个炉子的优劣主要看它的辐射室性能如何。

2）对流室

对流室是靠由辐射室出来的烟气进行对流换热的部分。实际上，它也有一部分辐射热交换，而且有时辐射换热还占有很大的比例。所谓对流室是指对流传热起支配作用的部位。

对流室内密布多排炉管，烟气以较大速度冲刷这些管子，进行有效的对流换热。对流室一般担负全炉热负荷的 20%~30%。对流室吸热量的比例越大，全炉的热效率越高。但是，究竟占多少比例合适应根据管内流体同烟气的温度差和烟气通过对流管排的压力损失等，选择最经济合理的比值。对流室一般都布置在辐射室之上（与辐射室分开，单独放在地面上也可以）。为了提高传热效果，多数炉子在对流室采用了钉头管和翅片管。

3）余热回收系统

余热回收系统是从离开对流室的烟气中进一步回收余热的部分。回收方法分为两类：一类是靠预热燃烧用空气来回收热量，这些热量再次返回炉中；另一类是采用同炉子完全无关的其他流体回收热量。前者称为"空气预热方式"，后者因为常常使用水回收，而被称为"废热锅炉"方式。空气预热方式又有直接安在对流室上面的固定管式空气预热器和单独放在地上的回转式空气预热器等种类。固定管式空气预热器由于低温腐蚀和积灰，不能指望长期保持太高的热效率，它的优点是同炉体结合成一体，设计和制造比较简单，适合于余热回收量不大时选用。废热锅炉一般多采用强制循环方式，尽量放到对流室顶部。

目前加热炉的余热回收系统以采用空气预热方式较多，通常只有高温管式炉（如烃蒸汽转化炉、乙烯裂解炉）和纯辐射炉才使用废热锅炉，因为这些炉子的排烟温度太高。安装余热回收系统以后，整个炉子的总热效率能达到 88%~90%。

4）燃烧器

燃烧器是燃烧燃料产生热量的设备，是炉子的重要组成部分。如前所述，管式加热炉只燃烧燃料气或燃料油，所以不需要像烧煤那样复杂的辅助系统，火嘴结构也比较简单。

由于燃烧火焰猛烈，必须特别重视火焰与炉管的间距以及燃烧器间的间隔，尽可能使炉膛受热均匀，使火焰不冲刷炉管并实现低氧完全燃烧。为此，要合理选择燃烧器的型号，仔细布置燃烧器。

5）通风系统

通风系统的任务是将燃烧用空气导入燃烧器，并将废烟气引出炉子，它分为自然通风方式和强制通风方式两种。前者依靠烟囱本身的抽力，不消耗机械功；后者要使用风机，消耗机械功。过去，绝大多数炉子因为炉内烟气阻力不大，都采用自然通风方式，烟囱通常安在炉顶，烟囱高度只要足以克服炉内烟气阻力就可以了。但是，近年来由于公害问题，石油化工厂已开始安设独立于炉群的超高型集合烟囱，这一烟囱通过烟道把若干台炉子的烟气收集起来，从 100 m 左右的高处排放，以降低地面上污染气体的浓度。

强制通风方式只在炉子结构复杂、炉内烟气阻力很大，或者设有前述余热回收系统时才采用，它必须使用风机。

3. 燃烧器

燃烧器（火嘴）是管式加热炉最重要的部件之一。管式加热炉所需要的热量通过燃料在燃烧器中的燃烧得到。燃烧器按所使用的燃料可分为：气体燃烧器、液体燃烧器和油-气联合燃烧器三种。

1)气体燃烧器(气嘴)

气体燃烧所必需的条件是:气体燃料在一定比例下与空气充分混合,这个混合物要有一定着火温度,并给予充分的混合时间和燃烧化学反应的时间。为了满足这些燃烧的必要条件,燃烧器应有气嘴、火道和炉腔,并且相互要配合得好才能保证燃料迅速完全燃烧。根据燃料与空气混合的方式不同,气嘴有预混合式和喷射式两种。预混合式气嘴是依靠燃料气的高速喷出,在气嘴内部造成抽力,把空气吸入和混合良好后,再喷入炉内燃烧。喷射式气嘴喷出燃料气,空气则借助炉内的抽吸入炉内,两者在火道或炉膛内一边混合,一边燃烧,这种类型的气嘴在炼油厂中经常采用。按气体的压力不同,可以吸入全部燃烧所需要的空气,也可以吸入部分燃烧所需要的空气,其余部分则借炉膛的抽力作为二次空气吸入。

2)液体燃烧器(油嘴)

液体燃料一般是重质油品,燃烧起来比气体燃料困难。工业上液体燃料的燃烧,是在燃烧器内依靠雾化剂的作用,将燃料分成细小的雾状液滴,并使其均匀地与空气混合,在高温火源中发生汽化和裂解,在气态下进行燃烧。

这种燃烧器根据雾化剂的不同或燃料和雾化剂流动状态的不同而分为不同型式。雾化方法有三种,一是机械雾化;二是低压空气雾化;三是采用高压水蒸气雾化。在炼油厂中,由于蒸汽供应比较方便,加之考虑安全等因素,一般均采用高压水蒸气雾化法。

高压水蒸气雾化燃烧器有两类:一类是水蒸气与燃料油在燃烧器内不进行混合,二者由不同的孔道分别喷出;另一类是水蒸气与油在火嘴内混合形成泡沫状物质,再由小孔按适宜的角度喷入空气流中。前者雾化能力差,耗水蒸气量多,火焰长,目前很少有炼油厂采用。后者雾化效果好,水蒸气消耗低,火焰有一定的方向且刚直有力,此种燃烧器常被称为内混式水蒸气雾化燃烧器。

油嘴由三通、短管和喷头三个部分组成。①三通,油和蒸汽分别进入内管和外管。针形阀(又称为连通阀)在正常操作时不使用,但停工和火嘴结焦时,在关闭油路后,打开针形阀,蒸汽可进入三通内管,以清扫油嘴。②短管,又称为加热管,油走内管,水蒸气走外管,并能加热油使其能更好地燃烧。③喷头,喷头分内喷头和外喷头,与短管连接的是内喷头,与油嘴外管连接的是外喷头。内喷头内有螺纹,并沿螺纹的切线方向开有小孔,其目的是使油沿螺纹旋转并从小孔喷出。内喷头与外喷头之间有一定的距离,此空间称混合室。外喷头有的沿圆周钻孔,有的是直线钻孔,这主要根据炉子特点来决定。

3)油气联合燃烧器(Ⅲ型)

油气联合燃烧器既能烧气又能烧油,目前在各炼油厂的立式炉、圆筒炉上被广泛使用。它由以下三部分组成:①油嘴。水蒸气和燃料油在喷头下混合,由喷头喷出,喷头小孔排成一圈,油喷出呈现中空状的圆锥形油雾层。②气嘴。由六个排成圈,燃料气向内以一定角度喷出,火道做成流线型。③风门。分一次风门和二次风门调节气量,烧燃料气时采用一次风门,燃烧燃料油时采用二次风门。

4. 蒸馏炉

蒸馏炉包括原油蒸馏的常压炉、减压炉以及后续加工装置的常压和减压分馏塔进料加热炉。

1）常压炉

常压炉是原油一次加工装置，它利用蒸馏方法将原油中的各种不同馏分分离出来。当不采用初馏塔时，常压炉的进料量即为炼油厂的处理量，因此在炼油厂中常压炉的热负荷最大。

原油加热到400℃时，会在常压下产生裂化，影响产品质量，故常压炉的出口温度一般为360~370℃。加热炉入口压力一般约为0.98 MPa。

由于常压炉的进料量大，且均为液相，所以炉管多采用多程并联。通常采取阀门约束或仪表控制等措施，以保证各程流量和加热温度的均匀，偏流会引起热偏差，导致护管结焦。管内冷油流速为1.5 m/s左右。国内采用的常压炉型较多，有方箱炉、斜顶炉、圆筒炉、卧管或立管立式炉等。从热负荷来说，中、小型常压炉通常选用圆筒型，立管立式炉一般在较大型的常压炉上采用。方箱炉和斜顶炉由于辐射室传热均匀性较差，并且结构复杂，造价高，目前新设计的常压炉已不再采用这两种炉型。

大型圆筒炉沿炉墙排管时，除沿炉膛周边排炉管外，炉膛中间还布置一圈双面辐射炉管。还有在炉膛中间布置成十字形或其他类型管排的圆筒形加热炉。

2）减压炉

为了进一步分馏常压重油中的轻组分，常压塔底的重油经减压炉加热后再送入减压塔内闪蒸分馏。减压炉的进料比常压炉重，油品约加热至410℃。在同一个常减压装置内，减压炉的热负荷相当于常压炉的一半。

减压炉可以和常压炉采用同一种炉型。由于它加热温度高，油品重，易结焦，需考虑空气-蒸汽烧焦的设施，靠近出口选用铬钼材质的辐射炉管。

注入炉管内的蒸汽促进了油的汽化，使管内介质体积变大，从而加快了管内流速，并降低了管壁温度，防止了油的热裂化和管内结焦。

在干式操作中，加热炉炉管内不注入蒸汽，加热炉热负荷降低。为了不使加热炉管壁温度上升过高，可适当采取热回流或加快流速、缩短转油线长度等措施。

5.3.5.2　塔设备

在石油炼制工业中，各种塔设备占有重要的地位。塔设备的性能对于整个装置的产品质量、生产能力、消耗定额、"三废"处理和环境保护等各个方面都有重大的影响。塔设备的投资占炼油厂总投资的10%~20%，所耗用的钢材占全厂设备总量的25%~30%。塔设备的形式种类繁多，用途广泛。

塔设备根据用途可分为：

（1）分馏塔炼油厂中的分馏塔，也称为蒸馏塔或精馏塔，其作用是将液体混合物分离成各种组分。例如，常减压装置中的常压塔、减压塔等，可将原油分割成汽油、煤油、柴油及润滑油等；铂重整装置内的各种精馏塔，可以分别得到苯、甲苯、二甲苯等。

（2）吸收塔、解吸塔。通过吸收液来分离气体的塔是吸收塔，将吸收液用加热等方法使溶解于其中的气体释放出来的是解吸塔，例如催化裂化装置中的吸收塔、解吸塔。

（3）抽提塔。通过某种液体溶剂将液体混合物中有关产品分离出来，例如润滑油车间丙烷脱沥青装置中的抽提塔。

（4）洗涤塔。用水来除去气体中无用的成分或固体尘粒，称为水洗塔，它同时还有一定的冷却作用。

塔设备按结构可分为两大类：

（1）板式塔。塔内设有一层层相隔一定距离的塔盘，每层塔盘上液体与气体互相接触后又分开，气体继续上升到上一层塔盘，液体继续流到下一层塔盘上。依照塔盘的结构形式，板式塔又有泡罩塔、浮阀塔、喷射塔、筛板塔等。

（2）填料塔。塔内充填有各种形式的填料，液体自上而下流动，在填料表面形成许多薄膜，使自下而上的气体在经过填料空间时与液体具有较大的接触面积，以促进传质作用。填料塔的结构比板式塔简单，而填料的形式繁多。常用的填料有拉西环、鲍尔环、蜂窝填料、鞍形填料和丝网填料等。

炼油厂应用最广的是各种形式的板式塔，其中部分是分馏塔。

5.3.5.3　换热器

换热器是广泛应用于石油、化工、电力、医药、冶金、制冷、轻工等行业的一种通用设备。换热器的种类繁多，若按其传热面的形状分类，可分为管式和板式换热器，而管式换热器又可分为蛇管式换热器、套管式换热器、管壳式换热器、空冷式换热器；板式换热器可分为螺旋板式换热器、板翅式换热器、板壳式换热器等。另外，还有热能回收的换热器，如回转式换热器、热管换热器等。换热器按工艺用途可分为冷凝器、加热器、空冷式换热器、重沸器等。

换热器是炼油厂广泛应用的一种节能设备。在石油炼制装置中，换热器约占全部工艺设备投资的 35%~40%。

5.4　原油的深加工

国内原油的初加工一般只能得到 20%~30% 的轻质油产品，而且质量也达不到要求，必须再进行深度加工，炼油厂称之为二次加工。二次加工的装置主要有催化裂化、催化重整、加氢裂化、延迟焦化、减黏裂化、氧化沥青等装置。现将各加工装置工艺过程分别简述如下。

5.4.1　催化裂化

催化裂化是石油二次加工工艺中的主要技术之一。催化裂化是在催化剂作用和一定温度下，使重质油进行裂化反应，转化成气体、汽油、柴油等轻质油品的加工工艺。催化裂化产生于 20 世纪 30 年代，发展于 40 年代。为了使催化反应和催化剂的再生反应连续化，具体技术也在不断发展，最早用固定床，后来用移动床，现在用流化床。流化床的特点是把催化剂制成微小的球，在生产过程中，催化剂可以随着气流流动于反应器和再生器之间，使反应—再生—反应这一过程连续化，从而提高生产率。

5.4.1.1　催化裂化的化学反应

由于石油馏分是由各种烃类组成的混合物，而各种烃类在裂化催化剂上所进行的化学反应是不同的，所以它的化学反应是相当复杂的。但在各类反应中以裂化反应为主，同时需催化剂存在，故有催化裂化之称。

1.烷烃

烷烃主要是发生分解反应，分解成较小分子的烷烃和烯烃。例如：

$$C_{16}H_{34} \longrightarrow C_8H_{16} + C_8H_{18} \qquad (5-6)$$

生成的烷烃又可以继续分解成更小的分子。烷烃分子中的 C—C 键的键能随着其由分子的两端向中间移动而减小,因此,烷烃分解时多从中间的 C—C 键处断裂,而且分子越大也越易断裂。同理,异构烷烃的反应速率又比正构烷烃的快。

2. 烯烃

烯烃的主要反应也是分解反应,但还有一些其他重要的反应。

1) 分解反应

分解为两个较小分子的烯烃。烯烃的分解反应速率比烷烃的高得多。例如,在同样条件下,正十六烯的分解反应速率比正十六烷的高一倍。与烷烃分解反应的规律相似,大分子烯烃的分解反应速率比小分子快,异构烯烃的分解反应速率比正构烯烃快。

2) 异构化反应

烯烃的异构化反应有两种,一种是分子骨架改变,正构烯烃变成异构烯烃;另一种是分子中的双键向中间位置转移。例如:

$$C\!-\!C\!-\!C\!=\!C \longrightarrow C\!-\!\underset{\underset{C}{|}}{C}\!=\!C \qquad (5-7)$$

$$C\!-\!C\!-\!C\!-\!C\!=\!C \longrightarrow C\!-\!C\!-\!C\!=\!C\!-\!C \qquad (5-8)$$

3) 氢转移反应

环烷烃或环烷芳烃(如四氢萘、十氢萘等)放出氢使烯烃饱和而自身逐渐变成稠环芳烃。两个烯烃分子之间也可以发生氢转移反应,可见,氢转移反应的结果是一方面某些烯烃转化为烷烃,另一方面,给出氢的化合物转化为多烯烃及芳烃或缩合程度更高的分子,直至缩合至焦炭。氢转移反应是造成催化裂化汽油饱和度较高的主要原因。氢转移反应的速率较低,需要活性较高的催化剂。在高温下(例如 500℃ 左右),氢转移反应速率比分解反应速率低得多,所以在高温时,裂化汽油的烯烃含量高;在较低温度下(例如 400~450℃),氢转移反应速率降低的程度不如分解反应速率降低的程度大(因分解反应速率常数的温度系数较大),于是在低温反应时所得汽油的烯烃含量就会低些。

4) 芳构化反应

烯烃环化并脱氢生成芳烃。例如:

$$C\!-\!C\!-\!C\!-\!C\!-\!C\!=\!C\!-\!C \longrightarrow \bigcirc\!\!-\!C \qquad (5-9)$$

3. 环烷烃

环烷烃的环可断裂生成烯烃,烯烃再继续进行上述各项反应。例如

$$\begin{array}{c}C\!-\!C\!-\!C\!-\!C\!-\!C \\ | \quad\ | \\ C \quad C \\ \diagdown \diagup \\ C\end{array} \longrightarrow \quad C\!-\!C\!-\!C\!-\!C\!=\!C\!-\!C\!-\!C \qquad (5-10)$$

与异构烷烃相似,环烷烃的结构中有叔碳原子,因此分解反应速率较快。如果环烷烃带有较长的侧链,则侧链本身也会断裂。

环烷烃也能通过氢转移反应转化为芳烃。带侧链的五元环烷烃也可以异构化成六元环烷烃,再进一步脱氢生成芳烃。

4. 芳香烃

芳香烃的芳核在催化裂化条件下十分稳定,例如苯、萘就难以进行反应。但是连接在苯环上的烷基侧链则很容易断裂生成较小分子的烯烃,而且断裂的位置主要是发生在侧链和苯环连接的键上。

多环芳香烃的裂化反应速率很低,它们的主要反应是缩合成稠环芳烃,最后成为焦炭,同时放出氢使烯烃饱和。

由上可知,在催化裂化条件下,烃类进行的反应不仅仅是分解这一种反应,不仅有大分子分解为小分子的反应,而且有小分子缩合成大分子的反应(甚至缩合至焦炭)。与此同时,还进行异构化、氢转移、芳构化等反应。在这些反应中,分解反应是最主要的反应,催化裂化这一名称就是因此而得。

5.4.1.2　催化裂化工艺流程

催化裂化装置一般由三个部分组成,即反应—再生系统、分馏系统、吸收—稳定系统。在处理量较大、反应压力较高(例如 0.25 MPa)的装置,常还有再生烟气的能量回收系统。图 5-6 是一个高低并列式提升管催化裂化装置的工艺流程。

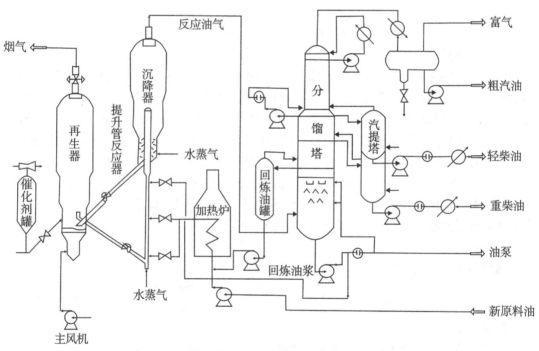

图 5-6　催化裂化装置工艺流程

1. 反应—再生系统

新鲜原料油经换热后与回炼油混合,经加热炉加热至 200~400℃后至提升管反应器下部的喷嘴,原料油由蒸汽雾化并喷入提升管内,在其中与来自再生器的高温催化剂(600~750℃)接触,随即汽化并进行反应。油气在提升管内的停留时间很短,一般只有几秒钟。反应产物经旋风分离器分离出夹带的催化剂后离开反应器去分馏塔。

积有焦炭的催化剂(称为待生催化剂)由沉降器落入下面的汽提段。汽提段内装有多层人字形挡板并在底部通入过热水蒸气。待生催化剂上吸附的油气和颗粒之间的空间的油气被水蒸气置换出而返回上部。经汽提后的待生剂通过待生斜管进入再生器。

再生器的主要作用是烧去催化剂上因反应而生成的积炭,使催化剂的活性得以恢复。再生用空气由主风机供给,空气通过再生器下面的辅助燃烧室及分布管进入流化床层。对于热平衡式装置,辅助燃烧室只是在开工升温时才使用,正常运转时并不燃烧油。再生后的催化剂(称为再生催化剂)落入淹流管,再经再生斜管送回反应器循环使用。再生烟气经旋风分离器分离出夹带的催化剂后,经双动滑阀排入大气。在加工生焦率高的原料时,例如加工含渣油的原料时,因焦炭产率高,再生器的热量过剩,须在再生器设取热设施以取走过剩的热量。再生烟气的温度很高,不少催化裂化装置设有烟气能量回收系统,利用烟气的热能和压力能(当设能量回收系统时,再生器的操作压力应较高些)做功,驱动主风机以节约电能,甚至可对外输出剩余电力。对一些不完全再生的装置,再生烟气中含有 5%~10% 的 CO,可以设 CO 锅炉使 CO 完全燃烧以回收能量。

在生产过程中,催化剂会有损失及失活,为了维持系统内的催化剂量和活性,需要定期地或经常地向系统补充或置换新鲜催化剂。为此,装置内至少应设两个催化剂储罐。装卸催化剂时采用稀相输送的方法,输送介质为压缩空气。

在流化床催化裂化装置的自动控制系统中,除了有与其他炼油装置相类似的温度、压力、流量等自动控制系统外,还有一整套维持催化剂正常循环的自动控制系统和在流化失常时起作用的自动保护系统。此系统一般包括多个自保系统,例如反应器进料低流量自保、主风机出口低流量自保、两器差压自保等。以反应器低流量自保系统为例,当进料量低于某个下限值时,在提升管内就不能形成足够低的密度,正常的两器压力平衡被破坏,催化剂不能按规定的路线进行循环,而且还会发生催化剂倒流并使油气大量带入再生器而引起事故。此时,进料低流量自保就自动进行以下动作:切断反应器进料并使进料返回原料油罐(或中间罐),向提升管通入事故蒸汽以维持催化剂的流化和循环。

2. 分馏系统

典型的催化裂化分馏系统如图 5-6 所示。由反应器来的反应产物油气从底部进入分馏塔,经底部的脱过热段后在分馏段分割成几个中间产品。塔顶为汽油及富气,侧线有轻柴油、重柴油和回炼油,塔底产品是油浆。轻柴油和重柴油分别经汽提后,再经换热、冷却后出装置。

催化裂化装置的分馏塔有几个特点:

(1)进料是带有催化剂粉尘的过热油气,因此,分馏塔底部设有脱过热段,用经过冷却的油浆把油气冷却至饱和状态并洗下夹带的粉尘以便进行分馏和避免堵塞塔盘。

(2)全塔的剩余热量大而且产品的分离精确度要求比较容易满足,因此,一般设有塔顶循环回流、一至两个中段循环回流、油浆循环等多个循环回流。

(3)塔顶回流采用循环回流而不用冷回流,其主要原因是进入分馏塔的油气含有相当大数量的惰性气体和不凝气,它们会影响塔顶冷凝冷却器的效果。采用循环回流代替冷回流可以降低从分馏塔顶至气压机入口的压降,从而提高了气压机的入口压力、降低气压机的功率消耗。

3. 吸收-稳定系统

吸收-稳定系统主要由吸收塔、再吸收塔、解吸塔及稳定塔组成。从分馏塔顶油气分离器出来的富气中带有汽油组分,而粗汽油中则溶解有 C_3、C_4 组分。吸收—稳定系统的作用就是利用吸收和精馏的方法将富气和粗汽油分离成干气($\leqslant C_2$)、液化气(C_3、C_4)和蒸汽压合格的稳定汽油。

5.4.1.3　催化裂化产品及应用

催化裂化是最重要的重质油轻质化过程之一,在汽油和柴油等轻质油品的生产中占有很重要的地位。

催化裂化气体富含烯烃,是宝贵的化工原料和合成高辛烷值汽油的原料。例如丁烯与异丁烷可合成高辛烷值汽油,异丁烯可合成高辛烷值组分 MTBE 等,丙烯是合成聚丙烯的原料,干气中的乙烯可用于合成苯乙烯等,C_3、C_4 还可用于民用液化气。

5.4.2　催化重整

随着汽车工业的发展,对汽油辛烷值的要求越来越高,这样不仅直馏汽油达不到要求,而且催化汽油也显得不足。催化重整工艺就是以直馏汽油馏分为原料,生产高辛烷值汽油或化工原料苯、甲苯、二甲苯,同时副产大量氢气的加工工艺。副产氢气常作为加氢裂化和加氢精制装置的原料。"重整"的意思是对分子结构进行重新整理。催化重整工艺就是在催化剂存在条件下,将正构烷烃和环烷烃进行芳构化、异构化和脱氢反应,转化为芳香烃和异构烷烃,得到高辛烷值汽油和苯类产品的过程。

5.4.2.1　催化重整化学反应

催化重整的目的是提高汽油的辛烷值或制取芳烃。为了达到这个目的,就必须了解在重整过程中发生哪些反应,哪些反应是有利的,而哪些反应是不利的,以便设法促进有利的反应并抑制不利的反应,从而尽可能得到最多的目的产物。

在催化重整反应中发生的化学反应主要有以下五类:

(1)六元环烷烃的脱氢反应。

$$\text{(环己烷)} \rightleftharpoons \text{(苯)} + 3H_2 \qquad (5-11)$$

$$\text{(甲基环己烷 CH}_3) \rightleftharpoons \text{(甲苯 CH}_3) + 3H_2 \qquad (5-12)$$

(2)五元环烷烃的异构脱氢反应。

$$\text{(甲基环戊烷 CH}_3) \rightleftharpoons \text{(苯)} + 3H_3 \qquad (5-13)$$

$$\text{(乙基环戊烷 C}_2H_5) \rightleftharpoons \text{(甲苯 CH}_3) + 3H_2 \qquad (5-14)$$

(3)烷烃的环化脱氢反应。

$$C_6H_{14} \rightleftharpoons \text{(苯)} + 4H_2 \qquad (5-15)$$

$$C_7H_{16} \rightleftharpoons \text{(甲苯 CH}_3) + 4H_2 \qquad (5-16)$$

（4）异构化反应。

$$n - C_7H_{16} \longrightarrow i - C_7H_{16} \qquad (5-17)$$

（5）加氢裂化反应。

$$n - C_8H_{18} + H_2 \longrightarrow 2i - C_4H_{10} \qquad (5-18)$$

除了以上五类反应外，还有烯烃的饱和以及生焦反应等。生焦反应虽然不是主要反应，但是它对催化剂的活性和生产操作却有很大的影响。

以上前三类反应都是生成芳烃的反应，无论生产目的是芳烃还是高辛烷值汽油，这些反应都是有利的。尤其是正构烷烃的环化脱氢反应会使辛烷值大幅度地提高。这三类反应的反应速率是不同的。六元环烷烃的脱氢反应进行得很快，在工业条件下能达到化学平衡，它是生产芳烃的最重要的反应；五元环烷烃的异构脱氢反应比六元环烷烃的脱氢反应慢得多，但大部分也能转化为芳烃；烷烃环化脱氢反应的速率较慢，在一般铂重整过程中，烷烃转化为芳烃的转化率很小。铂铼等双金属和多金属催化剂重整的芳烃转化率有很大的提高，主要原因是降低了反应压力和提高了反应速率。

异构化反应对五元环烷烃异构脱氢反应以生成芳烃具有重要意义。对于烷烃的异构化反应，虽然不能生成芳烃，但却能提高辛烷值。

加氢裂化反应生成较小的烃分子，而且在催化重整条件下的加氢裂化还包含有异构化反应，因此，加氢裂化反应有利于提高辛烷值。但是过多的加氢裂化反应会使液体产物收率降低，因此，对加氢裂化反应要适当控制。

在生产高辛烷值汽油时，不但要求汽油的辛烷值高，而且要求 C_5^+ 生成油的收率也要高。这就存在着反应产物的产率与质量之间的矛盾，这一矛盾通常反映在辛烷值-产率的关系上。对于一定的原料，有一定的辛烷值-产率的理论关系。通过烷烃环化脱氢可以得到很高的辛烷值，而加氢裂化则要在大大降低汽油的产率的情况下才能得到较高的辛烷值。

由此可见，重整原料油的化学组成对其辛烷值-产率关系有重要影响。生产上通常用"芳烃潜含量"来表征重整原料的反应性能。"芳烃潜含量"的实质是当原料中的环烷烃全部转化为芳烃时所能得到的芳烃量。其计算方法如下（以下五式中的含量皆为质量分数）。

$$芳烃潜含量(\%) = 苯潜含量 + 甲苯潜含量 + C_8 芳烃潜含量 \qquad (5-19)$$
$$苯潜含量(\%) = C_6 环烷(\%) \times 78/84 + 苯(\%) \qquad (5-20)$$
$$甲苯潜含量(\%) = C_7 环烷(\%) \times 92/98 + 甲苯(\%) \qquad (5-21)$$
$$C_8 芳烃潜含量(\%) = C_8 环烷(\%) \times 106/112 + C_8 芳烃(\%) \qquad (5-22)$$

式中的 78、84、92、98、106、112 分别为苯、六碳环烷、甲苯、七碳环烷、八碳芳烃和八碳环烷的分子量。

$$重整转化率(\%) = 芳烃产率(\%)/芳烃潜含量(\%) \qquad (5-23)$$

重整转化率有时也被称为芳烃转化率。实际上，式(5-23)的定义并不是很准确的。因为在芳烃产率中包含了原料中原有的芳烃和由环烷烃及烷烃转化生成的芳烃，其中原有的芳烃并没有经过芳构化反应。此外，在以前的铂重整中，原料中的烷烃极少转化为芳烃，而且环烷烃也不会全部转化成芳烃，故重整转化率一般都小于 100%，但在近代的铂铼重整及其他双金属或多金属重整，由于有相当一部分烷烃也转化成芳烃，因此，重整转化率经常大于 100%。

5.4.2.2 催化重整工艺流程

生产的目标产品不同时,采用的工艺流程也不相同。当以生产高辛烷值汽油为主要目标时,其工艺流程主要包括原料预处理和重整反应两大部分,而当以生产轻芳烃为主要目标时,则工艺流程中还应设有芳烃分离部分。这部分包括反应产物后加氢以使其中的烯烃饱和、芳烃溶剂抽提、混合芳烃精馏分离等几个单元过程。图5-7是以生产高辛烷值汽油为目的产品的铂铼重整工艺原理流程图。

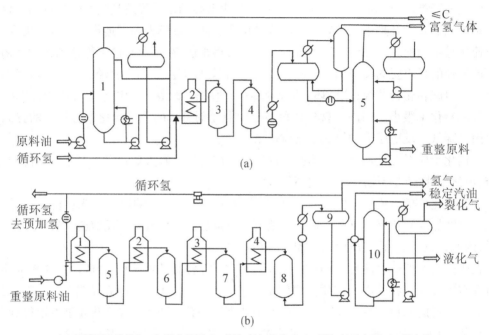

(a)原料预处理部分:1—预分馏塔;2—预加氢加热炉;3,4—预加氢反应器;5—脱水塔

(b)反应及分馏部分:1,2,3,4—加热炉;5,6,7,8—重整反应器;9—高压分离器;10—稳定塔。

图 5-7　铂铼重整装置工艺原理流程

1. 原料预处理部分

原料的预处理包括原料的预分馏、预脱砷、预加氢三部分,其目的是得到馏分范围、杂质含量都符合要求的重整原料。为了保护价格昂贵的重整催化剂,对原料中的杂质含量有严格的限制。但是各厂家采用的限制要求也有一些差异。

1)预分馏

预分馏的作用是切取合适沸程的重整原料。在多数情况下,进入重整装置的原料是原油常压蒸馏塔塔顶<180℃(生产高辛烷值汽油时)或<130℃(生产轻芳烃时)汽油馏分。在预分馏塔,切去<80℃或<60℃的轻馏分,同时也脱去原料油中的部分水分。

2)预加氢

预加氢的作用是脱除原料油中对催化剂有害的杂质,使杂质含量达到限制要求。同时也使烯烃饱和以减少催化剂的积炭,从而延长运转周期。预加氢催化剂一般采用钼酸钴、钼酸镍催化剂,也有用复合的 W-Ni-Ca 催化剂。典型的预加氢反应条件为压力 2.0～2.5 MPa、氢油体积比(标准状态)100～200、空速 4～10 h^{-1}、氢分压约 1.6 MPa。若原料的含氮量较高,例如大于 1.5 μg/g,则须提高反应压力。当原料油的含砷量较高时,则须按催化剂的容砷能力(一般为 3%~4%)和要求使用的时间来计算催化剂的装入量,并适当降低空速。也可以采用在预分馏之前预先进行吸附法或化学氧化法脱砷。吸附脱砷法比较简单,所用吸附剂是浸渍有硫酸铜的硅铝小球,吸附在常温下进行。

预加氢反应生成物经换热、冷却后进入高压分离器。分离出的富氢气体可用于加氢精制装置。分离出的液体油中溶解有少量 H_2O、NH_3、H_2S 等需要除去,因此进入脱水塔进行脱水。重整原料油要求的含水量很低,一般的汽提塔难以达到要求,故采用蒸馏脱水法。这里的脱水塔实质上是一个蒸馏塔。塔顶产物是水和少量轻烃的混合物,经冷凝冷却后在分离器中油水分层,再分别引出。如果有必要进一步降低硫含量,可以将预加氢生成油再经装有氧化锌吸附剂的脱硫器。

2. 重整反应部分

经预处理的原料油与循环氢混合,再经换热、加热后进入重整反应器。重整反应是强吸热反应,反应时温度下降。为了维持较高的反应温度,一般重整反应器由三至四个反应器串联,反应器之间有加热炉,将物料加热到所需的反应温度。各个反应器的催化剂装入量并不相同,有一个合适的比例,一般是前面的反应器内装入量较小,后面的反应器的装入量较大。反应器入口温度一般为 480~520℃,第一个反应器的入口温度较低些,后面的反应器的入口温度较高些。在使用新鲜催化剂时,反应器入口温度较低,随着生产周期的延长,催化剂活性逐渐下降,入口温度也相应逐渐提高。对铂铼重整,其他的反应条件为氢油比(体)约 1 200∶1、压力 1.5~2 MPa。对连续再生重整装置的重整反应器,反应压力和氢油比都有所降低,其压力为 0.35~1.5 MPa、氢油分子比为 3∶1~5∶1,甚至降到 1∶1。

由最后一个反应器出来的反应产物经换热、冷却后进入高压分离器,分出的气体含氢 85%~95%(体积分数),经循环氢压缩机升压后大部分作循环氢使用,少部分去预处理部分。分离出的重整生成油进入稳定塔,塔顶分出液态烃,塔底产品为满足蒸汽压要求的稳定汽油。

当以生产芳烃为主要目的时,重整生成油还须经过后加氢以使其中的少量烯烃饱和。其原因是在芳烃抽提时,烯烃会混入芳烃中而影响芳烃的纯度。传统的后加氢催化剂是钼酸钴和钼酸镍,反应温度为 320~370℃。近年来,国内开发的新的含钯后加氢催化剂可以在较缓和的条件下进行反应(反应压力 1.4 MPa、温度 170℃),取得了比较满意的结果。

对于采用固定床反应器的重整装置,其工艺流程基本相同,只是在局部上有所差异。对连续再生重整装置,其反应器和再生器是分开的,而且是采用移动床,因此其重整反应部分的流程与上述流程有较大的差异。

5.4.2.3 催化重整的产品及应用

催化重整的主要产品是高辛烷值汽油组分或轻芳烃(苯、甲苯、二甲苯,简称为 BTX)。由于产物中芳烃和异构烷烃多,所以汽油的辛烷值很高,达 90 以上。在发达国家的车用汽油组分中,催化重整汽油约占 25%~30%。

经反应后所得重整生成油中含 30%~60% 的芳烃,再通过芳烃抽提和芳烃精馏工序就可以得到轻芳烃。全世界有一半以上的 BTX 是来自催化重整。

重整油经抽提出芳烃后,抽余油可作汽油组分,也可作为生产烯烃的裂解原料。

催化重整还副产大量的氢气,氢气是石油化工装置加氢过程的重要原料,而重整副产氢气是廉价的氢气来源。

5.4.3　加氢裂化

　　加氢裂化工艺是使重质油轻质化的又一种方法。加氢裂化实质上是加氢和催化裂化过程的有机结合,一方面能够使重质油品通过催化裂化反应生成汽油、煤油和柴油等轻质油品;另一方面又可以防止生成大量的焦炭,而且还可以将原料中的硫、氮、氧等杂质脱除,并使烯烃饱和。加氢裂化工艺的主要反应有裂化、加氢、异构化、环化以及脱硫、脱氮、脱重金属等。加氢裂化装置有多种类型,我国大都采用固定床加氢裂化,其工艺流程大体是:裂化原料油经高压油泵升压并与氢气混合后进入加热炉加热至400℃左右,进入第一加氢反应器进行加氢精制反应,原料油通过催化剂床层进行脱硫、脱氮、脱重金属等反应,然后进入第二加氢反应器进行加氢裂化反应,所得生成油进入低压分离器分离出燃料气后,进入稳定塔和蒸馏塔,生产出各种轻质油产品。

　　国内炼油厂的二次加工工艺大都优先考虑催化裂化,只有当裂化原料馏分过重或含重金属、含硫较高,或对产品有特殊要求(如要求以生产航空煤油为主)时再选用加氢裂化工艺。

5.4.3.1　加氢裂化的化学反应

　　加氢裂化过程采用双功能催化剂,酸性功能由催化剂的担体硅铝提供。而催化剂的金属组分(Ni、W、Mo、Co 的氧化物或硫化物)提供加氢功能。因此,烃类的加氢裂化反应是催化裂化反应与加氢反应的组合,所有在催化裂化过程中最初发生的反应在加氢裂化过程中也基本发生,不同的是某些二次反应由于氢气及具有加氢功能催化剂的存在而被大大抑制甚至停止了。

　　1.烷烃的加氢裂化

　　烷烃加氢裂化包括原料分子 C—C 键的断裂以及生成的不饱和分子碎片的加氢。以十六烷为例:

$$C_{16}H_{34} \longrightarrow C_8H_{16} + C_8H_{18}$$
$$\downarrow H_2$$
$$\longrightarrow C_8H_{18}$$
$$(5-24)$$

　　反应中生成的烯烃先进行异构化,随即被加氢成异构烷烃。烷烃加氢裂化的反应速度随着烷烃分子量增大而加快。例如,在条件相同时,正辛烷的转化深度为53%而正十六烷则可达95%。分子中间的 C—C 键的分解速度要高于分子链两端的 C—C 键的分解速度,所以烷烃加氢裂化反应主要发生在烷链中心部的 C—C 键上。

　　在加氢裂化条件下烷烃的异构化速度也随着分子量的增大而加快。

　　2.环烷烃的加氢裂化

　　单环环烷烃在加氢裂化过程中发生异构化、断环、脱烷基侧链反应以及不明显的脱氢反应。环烷烃加氢裂化时反应方向因催化剂的加氢活性和酸性活性的强弱不同而有区别。长侧链单环六元环在高酸性催化剂上进行加氢裂化时,主要发生断链反应,六元环比较稳定,很少发生断环。短侧链单环六元环烷烃在高酸性催化剂上加氢裂化时,首先异构化生成环戊烷衍生物,然后再发生后续反应。反应过程如下:

$$(5-25)$$

　　双环环烷烃在加氢裂化时,首先有一个环断开并进行异构化,生成环戊烷衍生物,当反应继续进行时,第二个环也发生断裂。在双环环烷烃的加氢裂化产物中发现了有并环戊烷存在。用十氢萘在不同酸性催化剂上进行加氢裂化试验表明,当催化剂的酸性逐渐增强,裂化活性增高时,液体生成油的收率逐渐下降。双环环烷烃加氢裂化同样按正碳离子机理进行反应,因此,加氢裂化生成的气体产物中 C_4 和 C_3 含量较高。例如,在有的反应条件下,其中 $C_4:C_3:C_2=1:0.3:0.02$,而且在 C_4 馏分中异丁烷浓度较高。若采用低酸性活性催化剂,则主要反应是断环反应,同时进行侧链断开,这时低分子烷烃 $C_1\sim C_3$ 的收率较高。

　　3. 芳香烃的加氢裂化

　　苯在加氢条件下反应首先生成六元环烷,然后发生前述相同反应。稠环芳烃加氢裂化也包括以上过程,只是它的加氢和断环是逐次进行的。结合实验结果(最终产品中有大量正丁烷),菲的加氢裂化反应历程可能由下列步骤组成。

$$(5-26)$$

　　稠环芳烃在高酸性活性催化剂存在时的加氢裂化反应,除了上述加氢裂化反应外,还进行中间产物的深度异构化、脱烷基侧链和烷基的歧化作用。芳香烃上有烷基侧链存在会使芳烃加氢变得困难。

　　在反应压力不高时,烷基芳烃在加氢裂化条件下主要发生脱烷基反应,短烷基侧链比较稳定。例如,若要脱去甲基或乙基侧链,需要 450℃ 以上的高温。甲基苯和乙基苯由于能量关系进行脱烷基有困难,主要进行异构化和歧化作用:

异构化:

$$(5-27)$$

歧化:

$$(5-28)$$

长烷基侧链的芳烃除进行脱烷基外,还进行侧链本身的氢解反应。

5.4.3.2　加氢裂化工艺流程

目前,工业上加氢裂化多用于从重质油料生产汽油、航空煤油和低凝点柴油,所得产品不仅产率高而且质量好。此外,采用加氢裂化工艺还可以生产液化气、重整原料、催化裂化原料油以及低硫燃料油。

加氢裂化所用原料包括从粗汽油、重瓦斯油一直到重油及脱沥青油。加氢裂化原料一般分为轻原料油和重原料油。减压馏分油、蜡油及脱沥青油均属重原料油。这种油含硫、含氮较高,加工比较困难,需要采用较苛刻的操作条件。轻原料油主要是指汽油和轻柴油。不管采用哪种原料,通过加氢裂化都可以得到优质和高收率的产品。

目前,国外已经工业化的加氢裂化工艺仅在美国就有这样几种:埃索麦克斯(Isomax)联合加氢裂化、H-G加氢裂化、超加氢裂化、壳牌公司加氢裂化(Shell)和BASF-IFP加氢裂化,这些工艺都采用固定床反应器。这几种工艺中,超加氢裂化、H-G加氢裂化以及壳牌加氢裂化主要用于生产汽油,而其他几种工艺,既可生产汽油,也可生产航空煤油和柴油,这几种工艺的流程实际上差别不大,所不同的是催化剂性质不同。因为采用不同的催化剂,所以工艺条件、产品分布、产品质量也不相同。根据原料性质、产品要求和处理量大小,加氢裂化装置基本上按两种流程操作,一段加氢裂化和两段加氢裂化。我国引进的四套加氢裂化装置有采用一段流程的,也有采用两段流程的。一段流程中还包括两个反应器串联在一起的串联法加氢裂化流程。一段加氢裂化流程用于由粗汽油生产液化气,由减压蜡油、脱沥青油生产航煤和柴油。两段流程对原料的适用性大,操作灵活性大。原料首先在第一段(精制段)用加氢活性高的催化剂进行预处理,经过加氢精制处理的生成油作为第二段的进料,在裂解活性较高的催化剂上进行裂化反应和异构化反应,最大限度地生产汽油或中间馏分油。两段加氢裂化流程适合于处理高硫、高氮减压蜡油、催化裂化循环油、焦化蜡油或这些油的混合油,亦即适合处理一段加氢裂化难处理或不能处理的原料。

1. 一段加氢裂化工艺流程

以某炼厂直馏重柴油馏分(330~490℃)一段加氢裂化流程为例简述如下。

原料油经泵升压至16.0 MPa与新氢及循环氢混合后,再与420℃左右的加氢生成油换热至约320~360℃进入加热炉,反应器进料温度为370~450℃,原料在反应温度380~440℃,氢油体积比约为2 500∶1的条件下进行反应。为了控制反应温度,向反应器分层注入冷氢。反应产物经与原料换热后温度降至200℃,再经冷却,温度降到30~40℃之后进入高压分离器。反应产物进入空冷器之前注入软化水以溶解其中的 NH_3、H_2S 等,以防水合物析出而堵塞管道。自高压分离器顶部分出循环气,经循环氢压缩机升压后,返回反应系统循环使用。自高压分离器底部分出生成油,经减压系统减压至0.5 MPa,进入低压分离器,在低压分离器中将水脱出,并释放出部分溶解气体,作为富气送出装置,可以作燃料气用。生成油经加热送入稳定塔,在1.0~1.2 MPa下蒸出液化气,塔底液体经加热炉加热至320℃后送入分馏塔,最后得到轻汽油、航空煤油、低凝柴油和塔底油(尾油)。一段加氢裂化可以用三种方案操作,原料一次通过,尾油部分循环及尾油全部循环(如图5-8所示)。

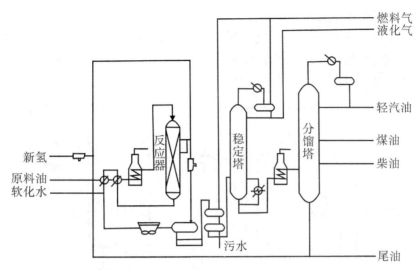

图 5-8　一段加氢裂化工艺流程

2. 两段加氢裂化工艺流程

两段加氢裂化工艺流程如图 5-9 所示。原料油经高压油泵升压并与循环氢混合后首先与生成油换热,再在加热炉中加热至反应温度,进入第一段加氢精制反应器,在加氢活性高的催化剂上进行脱硫、脱氮反应,原料中的微量金属也被脱掉。反应生成物经换热、冷却后进入高压分离器,分出循环氢。生成油进入脱氨(硫)塔,脱去 NH_3 和 H_2S,作为第二段加氢裂化反应器的进料。在脱氨塔中用氢气吹掉溶解气、氨和硫化氢。第二段进料与循环氢混合后,进入第二段加热炉,加热至反应温度,在装有高酸性催化剂的第二段加氢裂化反应器内进行裂化反应。反应生成物经换热、冷却、分离、分出溶解气和循环氢后送至稳定分馏系统。

两段加氢裂化有两种操作方案:①第一段精制,第二段加氢裂化;②第一段除进行精制外,还进行部分裂化,第二段进行加氢裂化。这种方案的特点是第一段反应生成油和第二段生成油一起进入稳定分馏系统,分出的尾油作为第二段的进料。第二方案的流程图用图 5-9 中虚线所表示。

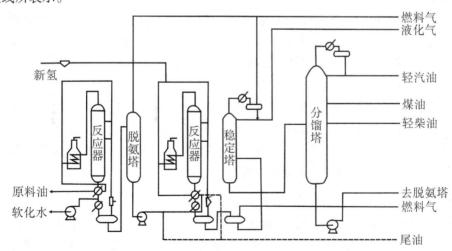

图 5-9　两段加氢裂化工艺原理流程

3. 串联加氢裂化工艺流程

串联流程是两个反应器串联,在反应器中分别装入不同的催化剂,第一个反应器中装入脱碳活性好的加氢催化剂,第二反应器装入抗氨抗硫化氢的分子筛加氢裂化催化剂,其他部分均与一段加氢裂化流程相同(如图5-10所示)。

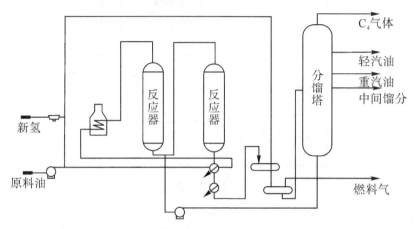

图 5-10　串联法加氢裂化工艺原理流程

与一段加氢裂化相比较,串联流程的优点在于,只要通过改变操作条件,就可以最大限度地生产汽油或航空煤油和柴油。例如,欲多生产航空煤油或柴油时,只要降低第二反应器的温度即可;欲多生产汽油,则只要提高第二反应器的温度即可。

用同一种原料分别用三种方案进行加氢裂化的试验结果表明:从生产航空煤油角度来看,一段流程航空煤油收率最高,但汽油的收率较低。从流程结构和投资来看,一段流程也优于其他流程。串联流程有生产汽油的灵活性,但航煤收率偏低。三种流程方案中两段流程灵活性最大,航空煤油收率高,并且能生产汽油;与串联流程一样,两段流程对原料油的质量要求不高,可处理高密度、高干点、高硫、高残炭及高含氮的原料油。而一段流程对原料油的质量要求要严格得多。根据国外炼厂经验,认为两段流程最好,既可处理一段不能处理的原料,又有较大灵活性,能生产优质航空煤油和柴油。在投资上,两段流程略高于一段一次通过流程,略低于一段全循环流程。特别值得指出的是,目前用两段加氢裂化流程处理重质原料油来生产重整原料油以扩大芳烃的来源,已成为许多国家重视的一种工艺方案。加氢裂化工艺的应用范围虽然正在不断扩大,然而由于加氢裂化汽油的辛烷值不高,所以用加氢裂化生产汽油的技术正在被提升管催化裂化所取代。

目前,在世界各国生产的原油中,重质含硫原油越来越多。从提高原油加工深度、多出轻质油品、减少大气污染等方面来看,今后加氢裂化仍要继续发挥其作用,并且在产品分布灵活、产品质量好、产品收率高等方面在炼厂中保持其重要地位。另外,加氢技术的发展仍然在改进催化剂并继续向低压低氢耗方面发展。

5.4.3.3　加氢裂化的产品及应用

在催化加氢裂化的产品中,气体产品主要成分为丙烷和丁烷,可作为裂解的原料;汽油(石脑油)可以直接作为汽油组分或溶剂油等石油产品,也可作为催化重整原料或生产烯烃的裂解原料;加氢裂化喷气燃料(航煤)烯烃含量低,芳烃含量少,结晶点低,烟点高,是优质的喷气燃料;加氢裂化柴油硫含量很低,芳烃含量也较低,十六烷值>60,安定性高,适合用来调和生产低硫车用柴油;加氢裂化尾油几乎不含烯烃,芳烃含量在10%以下,是裂解制乙烯的良好原料。

5.4.4　延迟焦化

延迟焦化是提高原油加工深度,促进重质油轻质化的重要热加工手段,它又是唯一能生产石油焦的工艺过程,是任何其他过程所无法代替的,在炼油工业中一直占据着重要地位。所谓延迟焦化是指原料油在管式加热炉中被急速加热,达到约500℃高温后迅速进入焦炭塔内,停留足够的时间进行深度裂化反应,使得原料的生焦过程不在炉管内而延迟到塔内进行,这样可避免炉管内结焦,延长运转周期。

延迟焦化装置的工艺流程有不同的类型,就生产规模而言,有一炉两塔(焦炭塔)流程、两炉四塔流程等。图5-11是延迟焦化装置的工艺原理流程图。

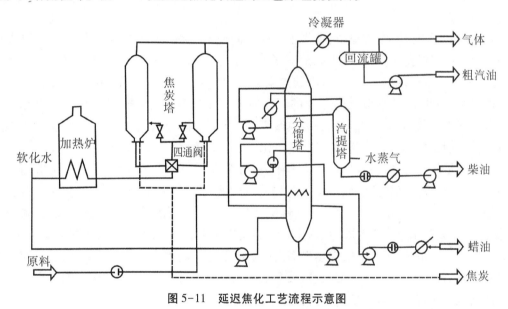

图 5-11　延迟焦化工艺流程示意图

原料油(减压渣油)经换热及加热炉对流管加热(图中未表示)到340~350℃,进入分馏塔下部,与来自焦炭塔顶部的高温油气(430~440℃)换热,一方面把原料油中的轻质油蒸发出来,同时又加热了原料(约390℃)及淋洗下高温油气中夹带的焦末。原料油和循环油一起从分馏塔底抽出,用热油泵送进加热炉辐射室炉管,快速升温至约500℃,分别经过两个四通阀进入焦炭塔底部。热渣油在焦炭塔内进行裂解、缩合等反应,最后生成焦炭。焦炭聚结在焦炭塔内,而反应产生的油气自焦炭塔顶逸出,进入分馏塔,与原料油换热后,经过分馏得到气体、汽油、柴油、蜡油和循环油。

焦炭塔是循环使用的,即当一个塔内的焦炭聚结到一定高度时,进行切换,通过四通阀将原料切换进另一个焦炭塔。每个塔的切换周期包括生焦时间和除焦及辅助操作所需的时间。生焦时间与原料的性质,特别是原料的残炭值及焦炭质量的要求有关(特别是焦炭的挥发分含量),一般约24 h。

焦炭化所产生的气体经压缩后与粗汽油一起送去吸收-稳定部分,经分离得干气、液化气和稳定汽油。

原料油在焦炭塔中进行反应需要高温,同时需要供给反应热(焦化过程是吸热反应),这些热量完全由加热炉供给,为此,加热炉出口温度要求达到 500℃ 左右的温度。为了使处于高温的原料油在炉管内不要发生过多的裂化反应以致造成炉管内结焦,就要设法缩短原料油在炉管内的停留时间,为此,炉管内的冷油流速比较高,通常在 2 m/s 以上。也可以采用向炉管内注水(或水蒸气)以加快炉管内的流速,注水量通常约为处理量的 2% 左右。减少炉管内的结焦是延长焦化装置开工周期的关键。除了采用加大炉管内流速外,对加热炉炉型的选择和设计应十分注意。对加热炉最重要的要求是炉膛的热分布良好、各部分炉管的表面热强度均匀,而且炉管环向热分布良好,尽可能避免局部过热的现象发生,同时还要求炉内有较高的传热速率以便在较短的时间内向油品提供足够的热量。根据这些要求,延迟焦化装置常用的炉型是双面加热无焰燃烧炉。总的要求是要控制原料油在炉管内的反应深度、尽量减少炉管内的结焦,使反应主要在焦炭塔内进行,延迟焦化这一名称就是因此而得来的。

焦炭塔实际上是一个空塔,它提供了反应空间使油气在其中有足够的停留时间以进行反应。焦炭塔里维持一定的液相液面,随着塔内焦炭的积聚,此液面逐渐升高。当液面过高,尤其是发生泡沫现象严重时,塔内的焦末会被油气从塔顶带走,从而引起后部管线和分馏塔的堵塞,因此,一般在液面达 2/3 的高度时就停止进料,从系统中切换出后进行除焦。为了减轻携带现象,有的装置在焦炭塔顶设泡沫小塔以提高分离效果,有的向焦炭塔注入消泡剂。消泡剂是硅酮、聚甲基硅氧烷或过氧化聚甲基硅氧烷溶在煤油或轻柴油中。

焦炭塔是间歇操作,在双炉四塔流程中,总有两个塔处于生产状态,其余两个塔则处于准备除焦、除焦或油气预热阶段。除焦前先通过四通阀将由加热炉来的油气切换至另一个焦炭塔,原来的塔则用水蒸气汽提、冷却焦层至 70℃ 以下,开始除焦。延迟焦化装置采用水力除焦,利用高压水(约 12 MPa)从水力切焦器喷嘴喷出的强大冲击力,将焦炭切割下来,水力切焦器装在一根钻杆的末端,在焦炭塔内由上而下地切割焦层。为了升降钻杆,早期的方法是在焦炭塔顶树立一座高井架,近年来多采用无井架水力除焦方法,利用可缠绕在一个转鼓上的高压水龙带来代替井架和长的钻杆。

反应产物在分馏塔中进行分馏。与一般油品分馏塔比较,焦化分馏塔主要有两个特点:

(1)塔的底部是换热段,新鲜原料油与高温反应油气在此进行换热,同时也起到把反应油气中携带的焦末淋洗下来的作用。

(2)为了避免塔底结焦和堵塞,部分塔底油通过塔底泵和过滤器不断地进行循环。

虽然延迟焦化是目前最广泛采用的一种焦化流程,但是它还有很多不足之处。例如,此过程还是处于半连续状态,周期性的除焦操作仍需花费较多的劳动力,除焦的劳动条件尚未能彻底改善。由于考虑到加热炉的开工周期,加热炉出口温度的提高受到限制,因此,焦炭中挥发分含量较高,不容易达到电极焦的要求等。

5.4.5 减黏裂化

减黏裂化是一种浅度热裂化过程,其主要目的在于减小原料油的黏度,生产合格的重质燃料油和少量轻质油品,也可为其他工艺过程(如催化裂化等)提供原料。减黏裂化的原料可用减压渣油、常压重油、全馏分重质原油或拔头重质原油。减黏裂化反应在 450~490℃、4~5 MPa 的条件下进行,反应产物除减黏渣油外,还有中间馏分及少量的汽油馏分和裂化气。在减黏裂化反应条件下,原料油中的沥青质基本上没有变化,非沥青质类首先裂化,转变成低沸点的轻质烃。轻质烃能部分地溶解或稀释沥青质,从而达到降低原料黏度的作用。图 5-12 为减黏裂化工艺原理流程。

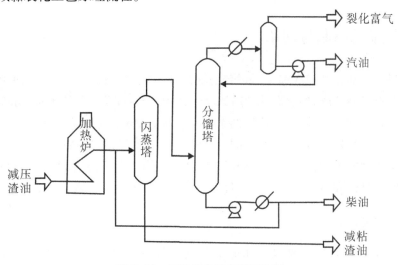

图 5-12　减黏裂化工艺原理流程

根据工艺目的和对产品要求的不同,有不同的减黏裂化工艺,以生产燃料油为目的的常规减黏裂化工艺原理流程如图 5-12 所示。减压渣油原料经换热后进入加热炉。为了避免炉管内结焦,向炉管内注入约 1% 的水。加热炉出口温度为 400~450℃。在炉出口处可注入急冷油使温度降低而终止反应,以免后路结焦。反应产物进入常压闪蒸塔,塔顶油气进入分馏塔分离出裂化气、汽油和柴油,柴油的一部分可作急冷油用。从闪蒸塔底抽出减黏渣油。此种流程适用于目的产品为减黏渣油的炼厂,其流程比较简单。当需要提高转化率以增大轻油收率时,可将闪蒸塔换成反应塔,使炉出口的油气进入反应塔继续反应一段时间。反应塔是上流式塔式设备,内设几块筛板。为了减少轴向返混,筛板的开孔率自下而上逐渐增加。反应塔的大小由反应所需的时间决定。

5.4.6　氧化沥青

氧化沥青的原料是原油蒸馏的减压渣油和重油溶剂脱沥青装置所得的沥青。沥青氧化的目的是改变其组成,使软化点提高,针入度及温度敏感性减小。软化点表示沥青受热由固态转变为具有一定流动能力时的温度。软化点高,表示沥青的耐热性能好,受热后不致迅速软化,并在高温下有较高的黏滞性,所铺路面不易受热而变形。针入度表示石油沥青的硬度,针入度越小表明沥青越稠硬。

早期的氧化设备是单独釜,现已发展为单塔或多塔串联的连续氧化沥青工艺。原料油经加热炉加热到 260~280℃ 进入氧化塔,塔内鼓入压缩空气进行剧烈搅拌,进行氧化。所生产的氧化沥青进入成品罐,然后送往成型、包装,得到的产品主要是建筑沥青。生产道路沥青一般采用浅度氧化工艺单塔连续操作,渣油进塔温度为 190~210℃。随原料不同,生产的沥青标号不同,操作条件也不尽相同。

氧化时间过短,产品的软化点低,针入度大,达不到质量标准,但氧化时间过长,沥青变脆,因此要根据原料油的性质严格控制好操作条件。建筑沥青均为经过氧化制成的,道路沥青则有的是渣油浅度氧化,有的是经溶剂脱出的沥青调和制成的,而重交沥青质量要求较高,只能选用某些稠油油田的原油。

5.5 油品的精制与调和

石油经过一次加工和二次加工所得到的油品还不能完全符合市场上的使用要求,因为在油品中还含有各种杂质,如含有硫、氮、氧等化合物,胶质以及某些影响使用的不饱和烃和芳烃。因此,对油品中含有影响其使用的杂质必须加以处理,使油品完全符合质量标准,这就是油品的精制。另外,每种油品有不同的质量档次与牌号,价格高低不同,这就需要发挥每种油品在某种性能上的优势,相互调和匹配,使之既能达到质量标准,又能取得最大的经济效益,因此,油品调和也是炼厂生产经营上的一项十分重要的措施。

5.5.1 油品精制

石油产品精制的工艺主要包括加氢精制、脱硫醇、硫回收以及与加氢装置配套的制氢等。

1. 制氢

氢气是石油化学工业的一种基本原料。制取氢气有多种方法,炼油厂广泛应用的是以轻烃为原料的蒸汽转化制氢工艺。轻烃蒸汽转化制氢的原料包括天然气、石脑油、炼厂焦化干气、液化石油气、重整抽余油等。蒸汽转化反应的原理是:水蒸气与碳氢化合物反应,将碳氢化合物(如 CH_4)中的氢及水中的氢分解出来,而碳氢化合物中的碳与水中的氧生成 CO;然后 CO 再与水蒸气反应,变换为 CO_2 与氢气;最后用溶剂和甲烷化(使其转化为甲烷)的方法将 CO_2 以及残留的 CO 脱除,从而得到纯度很高的氢气。此外,催化裂化副产氢气也是一个重要的来源。

2. 加氢精制

加氢精制就是在氢气存在和一定温度、压力下,脱除油品中硫、氮、氧和金属杂质,并使烯烃饱和的加工工艺。在精制过程中氢气循环应用,并需不断补充新氢。加氢精制所用催化剂是以活性氧化铝为载体的钨、钼、钴、镍催化剂。原料油与新氢、循环氢混合,并与反应产物换热后,以气液混相状态进入加热炉,加热至反应温度后进入反应器。反应器进料可以是气相(精制汽油时),也可以是气液混相(精制柴油时)。反应器内的催化剂一般是分层填装的,以利于注冷氢来控制反应温度(加氢精制是放热反应)。循环氢与原料油通过每段催化剂床层进行加氢反应。石油产品需要进行加氢精制的主要是催化柴油和焦化汽油、柴油等,以及含硫原油的直馏汽、煤、柴油,特别是焦化汽、柴油大都含有大量单烯烃、双烯烃等不饱和烃以及硫、氮、氧等化合物,安定性很差,是加氢精制的主要对象。

3. 脱硫醇精制

原油蒸馏所生产的直馏汽油、航空煤油、溶剂油、轻柴油等含有少量的硫、氮、氧等杂质,其中之一是硫化物——硫醇。硫醇不仅有极难闻的臭味,而且易被引发生成胶质,对铜、铅有腐蚀,因此需要进行脱硫醇精制。

我国一般采用固定床催化氧化脱硫醇法,也称为梅洛克斯法,其原理是将硫醇在催化剂床层上进行氧化反应,生成无臭的二硫化物。该法的流程是首先将汽、煤油进行预碱洗,中和原料中的硫化氢,然后与空气混合进入脱硫醇反应器进行氧化反应,反应器的固定床层为吸附有催化剂的活性炭。硫醇转化成二硫化物后进入沉降罐进行分离。沉降罐顶部出来的气体经柴油吸收罐和水封罐后排入大气,沉降罐底部出来的即为脱硫醇汽油。该反应是在常温、常压下进行的。

4. 硫回收

硫回收是将炼制含硫原油过程中产生的含硫气体和含硫污水汽提得到的酸性气中的硫,利用克劳斯(Claus)反应机理转化成硫磺的工艺。硫回收一般采用部分燃烧法,即含有 H_2S 的酸性气在供氧不足的条件下燃烧,并保持 H_2S 与生成的 SO_2 成一定比例时,H_2S 即转化为元素硫。硫回收的生产流程是酸性气进入燃烧炉,炉膛温度控制在 1 100~1 300℃,送入空气量只够 1/3 硫化氢燃烧,反应生成 SO_2;其余含氧酸性气进入二级转化器进行低温催化反应,采用氧化铝催化剂,总转化率可达 95%。硫回收的尾气仍含有大量硫化物,污染十分严重,必须采用尾气处理工艺进行处理,以达到排放标准。

5.5.2 油品调和

油品调和包含两层含义:一是不同来源的油品按一定比例混合,例如,催化裂化汽油和整汽油调和成高辛烷值汽油,催化裂化柴油和常减压柴油调和成高十六烷值柴油;二是在油品中加入少量的添加剂,使油品性质得到改善,例如,在油品中加入抗氧化剂可以改善燃料油抗氧化性能。

燃料油调和的方法主要有压缩空气调和、泵循环调和和管道调和三种。前两种方法为间歇式操作,后一种为连续式操作。

1. 压缩空气调和法

采用压缩空气进行搅拌调和时,先将算好的两组分油分别送入调和罐,然后通入压缩空气,搅拌一定时间后,取样分析,合格即出成品油外输。该方法多用于数量大而质量要求一般的石油产品的调和。

2. 泵循环调和法

该方法是将油品和添加剂加入调和罐中,用泵抽出部分油品再循环回罐内,进罐时由高速喷嘴喷出,使油品混合。该方法适用于混合量大、比例变化范围大和中低黏度油品的调和。

3. 管道调和法

该方法是将需要混合的各组分油或添加剂按规定比例同时连续送入调和总管和管道混合器进行均匀调和。该方法适用于大批量的、大范围调和比例的轻重质油品的调和。

5.6 润滑油的生产

润滑油是指成品润滑油,它是由润滑油基础油加入适当的添加剂调配而制成的。要得到品质好的润滑油基础油,必须除去润滑油中的非理想组分(如胶质,沥青质,硫、氮、氯化合物),保留润滑油中的理想组分(如少环长侧链的烃类),此外,还要进行脱蜡以改善润滑油的凝固点。

1. 常减压蒸馏

在常压下加热原油可以把汽、煤、柴油分离出来,然后将常压塔底重油加热到 390～395℃,送入减压蒸馏塔中蒸馏。在减压塔开几个侧线可得到不同沸点范围的二线、三线、四线馏分润滑油原料。生产润滑油原料时,减压各侧线控制的主要指标是黏度,它决定了润滑油的基本性能;其次是沸点范围,它决定了润滑油加工过程的难易。

2. 丙烷脱沥青

高黏度的润滑油主要由减压蒸馏的残渣油制取。残渣油中集中了原油所含的胶质、沥青质的绝大部分,这些物质在溶剂精制时难以完全除去,同时还影响了脱蜡工序的进行,因此,工业上常用液体丙烷作溶剂来脱除残渣油中几乎不溶解的胶质、沥青质,然后进行精制和脱蜡。

3. 溶剂精制

为了提高润滑油的质量,使润滑油的抗氧化安定性、黏温特性、残炭值、颜色等符合产品的规格标准,要除去润滑油原料中大部分多环短侧链芳烃和胶质,这个过程称为溶剂精制。润滑油原料中的含硫、含氧、含氮化合物,也可在精制过程中大部分除去,但硫、氮、氧的脱除还是多采用加氢精制的方法。溶剂精制工艺中常用溶剂为酚、糠醛等。

4. 溶剂脱蜡

润滑油料除了精制除去非理想组分外,还必须除去其中的高凝固点组分(石蜡和地蜡),以降低油品的凝固点,这个过程称为脱蜡。工业上采用的方法有冷榨脱蜡、分子筛脱蜡、尿素脱蜡、溶剂脱蜡等。

溶剂脱蜡是在润滑油料中加入溶剂稀释,使油的黏度降低,然后冷至低温,再将油蜡分离。溶剂脱蜡适用性很广,能处理各种馏分润滑油和残渣润滑油。

5. 白土或加氢补充精制

白土精制是油品与白土(一种多孔的固体粉状物质,主要矿物成分是蒙脱石,它由火山灰蚀变而成,也称为天然白土,具有较强的离子吸附性和选择交换性)在比较高的温度下混合,使油品中含有的少量未被分离掉的溶剂及胶质等有害物质吸附在白土的表面上,从而改善油品的颜色,降低残炭,提高抗氧化安定性和抗腐性。目前,白土补充精制逐步被加氢补充精制取代。

6. 调和

前述加工方法只能把润滑油的质量提高到一定的程度,要使润滑油满足各方面的使用要求,还需要在润滑油基础油中加入各种添加剂调配成成品润滑油。润滑油基础油经调和后,可制得车辆润滑油及工业润滑油。

5.7 炼厂气加工

在石油炼制过程中,特别是在二次加工进行重质油轻质化过程中,会产生大量气体,除了催化重整产生的气体是以氢气为主外,其他装置产气主要为 C_1 至 C_4 的气态烃以及少量杂质等。炼厂气是石油加工过程中的副产气体,催化裂化、延迟焦化、催化重整和加氢裂化装置产生的气体是炼厂气的主要来源。炼厂气常分为两个部分:C_3(丙烷、丙烯等)和 C_4 的烃类加压至一定的压力即可呈液态存在,称之为液化石油气,简称液化气,可进一步加工生产各种化工原料,是炼厂气加工的主体;C_1 和 C_2(乙烷、乙烯)的烃类不易液化,通常以气态存在,且不含大量液化气组分,称为干气。炼厂气加工的第一步就是根据需要把各种组分分离提纯,即进行气体分馏。分馏后的气体经一定的加工工艺,可被综合利用。催化裂化干气中的乙烯可与苯制乙苯,干气可用来制氢;液化气可进行烷基化、叠合以及生产甲基叔丁基醚等。

1. 气体分馏

气体分馏是指对液化石油气中的 C_3、C_4 的进一步分离。这些烃类在常温、常压下均为气体,但在一定压力下成为液态,可利用其沸点不同进行精馏加以分离。由于它们彼此之间沸点差别不大,分馏精度要求很高,所以要选用几个多层塔板的精馏塔进行分离。塔板数越多,塔体就越高,所以炼油厂的气体分馏装置是由数个高而细的塔组成的。气体分离装置流程示意图如图 5-13 所示。

气体分馏装置根据需要分离出产品的种类以及要求的纯度来设定装置的工艺流程,一般多采用五塔流程。液化石油气先进入脱丙烷塔,塔顶分出的 C_2 和 C_3(丙烯)进入脱乙烷塔;脱乙烷塔塔顶分出乙烷,塔底物料进入脱丙烯塔;脱丙烯塔塔顶分出丙烯,塔底为丙烷馏分;脱丙烷塔底物料进入脱轻 C_4 塔,塔顶分出轻 C_4 馏分(主要是异丁烷、异丁烯、1-丁烯组分),塔底物料进入脱戊烷塔;脱戊烷塔塔底分出戊烷,塔顶则为重 C_4 馏分(主要为 2-丁烯和正丁烷)。上述五个塔底均由重沸器供给热量,现在大都采用热虹吸式重沸器,其操作温度不高,可得到五种馏分:丙烯馏分、丙烷馏分、轻 C_4 馏分、重 C_4 馏分、戊烷馏分。

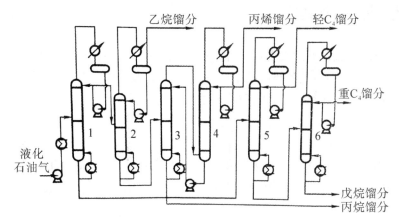

1—脱丙烷塔;2—脱乙烷塔;3,4—脱丙烯塔;5—脱轻碳四塔;6—脱戊烷塔。

图 5-13　气体分离装置流程示意图

2. 烷基化

烷基化油的组成主要是工业异辛烷,其辛烷值高,有良好的挥发性和燃烧性,是航空汽油和车用汽油的理想调和组分。烷基化的原料是异丁烷和各种丁烯组分(异丁烯、1-丁烯、

2-丁烯等),其反应原理主要是原料在酸性催化剂作用下进行烷基化反应。烯烃与异丁烷的烷基化反应是复杂的,有简单的加成反应,还有各种副反应。相关资料上都用正碳离子机理来解释烷基化反应。所谓正碳离子就是烯烃与酸性催化剂的质子反应生成一个带正电的烃离子。烷基化反应中包括正碳离子的加成反应、叠合反应、异构化反应、分解反应和氢转移反应等。烷基化有硫酸法烷基化和氢氟酸法烷基化两种工艺,它们均被广泛采用。

3. 催化叠合

催化叠合是将丙烯、丁烯馏分叠合成高辛烷值汽油组分。我国近年引进了选择性叠合工艺。选择性叠合采用硅酸铝催化剂,用组成比较单一的丙烯或丁烯作原料,经过脱水后进入反应器。该工艺采用两个反应器串联操作,中间设冷却器以调节反应温度,从反应器顶部出来的生成物进入稳定塔,从塔底得到叠合汽油。反应器的反应温度 80~130℃,反应压力 4 MPa。该工艺生产的叠合汽油辛烷值(研究法)为 97。

4. 甲基叔丁基醚(MTBE)生产工艺

甲基叔丁基醚是国际上 20 世纪 70 年代发展起来的高辛烷值汽油调和组分。MTBE 常温下为液体,沸点为 52~58℃,相对密度为 0.74,其辛烷值为 117。生产甲基叔丁基醚的原料为炼厂气中的异丁烯和外购的甲醇,催化剂为强酸性阳离子交换树脂,其反应原理是在催化剂作用下,异丁烯与甲醇进行合成醚化反应而得到产品。该反应的工艺流程大致如下:C_4 馏分与甲醇按比例混合,加热到 40~50℃ 从上部进入净化-醚化反应器进行反应,反应压力为 1.25 MPa;从醚化反应器底部出来的反应生成物中含有未反应的 C_4、甲醇及少量副反应物,经 C_4 分离塔进行 MTBE 和甲醇-C_4 共沸物的分离,塔底得到 MTBE 产品,塔顶脱除出来的 C_4 与甲醇的共沸物经水洗塔和甲醇回收塔得到甲醇。

MTBE 除用作汽油添加剂外,还可以裂解制取高纯度异丁烯,另外,难于过氧化的 MTBE 在作为反应溶剂、萃取剂和色谱剂等方面具有多种用途。

5.8 石油产品及其应用

石油产品可以分成以下四大类:燃料油及溶剂油、润滑油及润滑脂、蜡和焦及沥青、苯及其他化学品。其中,燃料油是各类产品中产量最多的,而且是各种类型炼油厂产品的必然组成部分。下面简要介绍几种燃料油的质量要求及其应用。

5.8.1 汽油

汽油主要用于点燃式活塞汽油发动机,是汽车和飞机的燃料,并由此分为车用汽油和航空汽油。车用汽油主要有 92、95、98 等牌号。对车用汽油的质量要求主要有以下几个方面。

1. 良好的抗爆性

抗爆性代表汽油在汽缸内的燃烧性能。抗爆性差的汽油在压缩比高的发动机中,会以极大速度进行爆炸性燃烧,即出现"爆震"现象。爆炸时,缸壁温度剧增,压力升高,并产生爆震波冲击缸壁,引起发动机强烈震动与发生金属敲击声,造成发动机损伤;同时会使混合气燃烧不完全,功率下降,燃料耗量增大。因此,抗爆性是衡量汽油质量的重要指标。

评定汽油抗爆性的指标是"辛烷值"。辛烷值越高,抗爆性能越好。汽油的抗爆性与其化学组成有关。正构烷烃在高温下易生成不安定的过氧化物,且自燃点低,易引起爆震,环烃、烯烃依次次之。带有很多支链的异构烷烃和芳烃抗爆性最好。为了比较各种汽油的抗爆性,选择了两种烃作为标准:一种是异辛烷,其抗爆性好,将它的辛烷值定为 100;另一种是正庚烷,其抗爆性差,将它的辛烷值定为 0。如果某汽油的抗爆性与 75% 异辛烷和 25% 正庚烷的混合物相同,该汽油的辛烷值就是 75。

车用汽油的牌号即代表其辛烷值。发动机的压缩比越高,要求选用汽油的辛烷值越高。为提高发动机的功率,汽车越来越多地采用高压缩比发动机,故对辛烷值的要求日趋提高。

为提高汽油的辛烷值,可以在汽油中加抗爆添加剂。最常用的添加剂是四乙铅 $[Pb(C_2H_5)_4]$,但辛烷值的提高并不与加入四乙铅的量成正比。加入量过大时,效果不再明显,且对发动机工作不利,排出的铅化物(氯化铅、溴化铅)对空气还会造成污染。因此,对加铅量应有严格的控制。随着社会的发展和进步,将限制有铅汽油的使用,而采用加入其他掺和物(如醇类、醚类)的高标号,即高辛烷值汽油。

2. 良好的蒸发性

汽油必须有良好的蒸发性,以保证汽油在进入汽缸之前,在汽化器中能充分汽化而同空气形成混合物,进汽缸后完全燃烧。馏程和蒸汽压是评价汽油蒸发性能的指标。

国家标准中对汽油的馏程和蒸汽压都有明确规定。车用汽油的馏程为 35~205℃。对汽油的初馏点、10%、50%、90% 和干点规定了最高值,使汽油能在各种条件下完全汽化,以保证发动机的启动、加速和正常运转的需要。规定汽油蒸汽压的最高值,是为了避免汽油过于汽化而在输油管路中形成气阻,致使供油中断,造成停车。

3. 抗氧化安定性

汽油的安定性与其化学组成有关,如果汽油中含大量不饱和烃,在储存期间,这些不饱和烃易氧化形成胶状物质并造成结焦,沉积于油箱、管路,从而影响发动机的正常运转。

4. 无腐蚀性

汽油中的硫化物、酸性物等杂质是引起腐蚀的根源。汽油质量标准中对这些杂质都做了相应的规定。

航空汽油用作螺旋桨飞机燃料,按辛烷值可分为 75、95、100 三个牌号。其质量指标与车用汽油相似,但要求较高。例如,对 95 号以上的航空汽油还要求品度值。名称为 95/130 和 100/130 号的航空汽油,130 即为品度值。航空汽油的辛烷值表示在贫混合气下,即飞机巡航飞行时汽油的抗爆性;品度值表示在富混合气下,即飞机起飞时汽油的抗爆性。

航空汽油同样要求适宜的蒸发性、高的安定性和无腐蚀性,同时还要求有高的发热量,以保证飞行时间长、续行里程远。

5.8.2　柴油

柴油主要用于内燃式发动机(柴油机)。柴油可分为轻柴油和重柴油,前者用于 1 000 r/min 以上的高速柴油机,后者用于 1 000 r/min 以下的低速柴油机。由于对轻、重柴油的使用条件不同,对它们的质量指标制定了不同的标准,现以轻柴油为例说明。

对普通轻柴油按其凝点不同分为 10、0、−10、−20、−35、−50 等 6 个牌号,表示其凝点分别不高于 10℃、0℃、−10℃、−20℃、−35℃、−50℃。重柴油按其凝点可分为 10、20、30 等三个牌号。轻柴油使用牌号根据地区和季节的气温选用;重柴油使用牌号根据转速确定。

对于普通轻柴油的质量要求主要有以下几个方面。

1. 良好的燃烧性能

柴油喷入发动机汽缸后,如不能迅速发火自燃,则汽缸内将积存大量柴油同时燃烧,使汽缸内的压力和温度急剧升高,造成发动机运转不平稳,功率下降,机件损伤,即发生类似于汽油机的爆震现象。

柴油的燃烧性能常以十六烷值表示。十六烷值越高,柴油的发火性能越好,燃烧性能越好。十六烷值越低,则发火性越差,爆震现象就严重。发火性的好坏和抗爆性的好坏是一致的。烷烃自燃点最低,环烷烃次之,芳烃最高,所以含烷烃多芳烃少的柴油发火性好。作为比较,选择了两种烃作为标准:一种叫正十六烷,它的发火性好,将其十六烷值定为100;另一种是α-甲基萘,其发火性差,将其十六烷值定为0。如果柴油的发火性与45%的正十六烷和55%的α-甲基萘组成的混合物相同,则该柴油的十六烷值就是45。

十六烷值并非越高越好。十六烷值达到50以上,再继续增大,效果不明显,且当十六烷值大于60~75后,反而会因裂化形成大量游离碳。游离碳若来不及烧尽,将排出黑烟,增大油耗,降低功率。因此,应根据柴油机转速的不同,选用具有适宜的十六烷值的柴油。转速高时,选用柴油的十六烷值应相应提高。

柴油的燃烧性能还与其馏分有关。馏分轻则易蒸发,可加速燃烧,缩短启动时间。但过轻时又会因自燃点过高不易发火而引起爆震。通常柴油的馏程为200~365℃。此外,标准还规定了50%、90%的最高馏出温度。

2. 良好的低温性能

柴油馏分中含有大量高分子烷烃。其含量越高,凝点也越高,因而在低温下易析出结晶蜡而失去流动性,从而影响发动机的正常运转。柴油的凝点应比地区当时的最低温度低5℃以上,以保证发动机正常工作。

由于凝点是柴油的重要使用指标,故柴油的牌号以凝点的高低作为划分依据。

3. 适宜的黏度

柴油的黏度对它在柴油机中供油量的大小以及雾化的好坏有着密切的关系。黏度过大或过小都会对柴油机的工作造成不良影响,故要求柴油有适宜的黏度。

除上述要求外,轻柴油还应具有良好的蒸发性、安定性和无腐蚀性。

5.8.3　喷气燃料

喷气燃料也叫做航空煤油,用于涡轮喷气式飞机。目前,我国广泛使用的是1号和2号两种喷气燃料。这两种燃料的主要区别是结晶点不同,1号结晶点为-60℃以下,2号结晶点在-50℃以下,其他质量指标基本相同。

因喷气式飞机以高速长途飞行于高空,为确保安全,对燃料性能要求比较严格。现就与其燃烧性能和低温性能有关的要求做一简要说明。

1. 高发热量

发热量是指单位质量燃料燃烧时发出的热值。对于喷气式飞机,由于飞行高度大、速度快、航程长,故要求燃料具有较高的发热量,同时又要求具有较高的比重或密度,以便减小油箱的体积和重量。所以通常规定,喷气燃料的发热值不得低于 42 845 kJ/kg,比重不得小于0.775。

　　燃料的发热量、比重(或密度)与其化学组成有关。在各种烃类中,烷烃发热值最高,环烷烃次之,芳烃最低。比重则以芳烃最大,其次为环烷烃,烷烃最小。同一种烃类中,如果异构程度增加,发热值一般保持不变,但比重增大。从发热量和比重两项指标综合考虑,喷气燃料的最理想的组合为带支链的环烷烃。

　　2. 低积炭生成倾向

　　积炭生成倾向叫做生炭性。喷气燃料在燃烧过程中会产生炭质微粒,积聚于喷嘴及火焰筒壁上形成积炭。积炭会恶化燃烧过程,并使机件因局部过热而变形,甚至损伤机件,使发动机不能启动。

　　影响积炭的最主要因素是燃料的组成。组分的碳氢比越大,生炭倾向越严重。芳烃生炭的倾向最大,烷烃最小。因此,含芳烃过多时极为不利。

　　3. 适宜的馏分和黏度

　　黏度是喷气燃料的一项重要指标,它直接关系到雾化质量,从而对燃烧好坏起到很大影响。馏分关系到燃料的挥发性,从而影响其燃烧完全的程度。所以对黏度与馏分都要提出一定的要求,例如对喷气燃料的终馏点都限制在 300℃ 以下。

　　4. 良好的低温性能

　　喷气飞机的飞行高度多在万米以上,气温很低,尤其在冬天,油温可达-50℃ 以下。低温下的燃料将发生烃类结晶和溶解于油中的水分结冰析出的现象,使燃料滤清器堵塞,影响供油。

　　燃料的低温性能与烃类的组成及含水多少有关。高分子正构烷烃和某些芳烃结晶点较高。结晶点低对使用有利,但如定得过低,则会影响产品收率,对生产厂不利。目前生产的喷气燃料油的结晶点,1 号为-60℃,2 号为-50℃,可供不同季节及不同地区使用。燃料油含水多时,由于高空中油温降低,溶解度减小,水分易结冰析出。此外,各种烃类的溶水性不同,芳烃溶水性高,故燃料中含芳烃多易出现结冰现象,使其低温性能恶化。

　　综上所述,含芳烃多对喷气燃料是不利的,故规定喷气燃料的芳烃含量不得超过 2%。对喷气燃料的安定性、腐蚀性、洁净度、润滑性等也都有较高的要求,此处不再赘述。

5.8.4　灯用煤油

　　通常的煤油指照明用煤油,包括灯用煤油与信号灯煤油,其馏程约为 150~320℃,介于汽油和柴油之间,这里主要介绍灯用煤油。

　　灯用煤油简称灯油,主要用于点灯,也可用作加热器、喷灯、煤油炉等的燃料,还用来清洗机件或作为农药、溶剂油的溶剂。

　　对灯油的质量要求主要有以下几个方面。

　　1. 足够的光亮度

　　光亮度不但要求足够,而且在持续点燃的一定时间内光亮度下降平稳,幅度不大。在各类烃中,烷烃和环烷烃燃烧较完全,无烟、火焰高,但光亮度下降较快,故灯油应含一定量的芳烃。芳烃虽不易燃烧完全,且无烟、火焰高度低,但具有光亮度下降慢的特点。

2. 良好的吸油性

点燃时灯芯吸油应通畅，因此对馏程有一定要求。重馏分黏度大，对吸油不利，含量应受到限制。

3. 足够的安全性

从储存和使用安全考虑，轻质馏分不宜过多。为确保安全并控制耗油量，规定最低闪点为 40℃。此外，因含硫油燃烧时有害于人体，限制含硫量不大于 0.1%。

随着电力工业的发展，灯用煤油的用量已越来越少。

5.8.5　重油

重油作为燃料油，主要用作加热炉、锅炉的燃料等，共有 20、60、100 和 200 等 4 种牌号。牌号划分的依据是重油在 80℃时的黏度，牌号越高，黏度越大，以适应不同的炉嘴尺寸要求。

对重油的质量要求主要是含硫最低，腐蚀性小；黏度适宜，雾化良好，燃烧完全；蒸发性较小，闪点较高，以保证储存和运输中的安全。

除上述产品外，石油炼制还可生产出作为溶剂或稀释剂的溶剂油，用于建筑或铺路的沥青，用于工业燃料的石油焦，以及通过其他深加工方法生产出各种化工原料与化工产品，如烯烃（乙烯、丙烯与丁二烯）、芳烃（苯、甲苯、二甲苯和萘）、炔烃（乙炔）与合成橡胶、合成塑料、合成纤维、合成树脂、合成洗涤剂、农药与肥料等。

思考题

1. 煤油的生产装置有哪些？

2. 原油含盐、含水的危害有哪些？

3. 简述原油电脱盐脱水原理。影响脱盐脱水的因素有哪些？

4. 简述三段汽化常减压蒸馏流程。

5. 原油蒸馏的目的及意义是什么？

6. 催化裂化装置由哪几个系统组成，各系统的作用是什么？

7. 什么是催化重整？催化重整的化学反应有哪些？

8. 简述两段加氢裂化的工艺流程。

9. 为什么要进行油品的精制和调和？

10. 石油产品有哪些？具体应用在哪些领域？

第6章　石油化工工艺

用石油或石油气(炼厂气、油田气、天然气)作起始原料生产化工产品的工业,叫做石油化学工业,简称石油化工或石化,广义上也包括天然气化工。石油化学工业的产品包括各种基本有机原料和合成纤维、塑料、合成橡胶等成千上万种,其中合成纤维、塑料、合成橡胶被称为三大合成材料。

石油不能直接用作有机化工原料,需要通过一定的步骤和方法,才能把石油变成有机化工原料。生产石油化工产品,第一步要从石油或石油气中制造出一级基本有机原料,这主要是乙烯、丙烯、丁二烯、苯、甲苯、二甲苯、乙炔和萘八种,简称为三烯、三苯、一炔、一萘;第二步是用一级基本有机原料制造醇、醛、酮、酸、胺等基本有机原料四五十种;第三步才能进行各类石油化工产品的有机合成。基本有机原料是石油化工的基础,一级基本有机原料是石油化工基础的基础,有了它,成千上万种石油化工产品就可以通过各种不同的方法和过程进行合成。

6.1　乙烯裂解

在石油化学工业中,大多数中间产品(有机化工原料)和最终产品(三大合成材料)均以烯烃和芳烃为原料,除由重整生产芳烃以及由催化裂化副产物中回收丙烯、丁烯和丁二烯外,主要由乙烯装置生产各种烯烃和芳烃。以三烯(乙烯、丙烯、丁二烯)和三苯(苯、甲苯、二甲苯)总量计,约65%来自乙烯生产装置。因此,常常以乙烯生产作为衡量一个国家和地区石油化工生产水平的标志。

6.1.1　乙烯装置的主要生产原料

在乙烯装置产品成本的构成中,原料约占60%~80%,因此,乙烯装置原料路线的选择至关重要。乙烯装置原料路线的选择取决于原料和产品的市场价格,原料和裂解方案确定后序的产品分布,世界各国和地区都有所不同。例如,美国和北美主要使用石脑油为原料,西欧用乙烷和轻烃,而我国则使用天然气凝析油、轻烃、石脑油、轻柴油和加氢尾油等。技术经济分析表明,裂解原料的轻质化可获得更大的经济效益。

6.1.1.1　轻烃

烃就是碳、氢两种元素以不同的比例混合而成的一系列物质,其中分子量较小的称为轻烃。天然气的主要成分是C_1,含少量的C_2,液化石油气的主要成分是C_3和C_4,它们在常温常压下呈气态,称为气态轻烃。C_5和C_6在常温常压下是液态,是液态轻烃。

1. 来自油田的伴生气和来自气田的天然气

天然气主要成分是甲烷,还含有乙烷、丙烷等轻质饱和烃及少量的CO_2、N_2、H_2S等非烃成分。

按化学组分来分类,天然气可分为干气和湿气。干气是甲烷含量在90%以上,在常温下加压不能使之液化,不适合作为裂解原料。湿气中甲烷含量在90%以下,还含有一定量的乙烷、丙烷、丁烷等烷烃。由于乙烷以上的烷烃在常温下通过加压可以使之液化,通过对该类天然气的分离,得到乙烷以上的烷烃是优质的裂解原料。

按矿藏不同来分类,天然气可分为气井气(开采时只出气不出油的井称为气井,由气井开采出来的天然气叫做气井气,属于干气)、油田气(与石油伴生的天然气,与原油一起开采出来,属于湿气)、凝析井气(碳十及碳十以下烷烃的烃类混合物在地下1 500 m以下是以气相存在的,开采后在地面通过节流降压到4.9~6.8 MPa,由于降温,会发生"逆反冷凝",凝析出液体称为气田凝析油。在开采气田凝析油的同时采出凝析井气。凝析油的组成相当于轻质石脑油或全程石脑油与粗柴油的混合物。凝析油是裂解较好的原料)。

2. 炼厂气

炼厂气是原油在炼厂加工过程中所得副产气的总和,主要包括重整气、加氢裂化气、催化裂化气、焦化气等。炼厂气中含有丰富的丙烯、丁烯,可不经裂解由气体分离装置直接回收利用。分离出来的烷烃可作为裂解原料。此外,加氢裂化尾气也是很好的裂解原料。

6.1.1.2　石脑油

初馏点在200℃左右的馏分称为全程石脑油,130℃左右称为轻石脑油。原油经过常压蒸馏后分馏出来的馏分称为直馏石脑油,由炼厂焦化装置、加氢裂化装置等二次加工后得到的石脑油称为二次加工石脑油。由于重整装置需要的是60℃以上的馏分,因此,石脑油在进行重整前,需要将60℃以下的馏分拔掉。通常称这一部分初馏点60℃左右的馏分为拔头油,成分为$C_3 \sim C_6$烃类,属于石脑油,是较好的裂解原料。

6.1.2　裂解流程及裂解炉

6.1.2.1　裂解流程

裂解是指烃类在高温条件下,发生碳链断裂或脱氢反应,生成烯烃和其他产物的过程。其目的是为了得到低级烯烃,包括乙烯、丙烯及丁二烯等,同时副产裂解汽油。裂解原料可以是乙烷、丙烷、丁烷、石脑油、煤油、轻柴油和重柴油。烃类裂解现在已成为生产乙烯的主要方法。由烃类裂解得到三烯、三苯的过程示意图如图6-1所示。

裂解反应很复杂,在高温下,烃除了发生碳碳键的断裂外,还能发生脱氢、异构化、环化、聚合和焦化等一系列复杂的反应。因此,在生成烯烃的同时,还生成炔烃、二烯烃、芳烃和焦油。裂解副产的裂解汽油经净化和分离可得到芳烃(苯、甲苯和二甲苯等基本有机化工原料)、异戊二烯、环戊二烯等。

理论分析表明裂解反应的特点是强吸热反应、反应温度高、停留时间短、烃分压要低。裂解反应的主要参数有裂解深度(用乙烯对丙烯的收率衡量)、裂解温度、停留时间、烃分压。

我们通常说的乙烯装置,主要包括管式炉裂解和深冷分离。管式炉裂解具有技术成熟、结构简单、运转稳定性好和烯烃收率高等优点,现在世界上约99%的乙烯是由管式炉裂解法生产的。管式炉裂解的裂解产物是含有氢、甲烷、乙烷和乙烯、丙烷和丙烯、混合C_4和C_5、裂解汽油等的混合物,此外尚含有少量CO_2、CO、H_2S等酸性气体,并含有微量炔烃等杂质。深冷分离是利用裂解气中各组分沸点相差较大、各组分相对挥发度不同,在不同温度下用精馏方法进行分离的。精馏将裂解气中甲烷和氢气分离出来,需在-90℃以下的低温进行。这种采用低温分离裂解气中甲烷和氢气的方法称为深冷分离法。深冷分离法能耗低、操作稳定,不仅能得到高质量的烯烃产品,还可获得高纯度的氢气和甲烷。

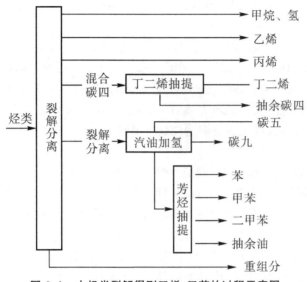

图 6-1　由烃类裂解得到三烯、三苯的过程示意图

在乙烯装置中有 1 100℃高温压和-175℃低温压,有大型离心压缩机组,有各种苛刻条件下使用的塔釜设备,正因如此,常常以乙烯生产水平作为衡量一个国家和地区石油化工生产水平的标志。乙烯装置的建设和管理,足可以反映出现代工业的综合技术水平。

6.1.2.2　裂解炉

1. 裂解炉简介

乙烯裂解炉从构造上看可分为对流段和辐射段。一般来说,对流段的作用是回收烟气余热,用来预热并汽化原料油,并将原料油和稀释蒸汽过热至物料的横跨温度,剩余的热量用来过热超高压蒸汽和预热锅炉给水。在原料预热汽化过程中,注入稀释蒸汽,以降低原料油的汽化温度,防止原料油在汽化过程中焦化。裂解炉对流段每一组盘管主要由换热炉管(光管或翅片管)通过回弯头组焊而成,端管板和中间管板支持起炉管,有些盘管的进出口通过汇集箱汇集到一起,每一组盘管构成一个模块。

乙烯裂解炉是根据工艺特点定制的。目前,我们国内的乙烯装置工艺包都是购买国外的先进工艺技术专利,裂解炉根据工艺设计由设计方指定的几个厂家进行投标产生。管式裂解炉的主要炉型有以下几种。

(1)CBL 型裂解炉,即国产乙烯裂解炉。1991 年在辽阳石化投产,相当于国外 20 世纪 80 年代水平;1995 年和 1996 年,年产 40 千吨的 CBL-2 型裂解炉分别在辽阳石化和抚顺石化投产;1998 年,以 NAP、AGO 为原料,年产 60 千吨的 CBL-3 型裂解炉在燕山石化投产;1999 年,以 NAP、HVGO 为原料,年产 60 千吨的 CBL-4 型裂解炉在辽阳石化投产。

(2)SRT 型裂解炉(鲁姆斯公司)。短停留时间裂解炉,为单排双辐射立管式裂解炉,采用分支变径管结构的辐射盘管。

(3)USC 型裂解炉(斯通-韦伯斯特公司 S.W)。超选择性裂解炉,为单排双辐射立管式裂解炉,采用 W 型或 U 型辐射盘管。

(4)毫秒炉(凯洛格公司 Kellogg)。立管式裂解炉,采用单程直管结构的辐射盘管,停留时间极短,可控制在 0.1 s 内。

(5)GK 型裂解炉(KTI 公司)。双排或混排立管式裂解炉,采用分支变径管结构辐射盘管,停留时间控制在 0.2 s 内。

裂解炉是乙烯装置的能耗大户,其能耗占装置总能耗的50%~60%。降低裂解炉的能耗是降低乙烯生产成本的重要途径之一。裂解炉的能耗在很大程度上取决于裂解炉系统本身的设计和操作水平。近年来,裂解炉技术向高温、短停留时间、大型化和长运转周期方向发展。通过改善裂解选择性、提高裂解炉热效率、改善高温裂解气热量回收、延长运转周期和实施新型节能技术等措施,可使裂解炉能耗显著下降。

2. 乙烯裂解炉的节能措施

(1)改善裂解选择性。①采用新型裂解炉。新型裂解炉均采用高温、短停留时间与低烃分压的设计。由于停留时间大幅度缩短,毫秒炉裂解产品的乙烯收率大幅度提高。②选择优质的裂解原料。在相同工艺技术水平的前提下,乙烯收率主要取决于裂解原料的性质,不同裂解原料,其综合能耗相差较大。裂解原料的选择在很大程度上决定乙烯生产的能耗水平。通过适当调整裂解原料配置结构,优化炼油加工方案,增加优质乙烯原料如正构烷烃含量高的石脑油等供应,改善原料结构和整体品质,在提高乙烯收率的同时,还能达到节能降耗的目标。③优化工艺操作条件。通过优化裂解炉工艺操作条件,不仅能使原料消耗大幅度降低,也能够使乙烯生产能耗明显下降。不同的裂解原料对应于不同的炉型,具有不同的最佳工艺操作条件。

(2)延长裂解炉运行周期。①优化原料结构与工艺条件。裂解原料组成与性质是影响裂解炉运行周期的重要因素。一般氢含量高、芳烃含量低的原料具有良好的裂解性能,是裂解炉长周期运行的必要条件。对不饱和烃含量较高的原料进行加氢处理,是提高油品质量的有效途径。当裂解原料一定时,工艺条件是影响裂解炉运行周期的主要因素。低烃分压、短停留时间和低裂解温度有利于延长裂解炉运行周期。②采用在线烧焦。裂解炉在线烧焦是在炉管蒸汽、空气烧焦结束后,继续对废热锅炉实施烧焦。与传统的烧焦方式相比,在线烧焦具有明显的优势。一是裂解炉没有升降温过程,可以延长炉管的使用寿命,并可节省裂解炉升降温过程中燃料与稀释蒸汽的消耗;二是由于在线烧焦,裂解炉离线时间短,可以提高开工率,并可增加乙烯与超高压蒸汽的产量。目前 BASF 在线烧焦程序已在国内外乙烯裂解炉上成功应用了多年,事实证明,采用在线烧焦可大大减少废热锅炉的机械清焦次数,有效地降低乙烯装置的能耗。

6.1.3　裂解产物的深冷分离

裂解气深冷分离是裂解气分离的重要方法之一,该过程采用了-100℃以下的低温冷冻系统,所以被称为深冷。其原理是利用裂解气中各种烃的相对挥发度差异,在低温下把氢气以外的烃类都冷凝下来,然后在精馏塔内进行多组分精馏分离,因此,这一方法实质是冷凝精馏过程。

6.1.3.1　裂解气的分离程序

裂解气各组分分离的先后,在不违反其组分沸点的顺序下,是可以采用多种排列方法分离的,在工业上普遍采用的是以碳原子数由少到多依次分离的"顺序流程"。此外,还有将裂解气先分为氢气-甲烷-C₂烃和其他重组分两部分,然后再逐个分离,这是前脱乙烷流程。也有先分出氢气和C₁~C₃烃的前脱丙烷流程。后两个流程的乙炔催化加氢通常在脱甲烷之前进行,故亦称为前加氢流程。这时可以利用裂解气中本身所含的氢而无须另行补充。但裂解气中因有大量过剩的氢,反应难以控制,难免有少量的乙烯也被加氢变成乙烷。此外,前加氢流程在脱乙烷(或脱丙烷)时,由于含有大量的轻组分,塔顶温度较低,因而比在顺序流程中相应部分所消耗的能量高 10%~15%。如果采用后加氢流程则可严格控制氢炔之比,使乙炔转为乙烯,乙烯总量因而略有增加。

6.1.3.2　裂解气的分离过程

工业上广泛采用的深冷分离方法有低压法和高压法两种。低压法脱甲烷塔在 0.6~0.7 MPa 的低压下操作,高压法脱甲烷塔在约 3.0 MPa 下操作。低压法的特点是在低压下甲烷与乙烯的相对挥发度增大。这在提馏段要求釜液甲烷含量低时更显得重要。另外,利用分氢过程冷凝的重组分由高压节流至低压脱甲烷塔时,能够蒸发部分甲烷并使液体降温,因此可降低该塔的回流比,从而节省能量。但塔顶温度低至-130℃,需用甲烷-乙烯-丙烯三级制冷,使系统复杂化,低温钢材用量也相应增多。

高压法的脱甲烷塔塔顶温度为-96℃只需用乙烯作制冷剂,制冷系统简单,低温钢材用量少;其缺点是压力增加,相对挥发度减小,不利于组分分离,需加大塔的回流比,能耗增大。以轻柴油为裂解原料的裂解气高压法顺序分离流程如图 6-2 所示。

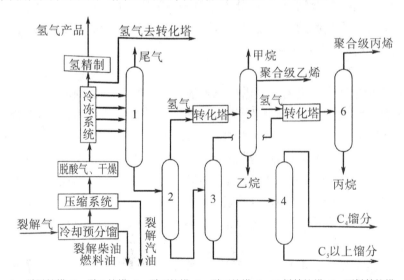

1—脱甲烷塔;2—脱乙烷塔;3—脱丙烷塔;4—脱丁烷塔;5—乙烯精馏塔;6—丙烯精馏塔。

图 6-2　顺序分离流程示意图

分离步骤:

(1)裂解气经冷却预分馏除去重组分后,进入五段的透平压缩机。压缩后的气体,进入装填分子筛的干燥器中,干燥后的气体同各种冷物料、丙烯制冷剂和乙烯制冷剂进行热交换。冷凝的液态烃根据轻重分别进入脱甲烷塔塔板相应的位置,即多股进料。未冷凝的富氢气体可作为乙炔加氢的氢气来源,或进一步用变压吸附法提高浓度以得到产品氢气。

（2）脱甲烷塔顶操作压力 3.4 MPa、温度−96℃，用蒸发−101℃乙烯冷却，塔釜用冷凝气相丙烯再沸。

（3）脱甲烷塔釜液流入脱乙烷塔，此塔顶部分出的乙烯-乙烷馏分与氢混合后进入乙炔转化塔脱炔，用氧化铝载体上的钯催化剂，使乙炔转化为乙烯或乙烷，残存乙炔质量分数仅 1~2 μg/g。加氢后的气体脱除加氢过程所生成的少量聚合物（绿油）后，进入乙烯精馏塔。产品乙烯从塔顶侧线抽出；塔顶排出因加氢带入的甲烷，并返回压缩机三段以回收其中伴随的乙烯；塔底的乙烷则作为裂解原料送入裂解炉。

（4）脱乙烷塔的釜液进入脱丙烷塔，釜温达 109℃，在此温度下，双烯烃有聚合的倾向。故备用再沸器以便定期切换及清理。塔顶 C_3 馏分含丙烯约 90%，进行加氢除去甲基乙炔与丙二烯后，可作为化学级丙烯产品。为了获得聚合级产品，则要用精馏法除去少量 C_2，再进入丙烯精馏塔分离丙烷。

（5）脱丙烷塔底物料送入脱丁烷塔，塔顶馏出的碳四馏分可作商品出售或用于抽提丁二烯与丁烯，塔底得到碳五以上裂解汽油。

6.2　塑料的加工工艺

绝大多数塑料制造的第一步是合成树脂的生产，然后根据需要，将树脂（有时加入一定量的添加剂）进一步加工成塑料制品。

合成树脂为高分子化合物，是由低分子原料——单体（如乙烯、丙烯、氯乙烯等）通过聚合反应结合成大分子来生产的。工业上常用的聚合方法有悬浮聚合、乳液聚合、本体聚合和溶液聚合四种，多选用的是前两种。

1. 悬浮聚合

悬浮聚合是指单体在一定温度下借助机械搅拌或振荡和分散剂的作用下，单体分散成液滴，通常悬浮于水中进行的聚合过程；无离子水为分散和导热介质，所得聚合物的粒径较大，制造成本较低，过程易于控制，成品树脂中悬浮剂的含量较低。悬浮聚合特点是反应器内有大量水，物料黏度低，容易传热和控制；聚合后只需经过简单的分离、洗涤、干燥等工序，即得树脂产品，可直接用于成型加工；产品较纯净、均匀。缺点是反应器生产能力和产品纯度不及本体聚合法，而且不能采用连续法进行生产。悬浮聚合在工业上应用很广，75%的聚氯乙烯树脂采用悬浮聚合法，聚苯乙烯也主要采用悬浮聚合法生产，反应器也逐渐大型化。

2. 乳液聚合

乳液聚合与悬浮聚合基本类似，只是要采用更为大量的乳化剂，并且不是溶于水中而是溶于单体中。单体借助于乳化剂在机械搅拌或振荡下分散在水中形成乳液而进行的聚合，乳液可在使用过程中凝结和干燥，也可经喷雾干燥得糊状树脂，粒径极细的乳液也可用作漆涂料。同悬浮聚合一样，存在连续水相，可以有效地排除聚合热。缺点是制造成本高，成品树脂中乳化剂含量高。这种聚合体系可以有效防止聚合物粒子的凝聚，从而得到粒径很小的聚合物树脂。一般乳液法生产的树脂的粒径为 0.1~0.2 mm，悬浮法为 20~200 mm。引发剂体系与悬浮聚合也有所不同，通常是含有过硫酸盐的氧化还原体系。干燥方法也设计成可以保持较小粒径的方式，常常采用一些喷雾干燥剂。由于不可能将乳化剂完全除去，因此用乳液法生产的树脂不能用于生产需要高透明性的制品,如包装薄膜或电线绝缘层等要求吸水性很低的制品。一般来说,乳液聚合树脂的价格高于悬浮聚合的树脂,然而需要以液体形式配料的用户使用这种树脂,如糊树脂。在美国大部分乳液聚合的树脂产品都是糊树脂(又叫做分散型树脂),少量用于乳胶。在欧洲,各种乳液工艺也用于生产通用树脂,尤其是压延和挤出用树脂。

3. 本体聚合

本体法生产工艺在无水、无分散剂,只加入引发剂的条件下进行聚合,不需要后处理设备,投资小、节能、成本低。单体在没有稀释剂存在下进行聚合。主要优点是产品中不含悬浮剂和乳化剂,因此纯度较高,不存在水和溶剂,干燥简单,但反应速率的控制和聚合热的排出较困难。但是,尽管从理论上说悬浮和本体聚合反应工艺生产的树脂可以用于相同的领域,实际上加工厂一般只使用其中之一,因为悬浮和本体树脂不能混合,即使少量混合也会因静电效应导致聚合物粉末的流动性降低,而悬浮聚合树脂更易得到,因此大多数加工厂放弃了本体树脂,近年来本体工艺出现了止步不前或衰退的状态。

4. 溶液聚合

在溶液聚合中,单体溶解在一种有机溶剂(如 n-丁烷或环己烷)中引发聚合,随着反应的进行聚合物沉淀下来。溶液聚合反应专门用于生产特种氯乙烯与醋酸乙烯共聚物(通常醋酸乙烯含量在 10%~25%)。这种溶液聚合反应生产的共聚物纯净、均匀,具有独特的溶解性和成膜性。溶液聚合是在含有氯乙烯单体的溶液中进行聚合,聚合物不溶于溶剂,而在聚合过程中沉淀,易于分离和干燥。这样的体系也便于热传递。成品树脂中不含有乳化剂和悬浮剂,所以杂质含量低,这个方法主要用于制造高质量的共聚树脂,主要缺点是产品成本高。

塑料的成型加工是指由合成树脂制造厂制造的聚合物制成最终塑料制品的过程,加工方法包括压塑、挤塑、注塑、吹塑、压延等。

压塑也称为模压成型或压制成型,主要用于热固性塑料的成型;挤塑又称为挤出成型,是使用挤塑机将加热的树脂连续通过模具,挤出所需形状的制品的方法;注塑又称为注射成型,是使用注塑机将热塑性塑料熔体在高压下注入模具内经冷却、固化获得产品的方法;吹塑又称中空吹塑或中空成型,是借助压缩空气的压力使闭合在模具中的热的树脂型坯吹胀为空心制品的一种方法;压延是将树脂和各种添加剂经预期处理(捏合、过滤等)后通过压延机的两个或多个转向相反的压延辊的间隙加工成薄膜或片材,随后从压延机辊筒上剥离下来,再经冷却定型的一种成型方法。

6.3 合成橡胶的生产工艺

合成橡胶的生产工艺大致可分为单体的合成和精制、聚合过程以及橡胶后处理三部分,主要包括塑炼、混炼、压延和压出、成型、硫化等工序。图 6-3 为橡胶制品生产基本工艺流程图。

1. 单体的生产和精制

合成橡胶的基本原料是单体,精制常用的方法有精馏、洗涤、干燥等。

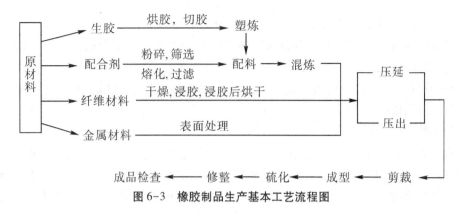

图 6-3 橡胶制品生产基本工艺流程图

2.聚合过程

聚合过程是单体在引发剂和催化剂作用下进行聚合反应生成聚合物的过程。有时用一个聚合设备,有时用多个串联使用。合成橡胶的聚合工艺主要应用乳液聚合法和溶液聚合法两种。

3.后处理

后处理是聚合反应后的物料(胶乳或胶液),经脱除未反应单体、凝聚、脱水、干燥和包装等步骤,最后制得成品橡胶的过程。乳液聚合的凝聚工艺主要采用加电解质或高分子凝聚剂破坏乳液使胶粒析出。溶液聚合的凝聚工艺以热水凝析为主,凝聚后析出的胶粒含有大量的水,需脱水、干燥。

6.4 合成纤维的生产工艺

炼油厂的重整和烃类裂解制乙烯时副产的苯、二甲苯、丙烯,经过加工后可制成合成纤维所需原料(通称为单体)。合成纤维的生产首先是将单体经聚合反应制成成纤高聚物,再经过纺丝及后加工,成为合格的纺织纤维。

高聚物的纺丝主要有熔融纺丝和溶液纺丝两种方法。熔融纺丝是将高聚物加热熔融成熔体,然后由喷丝头喷出熔体细流,再冷凝而成纤维的方法。溶液纺丝又分为湿法纺丝和干法纺丝两种。湿法纺丝是将高聚物在溶剂中配成纺丝溶液,经喷丝头喷出细流,在液态凝固介质中凝固形成纤维的方法。在干法纺丝中,凝固介质为气相介质,经喷丝形成的细流因溶剂受热蒸发,而使高聚物凝结成纤维。图 6-4 为合成纤维的纺丝过程示意图。

熔融纺丝和溶液纺丝得到的初生纤维只有通过一系列的后加工处理,才能使纤维符合纺织加工的要求。不同的合成纤维,其后加工方法不尽相同。按纺织工业要求,合成纤维分短纤维和长丝两种类型,短纤维后处理过程主要为初生纤维—集束—拉伸—热定型—卷曲—切断—打包—成品短纤维;长丝后处理过程主要为初生纤维—拉伸—加捻—复捻—水洗干燥—热定型—络丝—分级—包装—成品长丝。拉伸可提高断裂强度和耐磨性,减少产品的伸长率;热定型可提高纤维的稳定性和其他物理-机械性能、染色性能;卷曲可改善合成纤维的加工性,克服合成纤维表面光滑平直的不足;加捻能改进纺织品的风格,使其膨松并增加弹性。

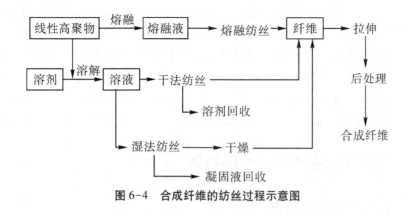

图 6-4　合成纤维的纺丝过程示意图

6.5　精细化工

精细化工是化学工业的一个组成部分。从生产过程和产品的特点考虑,精细化工产品的产量较小、品种较多、技术密集程度和附加值高,产品具有特殊的使用功能,在专门或特定的领域使用,因此又被称为专用化学品。以石油为基本原料生产的石油精细化工产品,占精细化工产品品种和产量的绝大多数。

精细化工产品的生产过程分为原料预处理、化学反应、产品分离和提纯三个阶段,其生产过程的特点是涉及的化学反应多、生产步骤多。化工厂生产的产品还要经过商品化过程,才能和用户见面。

1. 精细化工产品生产的化学反应

精细化工产品化学结构比较复杂,而原料提供的化学结构太简单,而且缺少化学反应活性,这就要求通过化学反应引入具有化学反应活性的结构——官能团,再通过官能团的化学反应逐步改变化学结构,使之成为具有特定性能的精细化工产品。常用的、基本的化学反应有硝化、磺化、氧化、还原、水解、酯化、缩合、烷基化、酰基化等。为实现上述反应,还需要相关的无机化工原料(如硫酸、氯气、纯碱等)及各种类型的催化剂。

在精细化工产品较长的生产过程中,有些从基本原料加工的产物,可作为生产某一系列或不同行业产品的原料,但它仍不具有最终产品的性能,只是生产过程的阶段性产品或半成品,因此被称为有机中间体,简称中间体。中间体生产处于精细化工品生产的中间环节,能衍生出品种众多、性能各异的精细化工产品。要发展精细化工产品,必须大力发展中间体的生产。

2. 精细化工产品的纯度

精细化工产品的纯度是决定其质量的重要指标之一。为了提纯产品,一般采用多种分离技术,如精馏、萃取、结晶、过滤等。除了通用、定型设备外,还采用多种特殊设备。为防止物料腐蚀设备,必须采用耐蚀材料。依原料、产品的可燃性、毒性等不同,生产车间还应防火、防毒,因此,安全生产、劳动保护成为精细化工厂必须十分重视的工作。精细化工产品采用间歇生产,生产工序多,而且各工序技术特点和操作不同,因此要求较高的操作技能,这也是精细化工技术密集的一个反映。

3. 商品化

化工厂生产的精细化工产品一般不能直接使用,要满足用户(特别是个人消费)需求,必须使产品商品化,其中最重要的是复配。通过复配可使产品专用功能突出,辅助功能齐全。未来的市场竞争,将不完全取决于产品的纯度,很可能取决于产品的综合性能,复配在这方面将有重要作用。以粉末状日用洗涤剂为例,复配中要添加多种助剂,以增加溶解度,使其具有软化水、稳定泡沫、抗结块、增白和漂白功能。有的加酶制剂以便于除去衣物上的某种污渍;有的加入柔软剂、抗静电剂、香料等。有时助剂的总质量甚至超过洗涤剂本身。通过复配可形成风格独特的商品(如婴儿用品、消毒用品),对提高产品附加值有重要作用。

6.6 石油加工技术难点及发展趋势

6.6.1 石油加工技术难点

1. 化学反应最佳的技术路线

石油深加工反应进行得非常快,在800℃左右的高温下,在裂解炉的炉管内可以在千分之几秒内完成,然后从800℃左右的高温急剧地冷却到650℃以下使反应突然终止,才能得到以三烯为主的气体产物、三苯为主的液体产物和重焦油等副产物,还有少量焦炭结在裂解炉管内壁和废热锅炉换热管内。结焦以后会影响传热,它像做米饭时结在锅底的锅巴一样,做完一次米饭必须把锅巴清洗干净,否则下次做饭锅底肯定要"糊",而且饭也因传热效果差而煮不熟。蒸汽裂解装置在运转一段时期以后要停下来清焦,就是这个道理。

除了裂解炉炉管在裂解过程中会结焦外,在急冷过程中的某些部位例如废热锅炉的炉管也会结焦。当然,随着技术的发展,我们现在可以用不粘锅大大减缓锅底的结巴,相应地在裂解装置上也有类似的技术。人们在炉管内也涂了一层物质,或在原料油中加入少量的结焦抑制剂来延缓结焦,以延长装置的开工周期。解决炉管结焦的清焦技术当然不能像清洗锅底一样去擦,而是在炉管内通入空气与蒸汽混合气体,在高温下把这些焦炭烧干净,因此,炉管的材料必须是耐高温的合金钢,待焦炭烧干净以后,装置又可重新开工。

2. 能量的循环利用

石油炼制消耗能量很大,形象地说,石油加工过程就是冷变热、热变冷、再变热、变冷反复多次的过程。因此,炼油厂要注意提高热回收率、加热炉效率,改进塔板、填料、冷换设备结构,减少加工损失等,其中提高热回收率是关键。例如进常减压装置的原油差不多通过换热可达到300℃以上再进加热炉去加热,加热炉燃烧用的空气也要与炉子排烟换热到200℃以上再进炉利用。此外,常减压装置加工量最大,耗能占全厂总耗能的比重很大,它与相关装置进行热联合,也是节能的重要途径。

裂解反应是在800℃左右,在ms级的短时间内完成的,如果延长反应时间,那么产生的副反应或二次反应就多了,其结果是烯烃产率降低,焦炭产率增加,这是我们所不希望发生的。因此,裂解炉出口的产物要在很短时间内急速冷却,使裂解气温度降到650℃以下,使反应终止。

在整个裂解工艺过程中,裂解产物从形成到分离成聚合级的气体烯烃,温度要在-100~800℃范围内进行。加热升温需要供给能量,同样,创造一个低温环境也需要消耗能量。把裂解气从炉出口的高温状态急速冷却,在工业装置上采用急冷锅炉,就是把裂解气高温下的能量通过间接传热的方式把水加热汽化产生高压蒸汽。高压蒸汽的用处很多,用它可以驱动汽轮机,带动各种压缩机和泵。高压蒸汽作为动力驱动机泵以后,变成低压蒸汽还可以回来重新加以利用。

6.6.2　油气加工发展趋势

当今世界科技进步日新月异,炼油和石化领域的科技发展也非常迅速,总体来看,有以下7个方面的发展趋势。

1)技术进步推动全球炼油和石化工业走向大型化、基地化和一体化,产业集中度进一步提高

炼油行业从原有的燃料型向炼化一体转型。自2002年我国成为全球第二产能炼油国后,我国炼油能力结构性过剩趋重。2016—2018年,国内炼油能力已连增三年,2018年我国炼油能力为8.31亿吨/年,较上年净增2 225万吨/年;其中新增能力3 390万吨/年,淘汰落后能力1 165万吨/年。2019年,中国炼能过剩趋重并有向炼化一体化下游低端扩展之势。随着民企的崛起和外资的进入,国内炼油和乙烯能力重又进入新一轮较快增长通道。2019年炼油总能力升至8.60亿吨/年,炼化能力过剩愈演愈烈。按目前在建、已批准建设和规划的项目测算,2025年我国炼油能力将升至10.2亿吨/年,超美国而居世界第一位。2015—2018年我国炼油行业资产总额呈现稳定上升趋势,2018年我国炼油行业资产总额为2.44万亿元,较2017年增长19.0%。2019年上半年资产总额为2.64万亿元,较2018年同期增长4.6%。

炼油-化工装置的上、下游一体化,可以节省界区外设施的投资,实现资源的优化配置,与独立炼厂相比,投资可减少4%~5%。例如美国海湾地区和新加坡,其固定成本可分别降低约20%和15%,成本竞争优势明显提高。以美国石油工业为例,目前,美国炼油业的利润率为2%,勘探开发业为10%~12%,石油化工业为18%~20%。石化产品市场需求增长势头远高于石油产品,石化产品价格攀升。炼油-化工装置的上、下游一体化,可以使炼油厂25%的油品变成价格较高的石化产品,资金回报率可以提高2%~5%。

2)清洁燃料、深度加工和油化一体化技术成为世界炼油技术发展的主攻方向

随着全球原油性质日益变差、环保法规日趋严格、重质燃料油需求不断减少,为满足轻质清洁运输燃料需求的快速增长和提高石化企业整体效益的要求,清洁燃料生产技术、原油深度加工技术以及油化一体化的工艺技术得到了快速发展。

(1)加快开发满足环保要求的清洁燃料生产新技术。日趋严格的环保法规要求清洁燃料生产技术加速发展,今后的发展方向是进一步降低汽油中的硫含量和控制苯含量,提高清净性,降低柴油中的硫和芳烃,特别是多环芳烃含量并提高十六烷值。

(2)继续开发最大限度地把重油转化为高附加值的交通运输燃料和化工原料的深度加工技术。加氢裂化技术由于可灵活选择生产目的产物,因而成为进行深度加工和生产清洁燃料的关键技术。但催化裂化技术仍将是21世纪重点发展的深度加工技术,在提高重油转化能力的同时,降低产品中硫及烯烃含量并提高目的产物收率,部分催化裂化装置将转向生产更多的低碳烯烃。渣油/石油焦气化技术和焦化-汽化-汽电联产工艺将继续发展并得到应用。

(3)油化一体化技术成为炼油技术发展的重点之一。油化一体化技术的应用有利于提

高炼油化工企业的整体效益,其发展重点是开发炼厂多产低碳烯烃、芳烃和化工轻油等油化结合的炼油技术,使炼油厂、乙烯厂和芳烃厂紧密结合形成一体化,从而进一步提高石化企业的整体经济效益。

3)石化产品将向多样化、高附加价值、高性能化方向发展

(1)乙烯等基本有机原料生产技术日臻完善。经过数十年的发展,一方面主要有机原料生产已形成了相对比较成熟的技术,如乙烯生产主要采用管式炉蒸汽裂解技术,醋酸生产主要采用甲醇羰基合成技术,环氧乙烷/乙二醇生产采用乙烯直接氧化和环氧乙烷水合技术等;另一方面,新的有机原料生产技术的研究和开发不断发展。未来有机原料生产新技术将继续以低投资和低成本为目标,向更经济、更适用、原料来源更灵活的方向发展。

(2)催化剂技术创新是石油化工技术进步的先导。据统计,90%的化学合成工艺均与催化剂的使用密切相关,因此,新型催化剂的研发和应用日益受到重视。例如聚烯烃催化剂性能改进的目标已从提高生产效率转向改进产品的综合性能,提高对产品性能的控制能力以及简化生产工艺、降低能耗和物耗等。一些新型催化剂具有良好的发展前景,将在今后的研发中获得更大的发展。

(3)石化产品趋向多样化、高附加值和高性能化,应用领域进一步拓展。合成树脂、合成纤维、合成橡胶的新产品和新牌号不断涌现,特别是合成树脂专用料和差别化合成纤维的开发异常活跃,产品开发呈现出多样化、系列化、高附加值和高性能化的特点。同时,随着工艺技术和催化剂的发展,石化产品的综合性能增强,应用领域进一步拓展。如随着双峰聚烯烃技术的发展,聚乙烯树脂已可替代聚氯乙烯和钢材用于管道市场,双峰聚丙烯新产品则因其高刚性/高韧性,已在一些领域与聚苯乙烯和聚酯相竞争。

4)炼油和石化生产过程向清洁化方向发展

降低资源消耗和环境污染,加强环境保护,实现经济、社会和环境的协调可持续发展,已成为新世纪炼油和石化工业的必然选择,"绿色化、清洁化"成为全球炼油和石化工业追求的目标。主要表现为:使用无毒、无害的原料、催化剂和绿色新材料,从源头控制和削减污染物的产生;改革现有工艺过程,开发绿色技术,减少废物排放,实现从原料供应、生产加工到终端消费全过程的清洁化;加强废物回收和副产品的循环利用,发展循环经济,实现废物处理的"减量化"和"无害化";生产环境友好产品,尤其是清洁运输燃料、可降解合成材料等绿色产品,延长产品的生命周期;加大节能、节油、节水等技术的开发力度,不断提供节能、节油的新产品,提高资源利用效率等。

5)应用信息技术,加快炼油和石化传统产业升级

计算机技术、网络技术和通信技术等信息技术的飞速发展,进一步加快了炼油和石化传统产业的升级步伐。世界炼油和石化工业已跨入智能化生产和信息集成时代,生产与管理效率显著提高,生产成本明显降低。今后,世界炼油和石化传统产业将继续依托数字化、网络化实现生产过程和经营管理的信息化。通过上层的企业资源计划(ERP)、供应链管理(SCM)、电子商务,中层的企业运营管理(EOM)和生产执行系统(MES),下层的分散控制系统(DCS)等有机组合,构成石油化工企业智能化生产技术的整体,进一步提高管理效率和经济效益,提升传统产业,实现炼油和石化传统产业的智能化和现代化。

6）高新技术的应用推动炼油和石化技术的进一步发展

生物技术、纳米技术、催化新材料、化学工程新技术等高新技术在石化领域的应用，将推动石化技术进一步发展。新催化材料和催化剂的研究仍将是石油化工研究开发的重点之一，包括纳米分子筛、分子筛与有机高分子的复合材料、生物催化剂的应用等。化学工程新技术不断发展，包括反应过程与分离过程的结合、多个反应过程的结合、多个分离过程的结合、强化化学作用对分离过程的影响等，例如超临界过程、超短接触反应器、多功能反应器等。上述高新技术在石化领域的应用将推动石化技术产生新的突破。

7）精细化工将得到快速发展

从科学技术的发展来看，各国正以生命科学、材料科学、能源科学、空间科学和环境保护为重点进行开发研究。新材料如精细陶瓷、功能高分子材料和金属复合材料，现代生物技术如遗传基因重组利用技术、细胞大量培养和细胞融合利用技术、生物反应器，能源科学如清洁燃料、核能，环境保护如无公害农药等都与精细化工有着密切关系，必将有力地推动精细化工的发展。精细化学品新品种的研究开发将出现质的变化，由目前的经验式方法走向分子设计阶段，做到定向开发新品种，从而可以缩短开发时间、减少费用、提高筛选几率，创造性能更优越的新品种。例如，在医药方面开发出较理想的防治肿瘤、心血管病、病毒性疾病及精神病等方面的药物；在提高人的智力和抗衰老方面开发出好的保健药物；在农药方面将大量生产高效、无公害和无残毒的新农药，这些都与石油化工有密切关系。石油化学工业不仅为精细化工的发展提供了优质的原料，而且本身也参加了精细化学品的研究、开发和生产。

思考题

1. 为什么乙烯产量可以作为衡量一个国家石油化工水平的标志？
2. 简述深冷分离的原理。
3. 如何进行乙烯裂解炉的节能？
4. 悬浮聚合和乳液聚合的异同有哪些？
5. 塑料的成型加工方法有哪些？
6. 橡胶制品的生产过程有哪几步？
7. 简述合成纤维的纺丝过程。
8. 论述石油加工技术的难点和发展趋势。

第7章　天然气净化

天然气净化的目的主要是将天然气中的硫、CO_2 及水等降至所要求的指标,由此还衍生出回收硫资源及使排放的尾气质量符合环境法规要求等问题。

天然气净化通常包括四类工艺:天然气脱硫、天然气脱水、将脱硫所得的含 H_2S 酸气制硫的硫磺回收及其尾气处理。这些工艺也常称为天然气处理,有时还被称为天然气预处理。

7.1　天然气脱硫

由气井井口采出或从砂场分离器分出的天然气往往含有一些酸性组分,这些酸性组分一般是硫化氢(H_2S)、二氧化碳(CO_2)、硫化羰(COS)、硫醇(RSH)及二硫化物($R'SSR$)等,通常也叫做酸气或酸性气体。天然气中含有这些酸性组分时,会造成金属腐蚀,并且污染环境。当天然气用作化工原料时,它们还会引起催化剂中毒,影响产品质量。此外,CO_2 含量过高,会降低天然气的热值。因此,必须严格控制天然气中酸性组分的含量。从天然气中脱除酸性组分的工艺过程称为脱硫、脱碳,习惯上统称为天然气脱硫。脱硫后的天然气通常称为净气或净化气。

天然气脱硫就其过程的物态特征而言,可分为干法和湿法两大类。习惯上将采用溶液或溶剂做脱硫剂的方法统称为湿法,将采用固体做脱硫剂的脱硫方法统称为干法。就其作用机理而言,可分为化学溶剂吸收法、物理溶剂吸收法、物理-化学吸收法、直接氧化法、固体吸收/吸附法及膜分离法等。醇胺法是一种较为成熟的化学溶剂吸收,目前在工业生产中占主导地位,特别是对于需要通过后续的克劳斯装置大量回收硫磺的天然气净化装置,使用醇胺法被认为是最有效的工艺。

7.1.1　脱硫方法的分类

目前,国内外报道过的脱硫方法有近百种。这些方法一般可分为间歇法、化学吸收法、物理吸收法、联合吸收法(化学-物理吸收法)、直接转化法以及在 20 世纪 80 年代工业化的膜分离法等,其中,采用溶液或溶剂作脱硫剂的脱硫方法习惯上又统称为湿法,采用固体作脱硫剂的脱硫方法又统称为干法。

1. 间歇法

间歇法按其脱硫原理又可分为化学反应法与物理吸附法两种,其特点是反应或吸附过程都是间歇进行的。属于前者的有海绵铁法、氧化铁浆液法、锌盐浆法及苛性钠法。由于脱硫剂在使用失效后即废弃掉,因而仅适用于 H_2S 含量很低及流量很小的天然气脱硫。属于后者的有分子筛法,它适用于天然气中酸性组分含量低及同时脱水的场合。海绵铁法及分子筛法因采用固体脱硫剂,故又都属于干法,通常也统称为固体床脱硫法。

2. 化学吸收法

化学吸收法又称为化学溶剂法,它以碱性溶液为吸收溶剂(化学溶剂),与天然气中的酸性组分(主要是 H_2S 和 CO_2)反应生成某种化合物。吸收了酸性组分的富液在温度升高、压力降低时,该化合物又能分解释放出酸性组分。这类方法中最有代表性的是醇胺(烷醇胺)法和碱性盐溶液法。属于前者的有一乙醇胺(MEA)法、二乙醇胺(DEA)法、二甘醇胺(DGA)法、二异丙醇胺(DIPA)法、甲基二乙醇胺(MDEA)法等。醇胺法是最常用的天然气脱硫方法。此法适用于从天然气中大量脱硫,如果需要的话,也可用于脱除 CO_2。属于后者的主要代表是热碳酸盐法。这是最早用于从气体中脱除 CO_2 和 H_2S 等酸性气体的方法。它们虽也能脱除 H_2S,但主要用于脱除 CO_2,在天然气工业中应用不多。

3. 物理吸收法

物理吸收法又称为物理溶剂法。它们采用有机化合物为吸收溶剂(物理溶剂),对天然气中的酸性组分进行物理吸收而将它们从气体中脱除。在物理吸收过程中,溶剂的酸气负荷(即单位体积或每摩尔溶剂所吸收的酸性组分体积或摩尔量)与原料气中酸性组分的分压成正比。吸收了酸性组分的富液在压力降低时,随即放出所吸收的酸性组分。物理吸收法一般在高压和较低温度下进行,溶剂酸气负荷高,故适用于酸性组分分压高的天然气脱硫。此外,物理吸收法还具有溶剂不易变质、比热容小、腐蚀性小以及能脱除有机硫化物等优点。由于物理溶剂对天然气中的重烃有较大的溶解度,故不宜用于重烃含量高的原料气,且多数方法因受溶剂再生程度的限制,净化度(即原料气中酸性组分的脱除程度)不如化学吸收法。当净化度要求较高时,则需采用汽提或真空闪蒸等再生方法。

目前,常用的物理吸收法有:①低温甲醇法;②聚乙醇二甲醚法;③N-甲基吡咯烷酮法;④碳酸丙烯酯法;⑤磷酸三丁酯法。

物理吸收法的溶剂通常靠多级闪蒸进行再生,不需蒸汽和其他热源,还可同时使气体脱水。海上采出的天然气需要大量脱除 CO_2 时常常选用这类方法。

4. 联合吸收法

联合吸收法兼有化学吸收和物理吸收两类方法的特点,使用的溶剂是醇胺、物理溶剂和水的混合物,故又称为混合溶液法或化学-物理吸收法。目前,常用的联合吸收法为砜胺法,其所用溶剂为环丁砜、二异丙醇胺或甲基二乙醇胺、水三者构成,在酸性气体分压高的条件下,物理吸收剂环丁砜容许很高的酸性气体负荷,这令它有较大的脱硫能力,而吸收剂中的醇胺则可使处理后的气体中酸气浓度减到最小。因此,砜胺法在处理高压或高浓度的 H_2S 气体时具有较大优势。

5. 直接转化法

直接转化法是以氧化-还原反应为基础,故又称为氧化还原法。此法包括借助于溶液中氧载体的催化作用,把被碱性溶液吸收的 H_2S 氧化为硫,然后鼓入空气,使吸收剂再生,从而使脱硫与硫回收合为一体。直接转化法目前虽在天然气工业中应用不很多,但在焦炉气、水煤气、合成气等气体脱硫及尾气处理方面却有广泛应用。这类方法由于吸收溶剂的硫容量(即单位质量或体积吸收溶剂能够吸收的硫的质量)较低(一般在 0.3 g/L 以下),故适用于原料气压力较低及处理量不大的场合。

化学吸收法、物理吸收法、联合吸收法及直接转化法因都采用液体脱硫剂,故又统称为湿法。

6. 膜分离法

膜分离法是20世纪70年代以来发展起来的一门新的分离技术,它借助于膜在分离过程的选择渗透作用脱除天然气中的酸性组分。主要有中空纤维管式膜分离器和卷式膜分离器。在美国、墨西哥、加拿大等国家,膜分离法已广泛用于天然气脱硫。

7.1.2 脱硫方法的选择

在选择脱硫方法时,需要考虑的因素很多,综合经济因素和局部情况会支配着某一方法的选择。

1. 考虑因素

天然气脱硫方法的选择,不仅对于脱硫过程本身,就是对于下游工艺过程包括硫磺回收、脱水、天然气液回收以及液烃产品处理等方法的选择都有很大影响。在选择脱硫方法时需要考虑的主要因素包括以下几个方面。

(1)天然气中酸性组分的类型和含量。大多数天然气中的酸性组分是 H_2S 和 CO_2,但有的还可能含有 COS、CS_2、RSH 等。只要气体中含有这些组分中的任何一种,就会排除选择某些脱硫方法的可能性。

原料气中酸性组分含量也是一个应着重考虑的因素。有些方法可用来脱除大量的酸性组分,但有些方法却不能把天然气净化到符合管输的要求,还有些方法只适用于酸性组分含量低的天然气脱硫。

此外,原料气中的 H_2S、CO_2 及 CO、CS_2 和 RSH(即使其含量非常少),不仅对气体脱硫,就是对下游工艺过程都会有显著影响。例如,在天然气液回收过程中,H_2S、CO_2 及其他硫化物将会以不同的量进入液体产品。在回收凝液之前如不从天然气中脱除这些酸性组分,就可能要对液体产品进行处理,以符合产品的质量要求。

(2)天然气中的烃类组成。通常,大多数硫磺回收装置采用克劳斯法。克劳斯法生产的硫磺质量对存在于酸气(从酸性天然气中获得的酸性组分)中的烃类特别是重烃十分敏感。因此,当有些脱硫方法采用的吸收溶剂会大量溶解烃类时,就可能要对获得的酸气进一步处理。

(3)对脱除酸气后的净化气及对所获得的酸气的要求。作为硫磺回收装置的原料气(酸气),其组成是必须考虑的一个因素。如酸气中的 CO_2 浓度大于 80% 时,为了提高原料气中 H_2S 的浓度,就应考虑采用选择性脱硫方法的可能性,包括采用多级气体脱硫过程。

(4)对需要脱除的酸性组分的选择性要求。在各种脱硫方法中,对脱硫剂最重要的一个要求是其选择性。有些方法的脱硫剂对天然气中某一酸性组分的选择性可能很高,而另外一些方法的脱硫剂则无选择性。还有些脱硫方法,其脱硫剂的选择性受操作条件的影响很大。

(5)原料气的处理量。有些脱硫方法适用于处理量大的原料气脱硫,有些方法只适用于处理量小的原料气脱硫。

(6)原料气的温度、压力及净化气所要求的温度、压力。有些脱硫方法不宜在低压下脱硫,另外一些方法在脱硫温度高于环境温度时会受到不利因素的影响。

(7)其他。如对气体脱硫、尾气处理有关的环保要求和规范,以及脱硫装置的投资和操作费用等。

尽管需要考虑的因素很多,但按原料气处理量计的硫潜含量或硫潜量(kg/d)是一个关键因素。与间歇法相比,当原料气的硫潜量大于 45 kg/d 时,应优先考虑醇胺法脱硫。虽然目前还没有一种醇胺法能满足所有要求,但由于这类方法技术成熟,脱硫溶剂来源方便,对上述因素有很大的适应性,因而是最重要的一类脱硫方法。据统计,全世界 2 000 多套气体脱硫装置中,有半数以上采用醇胺法脱硫。在美国,目前已建的天然气脱硫装置采用的工艺方法也以醇胺法为主,其次是砜胺法。

近十年来,MDEA 法的应用在美国增长甚快。为了降低能耗,已由单一的 MDEA 法而发展成与 MEA(或 DEA)和环丁砜配制成混合胺法或砜胺(即 Sulfinol-M)法。据统计,20 世纪 90 年代后 MDEA 的用量已占醇胺总量的 30% 左右。

2. 选择原则

根据工业实践,在选择各种醇胺法和砜胺法时有下述几点原则:

(1)当酸气中 H_2S 和 CO_2 含量不高,CO_2/H_2S(CO_2 与 H_2S 含量之比)≤6,并且同时脱除 H_2S 及 CO_2 时,应考虑采用 MEA 法或混合胺法。

(2)当酸气中(CO_2/H_2S)≥5,且需选择性脱除 H_2S 时,应采用 MDEA 法或其配方溶液法。

(3)酸气中酸性组分分压高、有机硫化物含量高,并且同时脱除 H_2S 及 CO_2 时,应采 Sulfinol-D 法;如需选择性脱除 H_2S 时,则应采用 Sulfinol-M 法。

(4)DGA 法适宜在高寒及沙漠地区采用。

(5)酸气中重烃含量较高时,一般宜用醇胺法。

7.1.3　醇胺法

7.1.3.1　醇胺与 H_2S、CO_2 的化学反应

醇胺类化合物分子中至少含有一个羟基和一个氨基。羟基的作用是降低化合物的蒸汽压,并增加其在水中的溶解度,而氨基则使溶液呈碱性,促进溶液对酸性组分的吸收。醇胺根据其氮原子上所连接的有机基团的数目,可分为伯胺(如 MEA)、仲胺(如 DEA)、叔胺(如 MDEA)三类,它们与 H_2S、CO_2 的反应见表 7-1。

表 7-1　醇胺与 H_2S、CO_2 的化学反应

醇胺类别	H_2S	CO_2
伯胺	$2RNH_2+H_2S \rightleftharpoons (RNH_3)_2S$ $(RNH_3)_2S+H_2S \rightleftharpoons 2RNH_3HS$	$2RNH_2+CO_2 \rightleftharpoons RNHCOONH_3R$ $2RNH_2+H_2O+CO_2 \rightleftharpoons (RNH_3)_2CO_3$ $(RNH_3)_2CO_3+H_2O+CO_2 \rightleftharpoons 2RNH_3HCO_3$
仲胺	$2R_2NH+H_2S \rightleftharpoons (R_2NH_2)_2S$ $(R_2NH_2)_2S+H_2S \rightleftharpoons 2R_2NH_2HS$	$2R_2NH+CO_2 \rightleftharpoons R_2NCOONH_2R_2$ $2R_2NH+H_2O+CO_2 \rightleftharpoons (R_2NH_2)_2CO_3$ $(R_2NH_2)_2CO_3+H_2O+CO_2 \rightleftharpoons 2R_2NH_2HCO_3$
叔胺	$2R_3N+H_2S \rightleftharpoons (R_3NH)_2S$ $(R_3NH)_2S+H_2S \rightleftharpoons 2R_3NHHS$	$2R_3N+H_2O+CO_2 \rightleftharpoons (R_3NH)_2CO_3$ $(R_3NH)_2CO_3+H_2O+CO_2 \rightleftharpoons 2R_3NHHCO_3$

从表 7-1 可以看出,醇胺和 H_2S 和 CO_2 的主要反应均为可逆反应。因此,在吸收塔内,酸性组分压力较高且温度较低时,反应平衡向右移动,原料气中的酸性组分被脱除;在再生塔内,酸性组分压力较低且温度较高时,反应平衡向左移动,溶液释放出酸性组分,实现溶液再生。

7.1.3.2　工艺流程

一般说来,醇胺法脱除酸性组分的流程基本形式是相同的,如图 7-1 所示,只需根据不同的实际情况进行适当的调整。在整个脱除过程中,原料气由下而上与溶液逆流接触通过吸收塔。从吸收塔流出的富含酸性组分的富液首先在闪蒸罐内闪蒸至中压,除去溶液中溶解的烃类,然后通过贫富液换热器,将贫液中的热量回收后进入再生塔进行再生,再生合格的贫液通过贫富液换热器和贫液冷却器将贫液温度降下来,再通过循环泵加压后进入吸收塔完成循环。再生出来的酸性组分经过冷却将水分分离出来后,进入硫磺回收系统,水分则回到再生塔顶部,以保持溶液中水组分的平衡和降低溶剂的蒸发损失。溶液中闪蒸出来的烃类进入燃料气系统。

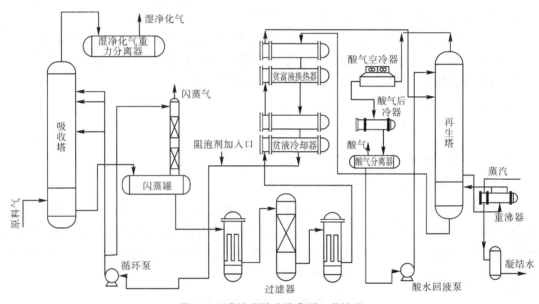

图 7-1　醇胺法脱硫的典型工艺流程

醇胺法脱硫装置的主要设备有醇胺溶液脱除天然气中酸气的吸收塔、使醇胺溶液酸气析出的再生塔、为降低析出酸气中的烃含量的闪蒸罐、调节醇胺溶液温度的溶液换热器和溶液冷却器、保证溶液清洁的过滤器、保证溶液循环的溶液循环泵,还包括酸气空冷器、酸气后冷器、酸气分离器、重沸器等。

7.1.4　砜胺法与其他脱硫方法

目前国内外采用的气体脱硫方法有近百种,除主要采用醇胺法外,还有其他一些方法,例如,间歇法中有海绵铁法、分子筛法,化学吸收法中有碱性盐溶液法和近年来开发的空间位阻胺法,物理吸收法中有 Selexol 等法,联合吸收法主要是砜胺法,直接转化法中有 Lo-Cat

法、改良 A、D、A(Stretford)法等以及 20 世纪 80 年代后发展起来的膜分离法等。这里仅重点介绍一些常用或有代表性的脱硫方法。

1. 砜胺法(Sulfinol 法)

砜胺法或萨菲诺法属于联合吸收法。它的脱硫溶液由环丁砜(物理溶剂)和醇胺(DIPA 或 MDEA 等化学溶剂)复配而成,兼有物理吸收法和化学吸收法两者的优点,其操作条件和脱硫效果大致与相应的醇胺法相当,但物理溶剂的存在使溶液的酸气负荷大大提高,尤其是当进料气中酸性气体分压高时此法更为适用。此外,此法还可脱除有机硫化物。

砜胺法和其他物理吸收法类似,此法对重烃尤其是芳香烃也具有较高的溶解能力。因此,应有适当措施以保证作为硫磺回收装置进料气的质量。

Sulfinol-D 法(简称 Sulfinol 法)的脱硫溶液由环丁砜与 DIPA 组成。该法自 20 世纪 60 年代工业化以来,目前已有上百套装置在运行。20 世纪 80 年代初期开发的 Sulfinol-M 法(简称新 Sulfinol 法)的脱硫溶液由环丁砜与 MDEA 组成。由于溶液中有 MDEA,故对 H_2S 具有良好的选择性。与 MDEA 溶液相比,此溶液更能适应 CO_2 含量很高的原料气的净化。该法曾在美国原用 Sulfi-nol-D 法的两套装置上进行了工业试验。

2. 空间位阻胺法

1984 年美国埃克森(Exxon)研究与工程公司根据在醇胺中引入某些基团可增加胺基的空间位阻效应,从而改善醇胺溶剂选择性吸收性能的特点,研制成功了 Flexsorb SE 空间位阻胺法脱硫溶剂。到 20 世纪 90 年代初,国外已有近 30 多套装置在运行或正在设计与施工中。此外,尚有用于其他情况的 PS 和 HP 法,以及新近问世的 SE Plus 法。

空间位阻胺是指化合物胺基(H_2N-)上的一个或两个氢原子被体积较大的烷基或其他基团取代后形成的胺类。为了判明各种基团的空间位阻效应,曾对一系列双分子的核取代反应进行了研究,结果表明各种烷基的空间位阻效应是有规律的。而且,当用于脱硫的醇胺胺基上的氢原子被空间位阻常数大于 1.74 的基团取代后,对 H_2S 的选择性吸收(简称选吸)性能比 MDEA 提高很多。

3. 硒醇法(Selexol)

物理吸收法采用有机溶剂在高压和常温或低温下吸收 CO_2 和 H_2S,而再生则可有不同方式,通常是将富溶剂在常压,有时是在真空下进行闪蒸达到再生目的,再生时一般不消耗热量。

物理吸收法的工艺流程有单级吸收、分流吸收及两级吸收等。物理吸收法采用的溶剂应该是熔点低、黏度小、化学稳定性好、无毒、无腐蚀性、容易得到,以及对气体中的酸性组分有选择性等。此法脱除的酸性组分量与酸性组分分压成正比。

Selexol 法属于物理吸收法,其溶剂为聚乙二醇二甲醚的混合物,除用于脱除天然气中的大量 CO_2 外,还可用来同时脱除 H_2S。该溶剂无毒、沸点高,可采用碳钢设备。

4. 改良 A. D. A 法(Stretford 法或蒽醌/钒酸盐法)

直接转化法(或氧化还原法)是指将 H_2S 在液相中直接氧化为元素硫的气体脱硫方法。这类脱硫方法已有 60 多年的发展历史,至今仍在工业上使用的方法约有 20 余种。

与醇胺法相比,直接转化法的优点为:

(1)净化度高,净气中 H_2S 含量可低于 5 mg/m³。

（2）在脱硫的同时直接生产元素硫,基本上无气相污染。

（3）多数方法可以选择性脱除 H_2S 而基本上不脱除 CO_2。

（4）操作温度为常温,操作压力为高压或常压。

这类方法已在焦炉气、水煤气、合成气、克劳斯装置尾气等气体脱硫中广为应用,近年来也在天然气脱硫中得到推广。20 世纪 60 年代中期由蒽醌法改进而成的改良 A.D.A(蒽醌二磺酸盐)法是直接转化法中最具有代表性、应用最普遍的方法,到 20 世纪 80 年代中期,国外在运行、施工或设计中的改良 A.D.A 法装置已超过 150 套。在国内,现有 30 余家中型氮肥厂使用改良 A.D.A 法脱硫,其中常压和压力装置各约占一半,原料气中 H_2S 含量为 $1\sim10$ g/m^3,净化气中 H_2S 含量为 $5\sim20$ mg/m^3,溶液硫容量在 $0.2\sim0.3$ g/L 之间。采用的脱硫溶液为 Na_2CO_3、$NaVO_3$ 和蒽醌二磺酸盐的稀溶液,推荐的脱硫溶液组成主要有两种,见表 7-2,组成(Ⅰ)适用于原料气 H_2S 含量高和高压下操作,组成(Ⅱ)适用于原料气 H_2S 含量低和常压下操作。

表 7-2　几种直接氧化法脱硫溶液的典型组成

工艺方法	总碱 /N	Na_2CO_3 /(g/L)	$NaHCO_3$ /(g/L)	A.D.A /(g/L)	$NaVO_3$ /(g/L)	$KNaC_4H_4O_6$[②] /(g/L)	栲胶 /(g/L)	PDS
栲胶法	$0.3\sim0.4$	—	—	—	$1\sim1.5$	—	$2\sim2.5$	—
改良 A.D.A 法(Ⅰ)	1	$7\sim10$	$60\sim80$	10	5	2	—	—
改良 A.D.A 法(Ⅱ)	0.4	5	25	5	1	1	—	—
PDS 法[③]	$0.2\sim0.6$	—	—	$0.01\sim$ 0.05[①]	—	—	—	$0.001\sim$ 0.005

注:①A.D.A 作为助催化剂,也可以不加。

　　②酒石酸钾钠。

　　③以酞菁钴硫酸盐为脱硫剂。

5.固体床脱硫法

固体床脱硫法包括海绵铁法、分子筛法、SulfaTreat 法及 CT8-4 法等。

1)海绵铁法

对于 H_2S 含量低($<0.3\times10^{-3}$)、CO_2/H_2S 比值高、产量低的天然气,国外通常采用海绵铁法脱硫。海绵铁法采用浸渍在木屑上的氧化铁,从而形成具有大量氧化铁表面积的固体床层,故又称为固体床氧化铁法。海绵铁法为间歇操作,在两塔流程中,一个塔从原料气中脱除 H_2S,而另一个塔则进行再生或更换海绵铁床层。在海绵铁床层中发生的脱硫和再生反应式为:

脱硫反应: $Fe_2O_3 + 3H_2S \longrightarrow Fe_2S_3 + 3H_2O$ (7-1)

$Fe_2O_3 + 6RSH \longrightarrow 2Fe(RS)_3 + 3H_2O$ (7-2)

再生反应: $2Fe_2S_3 + 3O_2 \longrightarrow 2Fe_2O_3 + 6S$ (7-3)

$4Fe(RS)_3 + 3O_2 \longrightarrow 2Fe_2O_3 + 6RSSR$ (7-4)

只有 α 和 γ 型氧化铁可用于气体脱硫,生成的硫化铁易于再生而重新氧化为活性的氧化铁。脱硫反应在常温和碱性条件下进行最为理想,故需经常检查床层碱度,通过喷注苛性钠水保持床层 pH 值在 8~10。温度高于 50℃ 或在中性、酸性条件下,都会使硫化铁失去结晶水而变得难以再生。

虽然海绵铁法的固体脱硫剂是可以再生的,但考虑到海绵铁价格较低以及气体中烃类吸附在固体床层上的可能性,所以在床层失效后一般即将其更换。更换时必须十分小心,因为打开床层卸料时,海绵铁中的硫化铁与空气接触后立即剧烈氧化升温,可能导致床层自燃,故卸料前应先将整个床层淋湿。

6. 膜分离法

20 世纪 50 年代开发的膜分离法先是在液体分离、海水淡化等工业领域应用,20 世纪 70 年代后开始由 Dow 化学公司和孟山都(Monsanto)公司用于气体分离。目前,用于气体分离的膜分离器主要有中空纤维管式膜分离器和卷式膜分离器,分别采用中空纤维膜(例如 Du-Pont 及 Prism 型)和卷式膜(例如 Separex 和 Grace 型)。

Monsanto 公司研制的 Prism 管式膜分离器主要用于分离氢气和生产富氧空气。它采用涂有硅氧烷的聚砜不对称膜材料,是阻力型复合膜。分离器结构类似列管式换热器,壳程直径一般为 10~25 cm,内装 1×10^4 ~ 10×10^4 根中空纤维,分离器长 3~6 m。Separex 公司的卷式膜分离器主要用于从天然气中分离 CO_2。

膜分离法用于气体分离的特点是:①在分离过程中不发生相变,能耗低,但有烃类损失问题;②不使用化学药剂,副反应少,基本上不存在腐蚀问题;③设备简单,占地面积小,操作容易。因此,当原料气中 CO_2 等酸性组分含量越高时,采用膜分离法分离 CO_2 等在经济上越有利。据计算,原料气中含 CO_2 为 40% 时,醇胺法的操作费用为膜分离法的 1.13 倍;含 CO_2 为 80% 时则为 1.67 倍。所以,膜分离法对 CO_2 等酸性组分含量很高的原料气分离有很广泛的应用前景。

7.2　天然气脱水

天然气从地层采出至消费的各个处理环节中,水是最常见的杂质组分,通常处于饱和状态。处于液相状态的水,在天然气的集输过程中,通过分离器就可以从天然气中分离出来。但天然气中含有的饱和水汽,则不能通过分离器分离。一般认为天然气中的水分只有当它以液态存在才是有害的,因而工程上常以露点温度来表示天然气中的水含量。露点温度是指在一定压力下,天然气中水蒸气开始冷凝而出现液相的温度。

7.2.1　天然气中液相水存在的危害

水在天然气中的溶解度随压力升高或温度降低而减小,因而对天然气进行压缩或冷却处理时,要特别注意估计其中的水含量,因为液相水的存在对处理装置及输气管线是十分有害的。

(1)冷凝水的局部积累将限制管线中天然气的流动,降低输气量。而且水的存在(不论气相或液相)使输气增加了不必要的动力消耗,也给有关处理装置(如轻烃回收装置)上的机泵和换热设备带来一系列棘手的问题。

（2）液相水与二氧化碳或与硫化氢相混合即生成具有腐蚀性的酸。天然气中酸气含量愈高,腐蚀性也愈强。硫化氢不仅会引起常见的电化学腐蚀,它溶解于水生成的 HS^- 能促使阴极放氢加快,而且 HS^- 又能阻止原子氢结合为分子氢,这样就造成大量氢原子聚集在钢材表面,导致钢材氢鼓泡、氢脆及硫化物应力腐蚀、破裂。此时,管道必须采用价格昂贵的特殊合金钢,但如天然气中不含游离水则可以用普通碳钢,大大节约了成本。

（3）处理含水天然气经常遇到的另一个棘手问题是,其中所含水和小分子气体及其混合物可能在较高的压力和较低温度的条件下,生成一种外观类似冰的固体水合物,可能导致输气管线或其他处理设备堵塞,给天然气的净化、储运造成很大困难。

因此,天然气一般都应先进行脱水处理,使之达到规定的指标后才进入输气干线。各国对管输天然气中水分含量的规定有很大不同,这主要由地理环境而定。含水量指标有"绝对含水量"和"露点温度"两种表示法。前者指单位体积天然气中水的含量,以 kg/m^3 为单位;后者指一定压力下,天然气中水蒸气开始冷凝结露的温度,用℃表示。通常管输天然气的露点温度应比输气管线沿途的最低环境温度低5℃以上。

7.2.2 天然气脱水的方法

有一系列方法可用于天然气脱水,并使之达到管输要求。按其原理可分为冷冻分离法、固体干燥剂吸附法和溶剂吸收法三大类。近年来,国外正在大力发展用膜分离技术进行天然气脱水,但目前在工业上还应用不多。

1. 冷冻分离法

通过将天然气冷却,使其中大部分水蒸气冷凝出来。从天然气的最大体积含水量与压力、温度的关系中可知,当压力一定时,天然气的含水量与温度成正比,所以含一定量水蒸气的天然气,当温度降低时,天然气中的水蒸气就会凝析出来,这就是低温分离法的原理,具体方法有如下四种。

（1）直接冷却法。由于等压下天然气中的含水量随着温度的降低而降低,所以直接冷却降低天然气温度可以减小天然气的含水量,但此法效率低,难以达到气体露点要求,只能作为辅助手段。

（2）膨胀冷却法。利用天然气本身压力节流膨胀而降温,使部分水蒸气冷却凝析出来。膨胀降温时为防止冻结,应在节流降温前注入乙二醇或二甘醇。此法简单、经济,但脱水深度不够深,只适用于井场初步脱水,且适应于高压气田。

（3）加压冷却。将天然气（一般指压力较低的天然气）加压后再冷却,由于天然气的含水量随压力的升高而降低,随温度降低而降低,经加压、冷却后,天然气中的水蒸气就凝结为液态水析出。

（4）采用机械制冷（冷剂制冷）的油吸收法或冷凝分离法。目前,油吸收天然气液回收装置均采用机械制冷,即所谓冷冻吸收法或低温油吸收法。通常,在此法中还将乙二醇或二甘醇注入该装置低温系统的天然气中,以抑制水合物的形成,并在进行天然气脱水的同时也回收了部分液烃。此法与膨胀制冷冷却法相似。

冷凝分离法是利用原料中各组分沸点不同的特点,在逐步降温过程中,依次将较高沸点的烃类冷凝分离出来的方法。当采用浅冷分离(天然气冷冻温度约在-20~-30℃)时,有的天然气液回收装置也将乙二醇或二甘醇注入低温系统的天然气中。

由此可知,冷却脱水法大多和天然气液回收装置中的其他方法结合使用。

2.溶剂吸收法

利用溶剂或溶液对水蒸气的吸收能力,将天然气中的水蒸气吸收下来,吸收水蒸气后的溶剂或溶液(生产上称为富液)经再生后,溶剂或溶液可循环使用。这是目前天然气工业中应用最普遍的脱水方法。

3.固体干燥剂吸附法

利用固体干燥剂对水蒸气的吸附能力,将天然气中的水蒸气吸附下来,固体干燥剂丧失能力后,用高温气流对干燥剂进行再生,再生的干燥剂重复利用。

7.2.3　吸收法脱水

吸收法是根据吸收原理,采用一种亲水液体与天然气逆流接触,从而脱除天然气中水蒸气,用来脱水的亲水液体称为脱水吸收剂或液体干燥剂。用溶剂吸收法脱水,虽然有多种溶剂(或溶液)可以选用,但绝大多数装置都用甘醇类溶剂。甘醇是直链的二元醇,其性质介于一元醇与三元醇之间。低碳的二元醇均有良好的水溶性。甘醇类化合物具有很强的吸水性,其溶液冰点较低,所以广泛应用于天然气脱水装置。20 世纪 30 年代最先用于天然气脱水的是二甘醇,但和三甘醇相比,后者的热稳定性好,易再生,蒸汽压低,携带损失量更小,而且对相同质量浓度的甘醇溶液而言,三甘醇易获得更大的露点降,因而 20 世纪 50 年代后三甘醇逐步取代二甘醇成为最主要的脱水溶剂。甘醇类化合物毒性很轻微,且二甘醇、三甘醇的沸点高,常温下基本不挥发,使用时不会引起呼吸中毒,与皮肤接触也不会引起伤害。目前三甘醇水溶液是天然气工业中应用最广泛的脱水溶剂。

7.2.3.1　三甘醇脱水原理

三甘醇具有很强的吸水性能,当含水天然气与三甘醇溶液接触时,天然气中的水蒸气就被吸收下来进入三甘醇溶液中。吸收了天然气中水汽的三甘醇溶液浓度变低(生产上称为富甘醇溶液,即富液),对其进行加热再生,三甘醇浓度得到恢复(生产上称为贫甘醇溶液,即贫液),然后再循环使用。因为三甘醇的沸点大大高于水的沸点,所以当加热温度控制在高于水的沸点(100℃)而低于三甘醇的沸点时,水率先被蒸发汽化,进入气相而被排出。为了更好地提高再生质量,得到很高浓度的三甘醇贫液,在富液再生时,用低压的产品气对再生液进行汽提,尽可能地将再生液中的水汽提到气相中去,以达到高效率的再生效果。因此,三甘醇脱水是物理过程。

三甘醇溶液脱水的主要优点是吸湿能力强、容易再生、热稳定性好、操作费用低。装置采用三甘醇溶液脱水、直接加热再生工艺具有以下特点:

(1)脱水工艺流程简单、技术成熟,与其他脱水法相比可获得较大露点降,热稳定性好、易于再生、损失小、投资和操作费用省。

(2)将贫液冷却设在循环泵入口前,既改善了循环泵的操作条件,又可降低产品气的温度,减小了对长输管道管输能力的影响。

(3)在富液管线上设置过滤器,以除去溶液系统中携带的机械杂质和降解产物,保持了溶液清洁,有利于装置加长周期运行。

(4)采用直接火管加热的再生系统,可以避免专为三甘醇再生而设置中压蒸汽系统。

7.2.3.2　三甘醇脱水的工艺流程

三甘醇脱水工艺流程主要由甘醇吸收和再生两部分组成。图7-2是三甘醇脱水工艺的典型流程。

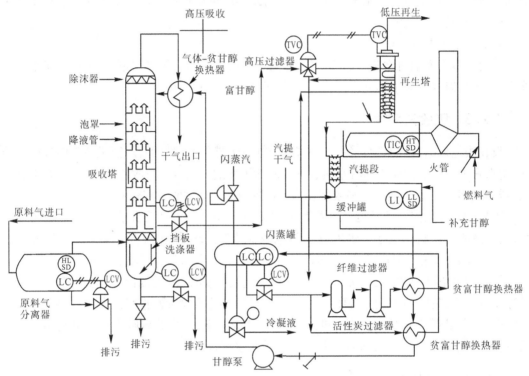

图7-2　三甘醇脱水工艺流程

常用的三甘醇脱水装置,其工艺流程由高压吸收及低压再生两部分组成。原料气先经吸收塔外和塔内的分离器(洗涤器)除去游离水、液烃和固体杂质,如果杂质过多,还要采用过滤分离器。由吸收塔内分离器分出的气体进入吸收段底部,与向下流过各层塔板或填料的甘醇溶液逆流接触,使气体中的水蒸气被甘醇溶液吸收。离开吸收塔的干气经气体-贫甘醇换热器,先使贫甘醇进一步冷却,然后进入管道外输。

吸收了气体中水蒸气的甘醇富液从吸收塔下侧流出,先经高压过滤器除去原料气带入富液中的固体杂质,再经再生塔顶回流冷凝器及贫富甘醇换热器预热后进入闪蒸罐(闪蒸分离器),分出被富甘醇吸收的烃类气体(闪蒸汽,此气体一般作为本装置燃料,但含硫闪蒸汽应灼烧后放空),从闪蒸罐底部流出的富甘醇经过纤维过滤器(滤布过滤器、固体过滤器)和活性炭过滤器,除去其中的固体、液体杂质后,再经贫-富甘醇换热器进一步加热后进入再生塔精馏柱。从精馏柱流入重沸器的甘醇溶液被加热到177~204℃,通过再生脱除所吸收的水蒸气后成为贫甘醇。

为了使再生后的贫甘醇溶液中三甘醇的质量分数在99%以上,通常还需向重沸器或重沸器与缓冲罐之间的贫液汽提柱(汽提段)通入汽提气,即采用汽提法再生。再生好的热贫甘醇先经贫-富甘醇换热器冷却,再由甘醇泵加压并经气体-贫甘醇换热器进一步冷却后进入吸收塔顶循环使用。

三甘醇脱水装置吸收系统主要设备为吸收塔和再生系统组成。再生系统包括精馏柱、再沸器及缓冲罐等组合成的再生塔。吸收塔一般由底部的分离器、中部的吸收段及顶部的除沫器组合成一个整体。吸收段采用泡罩和浮阀塔板,也可采用填料。三甘醇溶液的吸收温度一般为 20～50℃,最好在 27～38℃,吸收塔内压力为 2.8～10.5 MPa,最低应大于0.4 MPa。

7.2.3.3　三甘醇脱水的主要设备

甘醇脱水装置高压吸收系统的主要设备为吸收塔,低压再生系统的主要设备为再生塔。

1. 高压吸收系统主要设备

1)吸收塔

吸收塔通常是由底部的进口气涤器(分离器、洗涤器)、中部的吸收段、顶部的气体-贫甘醇换热器及捕雾器组成的一个整体,当进料气较脏且含游离液体较多时,最好将进口气涤器与吸收塔分别设置。吸收塔吸收段一般采用泡帽塔板,也可采用浮阀塔板或规整填料。泡帽塔板适用于黏性液体和低液气比的场合,在气体流量较低时不会发生漏液,也不会使塔板上液体排干。我国川东矿区引进的 4 套三甘醇脱水装置中有 2 套(1.0×10^6 m³/d)的吸收塔采用纳特(Nutter)浮阀塔板,另外 2 套(0.5×10^6 m³/d)的吸收塔采用规整填料。

由于甘醇易于起泡,故板式塔的板间距不应小于 0.45 m,最好是 0.6～0.75 m。吸收塔顶部都设有捕雾器,以除去≥5 μm 的甘醇液滴,使干气中携带的甘醇少于 0.016 g/m³,从而减少甘醇损失。捕雾器到干气出口的间距不应小于吸收塔内径的 0.35 倍,顶层塔板到捕雾器的间距则应不小于塔板间距的 1.5 倍。

2)进口气涤器

进料气中一般都含有液体与固体杂质。这些杂质会给吸收塔的操作带来很多问题,故在进料气脱水之前,必须先在进口气涤器中把这些杂质分离出来。这些杂质对三甘醇脱水的影响有以下几个方面。

(1)游离水增加了甘醇溶液循环量(以下简称甘醇循环量)、重沸器热负荷及燃料用量。如果造成脱水装置在超负荷下运行,甘醇就可能从吸收塔和再生塔的精馏柱顶部被气流携带出去。

(2)溶于甘醇溶液中的液烃或油(芳香烃或沥青胶质)可降低甘醇溶液的脱水能力,并使甘醇溶液起泡。不溶于甘醇溶液的液烃或油也会堵塞塔板,使重沸器的传热表面结焦,以及造成溶液黏度增加。

(3)携带的盐水(随天然气一起采出的地层水)中溶解有很多盐类,盐水溶于甘醇后可使碳钢,尤其可使不锈钢产生腐蚀。盐水沉积在重沸器火管表面上,还可使火管表面产生热斑(或局部过热)甚至烧穿。

(4)井下化学剂诸如缓蚀剂、酸化及压裂液等均可使甘醇溶液起泡,并具有腐蚀性。如果沉积在重沸器火管表面上,也可使火管表面产生热斑。

(5)固体杂质诸如泥沙及铁锈或 FeS 等腐蚀产物,它们可促使甘醇溶液起泡,使阀门及泵受到侵蚀,并可堵塞塔板或填料。

由此可见,进口气涤器是甘醇脱水装置的一个十分重要的设备。很多处理量较大的甘醇脱水装置都在吸收塔之前设有气涤器甚至还有过滤分离器。进口气涤器的尺寸应按最大气体流量的125%来设计,并应配有高液位停车的自控设施。

2. 再生系统主要设备

1)闪蒸分离器

甘醇溶液在吸收塔的操作压力和温度下除了吸收湿天然气中的水蒸气外,还会吸收少量的天然气,尤其是包括芳香烃在内的重烃。闪蒸分离器的作用就是在低压下分出富甘醇中所吸收的这些烃类气体,以减少再生系统精馏柱顶的气体和甘醇损失量。闪蒸汽量取决于甘醇泵的类型。如采用往复泵,则从吸收塔来的富甘醇中不会溶解有很多气体,在 6.90 MPa 及 38℃下约为 0.0075 m^3 天然气/L 三甘醇。溶解在富甘醇中的这些气体大部分在闪蒸分离器中分离出来。如果采用甘醇液动泵,由于这种泵用吸收塔底部来的富甘醇作为一部分动力源,其余动力则靠吸收塔来的高压气体补充,因此,向泵补充的气量远远大于燃料气及汽提气的用量。

进料气如为贫气,由于气体中所含重烃较少,在闪蒸分离器中通常没有液烃存在,故可选用两相(气体和甘醇溶液)分离器,液体在闪蒸分离器中的停留时间为 5~10 min。进料气如为富气,由于气体中所含重烃较多,在闪蒸分离器中将有液烃存在,故应选用三相(气体、液烃和甘醇溶液)分离器。因重烃会使甘醇溶液乳化和起泡,因此,液体在闪蒸分离器中的停留时间应为 20~30 min。为使闪蒸汽不经压缩即可用作燃料气或汽提气,并保证闪蒸分离后的富甘醇有足够的压力流过过滤器及贫/富甘醇换热器等设备,闪蒸分离器的压力最好在 0.35~0.52 MPa。

当需要在闪蒸分离器中分离液烃时,可将吸收塔来的富甘醇先在贫/富甘醇换热器中预热至一定温度。预热可以降低液体黏度并有利于液烃-富甘醇的分离,但同时又增加了液体在甘醇溶液中的溶解度,故最高预热温度不能超过93℃,最好在 38~66℃。

2)精馏柱

由吸收塔来的富甘醇在再生塔精馏柱和重沸器内进行再生(提浓)。对于小型脱水装置,常将精馏柱安装在重沸器上部,精馏柱内一般充填 1.2~2.4 m 高的陶瓷或不锈钢填料(25 或 38 mm 的 Intalox 填料或鲍尔环),大型脱水装置有时也采用塔板。精馏柱顶部设有冷却盘管,可使部分水蒸气冷凝,成为精馏柱顶的回流,从而使柱顶温度得到控制,并可减少甘醇损失量。无汽提气时,塔顶温度控制在99℃,有汽提气时,塔顶温度控制在88℃。当回流量约为水蒸气排放量的30%时,由柱顶排放的水蒸气中甘醇损失量非常小。

在一些小型的脱水装置中精馏柱下段保温,上段裸露,或者在上段外部焊有垂直的冷却翅片,靠周围大气冷却提供回流。这种方式虽然经济简单,但却无法使回流量保持平稳。

当甘醇溶液所吸收的重烃中含有芳香烃时,这些芳香烃将随水蒸气一起从精馏柱顶排向大气。此时,应将放空气引至地面,使其在罐中冷凝,排放的冷凝物应符合苯的排放规定。对于含硫化氢或硫醇的放空气,也可采用灼烧的方法进行处理。

3)重沸器

重沸器的作用是用来提供热量将富甘醇加热至一定温度,使富甘醇中所吸收的水分汽化并从精馏柱顶排放。除此以外,重沸器还要提供回流热负荷以及补充散热损失。

重沸器通常为卧式容器,既可采用火管直接加热,也可采用水蒸气或热油间接加热。如果有条件,还可采用气体透平或引擎的废气作为热源。采用三甘醇脱水时,重沸器火管传热表面热流密度的正常范围是 $18 \sim 25 \ kW/m^2$,最高不超过 $31 \ kW/m^2$。由于甘醇在高温下会分解变质,因此,重沸器中三甘醇温度不能超过 $204℃$,管壁温度也应低于 $221℃$。当重沸器采用水蒸气或热油作热源时,热流密度由热源温度控制。热源温度推荐为 $232℃$,有时也可用 $260℃$。不论采用何种热源,重沸器内的甘醇溶液液位应比顶部传热管高 $150 \ mm$。

甘醇脱水装置是通过控制重沸器温度以得到必要的再生深度或贫甘醇浓度。一般贫三甘醇再生时的浓度比大气压下沸点曲线估计值相比稍高,这是因为重沸器中的甘醇溶液在再生时还有溶解烃类的解吸作用。此外,海拔高度也有一定影响。如果进料气温度高、压力低,则要求的贫甘醇浓度更高,这就要求采用汽提法、负压法或共沸法来提高再生后的贫甘醇的浓度。

7.2.3.4　甘醇质量的重要性

在甘醇脱水装置操作中经常发生的问题是甘醇损失过大和设备腐蚀。进料气中含有液体和固体杂质,甘醇操作中氧化或降解变质、甘醇泵泄漏和设备尺寸设计不周等,都是甘醇损失过大和设备腐蚀的原因。例如,进料气中含有某些液体及固体杂质,当其进入吸收塔后会污染甘醇,增加起泡倾向,使塔顶出现严重雾沫夹带,造成甘醇大量损失,严重时还会使吸收塔产生液泛等等。因此,除在腐蚀严重的设备或部位采用耐腐蚀材料外,在操作中采取相应措施,避免甘醇受到污染,是防止或减缓甘醇损失过大和设备腐蚀的重要内容。

1. 保持甘醇洁净

防止或减缓甘醇损失过大和设备腐蚀的关键是保持甘醇洁净。实际上,甘醇在使用过程中将会受到各种污染。产生这些污染的原因和解决办法如下所述。

1) 氧气串入系统

甘醇脱水系统中含有氧气时会使甘醇氧化变质,生成腐蚀性有机酸,故应严防氧气串入系统。甘醇储罐没有采用惰性气体密封、甘醇泵泄漏以及进料气中可能含氧都会使氧气进入系统。为此,甘醇储罐的上部空间应该采用微正压的干气或氮气密封;当甘醇泵出现泄漏时应该及时检修,杜绝泄漏。有时,也可向脱水系统中注入抗氧化剂(例如乙醇胺),其量为 $1 \sim 2 \ g/L$ 甘醇。

2) 降解

富甘醇在再生时如果温度过高会降解(热降解)变质。因此,当采用三甘醇脱水时,重沸器温度应低于 $204℃$,火管传热表面的热流密度则应小于 $25 \ kW/m^2$。同时,还应定期对火管传热表面上由于油污和盐类沉积引起的热斑进行检查并及时清扫。

3) pH 值降低

当天然气中含有硫化氢或二氧化碳时,通常应先脱硫后脱水。但当含硫化氢或二氧化碳的酸性天然气要经过管道送至距离较远的脱硫厂时,由于酸性天然气在管输中可能有游离水产生,也可以先脱水后脱硫。如果酸性天然气先脱水,用来脱水的甘醇就会呈现酸性并具有严重的腐蚀性,故尤其要重视酸性天然气脱水装置的腐蚀问题。

甘醇热降解或氧化变质(氧化降解),以及硫化氢和二氧化碳溶解在甘醇中反应所生成的腐蚀性酸性化合物,可通过加入硼砂、三乙醇胺、NACAP 等碱性化合物来中和,其中,

NACAP 不仅是控制甘醇溶液 pH 值的缓冲剂,而且也可起到缓蚀剂、消泡剂及破乳剂的作用。但是,这些碱性化合物加入量过多就会析出沉淀,产生淤渣,故加入速度要慢,加入量要少,例如,胺的加入量为 0.30 kg/m³ 甘醇。当用碱性化合物对甘醇溶液进行中和时,甘醇过滤器需要经常切换,以除去过滤器中积累的淤渣。此外,在操作中还要定期检测甘醇的 pH 值,其最佳 pH 值见表 7-3,当 pH 值大于 9 时,甘醇溶液也容易起泡和乳化。

表 7-3 甘醇质量的最佳值

参数	富甘醇	贫甘醇
pH①	7.0~8.5	7.0~8.5
氯化物,mg/L	<600	<600
烃类②,%(ω)	<0.3	<0.3
铁离子②,mg/L	<15	<15
水③,%(ω)	3.5~7.5	<1.5
固体悬浮物②,mg/L	<200	<200
起泡倾向	泡沫高度,10~20 mL;破沫时间,5 s	
颜色及外观	洁净,淡色到浅黄色	

注:①甘醇由于有酸性气体溶解,故其 pH 值较低。
　　②由于过滤器过滤效果不同,贫甘醇与富甘醇中烃类、铁离子及固体悬浮物的数量可能有所差别。
　　③贫甘醇、富甘醇水含量相差应在 2%~6%。

4)盐污染

盐分沉积在重沸器火管表面可以产生热斑并使火管烧穿。当甘醇中盐含量大于 0.0025%(ω) 时,就应将甘醇排放掉并对装置进行清扫。为了从甘醇中除去盐分,还可以建废甘醇复活设施或离子交换树脂床层,生成的水应先经过一个过滤分离器分出,以防止其进入吸收塔内。

5)液烃

液烃可能是由进料气携带过来的,也可能是由于贫甘醇进塔温度比出塔干气低,使气体中重烃冷凝析出的,或可能是由甘醇吸收下来的。通常,可采用进口气涤器,保持贫甘醇进塔温度比出塔干气高 6℃,合理设计三相闪蒸分离器的尺寸以及采用活性炭过滤器等措施,使液烃对甘醇的污染减少至最低程度。液烃如随富甘醇进入再生系统,将会在精馏柱内向下流入重沸器内并迅速汽化,造成大量甘醇被气体从柱顶带出。

在寒冷地区,为防止因吸收塔壁散热损失过大引起进料气在塔内冷凝,应将吸收塔保温或设置在室内。

6)淤渣

进料气所携带的尘土、泥沙、管道污垢、储集层岩石细屑及硫化铁和氧化铁等腐蚀产物,如未经过进口气涤器脱除,就会进入吸收塔内的甘醇中。这些固体杂质与焦油状烃类合在一起,最后会沉淀出来并形成具有磨损性的黑色黏稠状物。它们不仅会使甘醇泵和其他设备受到侵蚀,引起吸收塔塔板及精馏柱的填料堵塞,还会沉积在重沸器火管传热表面产生热斑。因此,不论是富甘醇还是贫甘醇都要进行过滤,以使其中的固体杂质含量小于 0.01%(ω)。

7)起泡

甘醇起泡有物理上的原因和化学上的原因。吸收塔内气体流速过高是甘醇起泡的物理原因,甘醇被固体杂质、盐分、缓蚀剂和液烃污染,则是其起泡的化学原因。

天然气进入吸收塔之前先在入口气涤器中脱除液体和固体杂质,将甘醇进行过滤,提高气体和贫甘醇进塔温度使其高于气体中重烃的露点,都是防止甘醇起泡的重要措施。此外,也可注入消泡剂防止甘醇溶液起泡。目前可用做消泡剂的物质很多,必须通过实验确定其效果和用量。常用的消泡剂有含硅的破乳剂、高分子醇类及乙烯和丙烯的嵌段聚合物等。注入消泡剂虽可防止甘醇起泡,但最好的方法还是采取措施,排除起泡的原因。

含硅的破乳剂价格较高,在重沸器中还会发生分解,反而加速甘醇起泡。因此,应确保将其用量控制在有效范围内。

2. 甘醇质量的最佳值

甘醇脱水装置在操作中除应定期对贫、富甘醇取样分析外,如果怀疑甘醇受到污染,还应立即取样分析,并将分析结果与表 7-3 列出的最佳值进行比较并查找原因。如有必要,还应对甘醇组成进行分析。复活后的甘醇在重新使用之前必须进行检验。新补充的甘醇也应对其质量进行检验。补充的新鲜甘醇推荐其三甘醇浓度大于 99%(ω),其余为乙二醇、二甘醇及四甘醇,pH 值则应在 7~8。

甘醇溶液受到污染后应检测其起泡倾向并注入合适的消泡剂,直到找出污染原因并将其排除之后再停注消泡剂。

正常操作期间,甘醇脱水装置的三甘醇损失量一般不大于 15 mg/m^3 天然气,二甘醇损失量一般不大于 22 mg/m^3 天然气。

7.2.4　吸附法脱水

吸附法脱水是指气体采用固体吸附剂脱水,故也称为固体吸附剂脱水,吸附是指气体或液体与多孔的的固体颗粒表面相接触,气体或液体与固体表面分子之间相互作用而停留在固体表面上,使气体或液体分子在固体表面上浓度增大的现象。被吸附的气体或液体称为吸附质,吸附气体或液体的固体称为吸附剂(当吸附质是水蒸气或水时,此固体吸附剂又称为固体干燥剂,简称干燥剂)。根据气体或液体与固体表面之间的作用力不同,可将吸附分为物理吸附和化学吸附两类。

物理吸附是由流体中吸附质分子与固体吸附剂表面之间的范德华力引起的,吸附过程类似与气体凝结的物理过程。这一类吸附的特征是吸附质与吸附剂不发生化学反应,吸附速度很快,瞬间即可达到相平衡。物理吸附放出的热量较少,通常与气体凝聚热相当。物理吸附可以是单分子层吸附,也可以是多分子层吸附。当体系压力降低或温度升高时,被吸附的气体可以很容易地从固体表面脱附,而不改变气体原来的性状,故吸附与脱附是可逆过程。工业上利用这种可逆性,通过改变操作条件使吸附质脱附,达到使吸附剂再生、回收或分离吸附质的目的。

化学吸附是吸附质与固体吸附剂表面的未饱和化学键(或电价键)力作用的结果。这一类吸附所需的活化能大,所以吸附热也大,与化学反应热有同样的数量级。化学吸附具有选择性,而且吸附速度较慢,需要较长时间才能达到平衡,化学吸附是单分子层吸附,而且这种吸附往往是不可逆的,要很高的温度才能脱附,脱附出来的气体又往往已发生化学变化,不复具有原来的性状。

由于物理吸附过程是可逆的,故可通过改变温度和压力的方法改变平衡方向,达到吸附剂再生(即使吸附质从吸附剂表面脱附)的目的。因为用于天然气脱水和脱硫化物的吸附过程多为物理吸附,故本章仅介绍气体的物理吸附过程。

固体吸附剂的吸附容量(当吸附质是水蒸气时,又称为湿容量)与被吸附气体的特性和分压、固体吸附剂的特性、比表面积和空隙率以及吸附温度等有关。吸附质与吸附剂表面之间的分子引力主要决定于气体和固体表面的特性,故吸附容量(通常用 kg 吸附质/100 kg 吸附剂表示)可因吸附质-吸附剂体系不同而有很大差别。

所以,尽管吸附剂可以吸附多种不同的气体,但不同吸附剂对不同吸附质的吸附容量(吸附活性、吸附能力)往往有很大差别,亦即不同吸附剂对不同吸附质具有选择性吸附作用。因此,可利用吸附过程这一特点,使流体与固体吸附剂表面接触,流体中吸附容量较大的一种或几种组分被选择性地吸附在固体表面上,从而达到与流体中其他组分分离的目的。目前,在天然气处理与加工过程中固体吸附剂除可用于天然气净化(即用于天然气脱水和脱硫化物)外,还可用于从天然气中回收液烃。

7.2.4.1　脱水吸附剂的选择

虽然所有固体表面对于流体或多或少具有物理吸附作用,但是用于天然气脱水的固体吸附剂(以下也简称干燥剂)应具有以下特性:①必须是多孔性的,具有较大吸附表面积的物质。用于天然气净化的吸附剂比表面积一般都在 $500 \sim 800 \ m^2/g$,比表面积越大,其吸附容量(或湿容量)越大。②对流体中的不同组分具有选择性吸附作用,亦即对要脱除的组分具有较高的吸附容量。③具有较高的吸附传质速度,在瞬间即可达到相间平衡。④能简便而经济地再生,且在使用过程中能保持较高的吸附容量,使用寿命长。⑤工业用的吸附剂通常是颗粒状的。为了适应工业应用的要求,吸附剂颗粒在大小、强度、几何形状等方面应具有一定的特性。例如,颗粒大小适度而且均匀,同时具有很高的机械强度以防止破碎和产生粉尘(粉化)等。⑥具有较大的堆积密度。⑦有良好的化学稳定性、热稳定性以及价格便宜、原料充足等。

目前,在天然气脱水中主要使用的吸附剂有活性铝土和活性氧化铝、硅胶及分子筛三大类。通常,应根据工艺要求进行经济比较后,选择合适的吸附剂。

1. 活性铝土和活性氧化铝

1)活性铝土(铝矾土)

活性铝土是含铁低的天然铝土(主要成分是 $Al_2O_3 \cdot 3H_2O$)经过加热活化,脱除其表面上所吸附的一部分水后得到的多孔、高吸附容量的物质,通常制备成颗粒或粉状。与人工合成的活性氧化铝相比,它的优点是成本低,有液态水存在时不会破碎,能提供一定的露点降,缺点是吸附容量小。

2)活性氧化铝

活性氧化铝主要成分是部分水合的、多孔和无定形的氧化铝,并含有少量的其他金属化合物。一般选用含铁的铝土矿石作原料,经粉碎、苛性钠熔融后,再将得到的铝酸钠溶液中和、浓缩,加入晶种后慢慢冷却与过滤,滤饼经烘干,并在 500~600℃下焙烧后,即得多孔、高吸附容量的活性氧化铝。它主要用于气体和液体脱水,其比表面积可达 250 m²/g 以上。气体脱水用的 F-200 活性氧化铝组成 94% Al_2O_3、5.5% H_2O、0.3% Na_2O 及 0.02% Fe_2O_3。F-200 活性氧化铝及其他一些固体吸附剂的物理性质见表 7-4。

表 7-4　固体吸附剂的物理性质

吸附剂	硅胶 Davidson(03)	活性氧化铝 Alcoa(F-200)	硅石球(Sorbead) Kali-Chemie	分子筛 Zeochem
孔径,10^{-1} nm	10~90	15	20~25	3,4,5,7,8,10
堆积密度,kg/m³	720	705~770	640~785	690~750
比热容,kJ/(kg·K)	0.921	1.005	1.047	0.963
最低露点,℃	-50~-96	-50~-96	-50~-96	-73~-185
设计吸附容量,%(ω)	4~20	11~15	12~15	8~16
再生温度,℃	150~260	175~260	150~230	220~290
吸附热,kJ/kg 水	2 980	2 890	2 790	4 190(最大值)

注:表中数据仅供参考,不能作为设计依据,设计所需数据应由制造厂提供。

活性氧化铝吸附容量比活性铝土高,用其干燥后的气体露点达-60℃,而采用近年来问世的高效活性氧化铝干燥后的气体露点可低达-100℃。但是,活性氧化铝再生时耗热量较硅胶高,能吸附重烃,而且吸附的重烃在再生时不易脱除。此外,氧化铝呈碱性可与无机酸发生化学反应,故不宜处理酸性天然气。

活性氧化铝的湿容量很大,常用于水含量大的气体脱水。

2. 硅胶和硅石球

1) 硅胶

硅胶是一种晶粒状无定形氧化硅,分子式为 $SiO_2·nH_2O$。它由硅酸钠和硫酸反应生成水凝胶,然后洗去硫酸钠,将水凝胶干燥而成。硅胶是极性吸附剂,能吸附大量的水分,当硅胶吸附气体中的水分时,其量可达自身质量的 50%,即使在相对湿度为 60% 的空气流中,微孔硅胶的湿容量也达 24%(ω),故常用于水含量大的气体脱水。硅胶的耐磨性较好,工业上常用的有粉状、粒状及球状各种规格,颗粒外观坚硬透明。Davidson 03 型硅胶的化学组成见表 7-5。

表 7-5　硅胶化学组成(干基)

组成	SiO_2	Al_2O_3	TiO_2	Fe_2O_3	Na_2O	CaO	ZrO_2	其他
含量,%(ω)	99.71	0.10	0.09	0.03	0.02	0.01	0.01	0.03

在工业硅胶中通常残余水含量约为 6%,在 954℃下灼烧 30 min 即可除去,但在一般再

生温度下不能脱除。采用硅胶脱水一般可使天然气露点达-60℃。用于天然气脱水的硅胶很容易再生,再生温度较分子筛低。虽然硅胶脱水能力很强,但吸水时放出大量的吸附热,很易破裂产生粉尘,增加压降,降低有效湿容量。为了防止进料气夹带的水滴损坏硅胶,除了进料气应很好地脱除液态水外,有时也在气体进口处加一层不易被液态水损坏的干燥剂,称为干燥剂保护层。粗孔硅胶即可用于此目的。

硅胶还易受到许多缓蚀剂的腐蚀,从而使其结构受到破坏并影响其脱水能力。除非再生温度足够高时可将这些缓蚀剂脱附,否则这种缓蚀剂会附着在硅胶上且有可能引起结焦。

2)硅石球

硅石球,例如美孚公司的吸附球(Sorbead),有 R 型和 H 型两种,由97%的 SiO_2 和3%的 Al_2O_3 组成。它的吸附容量与硅胶基本相同,但因其堆积密度略大,因而单位体积的处理能力也相应大一些。

3. 分子筛

1)分子筛的化学组成

目前常用的分子筛系人工合成沸石,是一种硅铝酸盐晶体,由 SiO_4 和 AlO_4 四面体组成,在分子筛晶格中存在着金属阳离子,以平衡 AlO_4 四面体中多余的负电荷。分子筛的化学式可表示为:

$$Me_{x/n}\left[\left(AlO_2\right)_x\left(SiO\right)_y\right]\cdot mH_2O$$

式中:Me——某些碱金属或碱土金属阳离子,主要是 Na^+、K^+ 及 Ca^{2+} 等;

　　　n——金属阳离子的原子价数,即可交换金属阳离子 Me 的数目;

　　　x、y——化学式中的原子配平数;

　　　m——结晶水分子数。

分子筛的物理性质取决于其化学组成和晶体结构。在分子筛的结构中有许多孔径均匀的微孔孔道与排列整齐的空腔。这些空腔不仅提供了很大的比表面积(800~1000 m^2/g),而且只允许直径比孔径小的分子进入微孔,而比孔径大的分子则不能进入,从而使大小及形状不同的分子分开,起到了筛分分子的选择吸附作用,故称为分子筛。

2)分子筛类型

根据分子筛孔径、化学组成、晶体结构及 SiO_2 与 Al_2O_3 的摩尔比不同,可将常用的分子筛分为 A、X 和 Y 型几种类型。

A 型基本组成是硅铝酸钠,孔径为 0.4 nm(4Å),称为 4A 分子筛。用钙离子交换 4A 分子筛中的钠离子后形成 0.5 nm(5Å)孔径的孔道,称为 5A 分子筛。用钾离子交换 4A 分子筛中的钠离子后形成了 0.3 nm(3Å)孔径的孔道,称为 3A 分子筛。

X 型基本组成也是硅铝酸钠,但因晶体结构组合与 A 型不同,形成近似约 1.0 nm(1Å)孔径的孔道,称为 13X 分子筛。用钙离子交换 13X 分子筛中的钠离子后形成的 0.8 nm(8Å)孔径的孔道,称为 10X 分子筛。

Y 型具有与 X 型相同的晶体结构组合,但其化学组成与 X 型不同。Y 型分子筛通常多用作催化剂。

几种分子筛的选择吸附性能见表 7-6。

表 7-6 几种分子筛的选择吸附性能

型号	SiO_2/Al_2O_3 摩尔比	孔径 10^{-1}nm(或 Å)	能吸附的分子	不能吸附的分子
3A	2	3~3.3	H_2O, NH_3	大于乙烷
4A	2	4.2~4.7	C_2H_5OH, H_2S, CO_2, SO_2, C_2H_4, C_2H_6, C_3H_6	大于丙烷
5A	2	4.9~5.6	$n-C_4H_9OH$, $n-C_4H_{10}$, $C_3H_9 \sim C_{22}H_{46}$	异构物和大于四个碳的环状物
13X	2.3~3.3	9~10	1.0 nm 以下的分子	大于 1.0 nm 的分子

分子筛表面具有较强的局部电荷,因而对极性和不饱和化合物分子有很高的亲和力,是一种孔径均匀的强极性吸附剂,并随其 SiO_2/Al_2O_3 比的增加,极性逐渐减弱。水是强极性分子,分子直径为 0.27~0.31 nm,比通常使用的 A 型分子筛孔道孔径小,所以 A 型分子筛是气体或液体脱水的优良吸附剂或干燥剂。在天然气净化过程中常见的几种物质分子的公称直径见表 7-7。表 7-7 中称为公称直径的原因,是因为这些分子并非球形,而且具有一定的可塑性,并可在孔道中被挤压。

表 7-7 常见的几种分子公称直径

分子	H_2	CO_2	N_2	H_2O	H_2S	CH_3OH	CH_4	C_2H_6	C_3H_8	$nC_4 \sim nC_{22}$	$iC_4 \sim iC_{22}$	C_6H_6
公称直径,(10^{-1}nm)	2.4	2.8	3.0	3.1	3.6	4.4	4.0	4.4	4.9	4.9	5.6	6.7

随着 SiO_2/Al_2O_3 比值的变化,分子筛的孔径大小、吸附容量及物理性质都随之改变。低 SiO_2/Al_2O_3 比的分子筛可对气体和液体进行深度脱水,而且在较高温度下还具有较高的吸附容量。

3)分子筛用作干燥剂时的特点

与活性铝土和活性氧化铝、硅胶及硅石球相比,分子筛用作天然气脱水干燥剂时具有以下特点:

(1)分子筛的吸附选择性强。如上所述,分子筛可按照物质的分子大小进行选择性吸附。由于分子筛的孔径均匀,只有比孔径小的分子(即吸附分子)才能被吸附到晶体内的空腔内,而大于孔径的分子就被"筛去"或"排除"(即排除分子)。此外,由于分子筛又是一种离子型吸附剂,因而又能按照分子的极性不同进行选择性吸附。这样,通过选用适当型号的分子筛,可以达到选择性地吸附水,减少甚至消除其他物质分子的共吸附作用。正是因为分子筛对其他物质分子,包括对其他极性和不饱和化合物分子的共吸附作用小,更加提高了它吸附水的能力。用分子筛干燥后的气体,水含量(Φ)可低达 1×10^{-6},或露点可低达 $-101℃$。目前,裂解气脱水时多用 3A 分子筛,天然气脱水时多用 4A 与 5A 分子筛。

相反,硅胶、活性炭及活性氧化铝均是一种无定形的固体,其微孔孔径极不均匀,一般在 1~100 nm,平均为 4~10 nm,而活性炭的孔径分布范围比硅胶还宽。因此,这些固体吸附剂没有明显的吸附选择性。

（2）分子筛具有高效吸附容量。吸附剂的湿容量与气体中的水蒸气分压（或相对湿度）、吸附温度及吸附剂性质等有关。分子筛在低水蒸气分压、高温及高气速的苛刻条件下仍然保持较高的湿容量。各种吸附剂的湿容量都在不同程度上受到温度的影响，温度愈高，湿容量愈小。但是，在较高温度下虽然活性氧化铝和硅胶几乎丧失了吸附能力，然而分子筛仍保持有相当高的吸附能力。

对于水含量很高的气体，由于分子筛的湿容量不如硅胶和活性氧化铝高，所以最好是用硅胶或活性氧化铝预干燥，然后再将气体中残余的水蒸气用分子筛来脱除，以达到深度脱水的目的。

由于吸附过程中有热量放出，故分子筛在高温下保持较高湿容量的特性，使得分子筛床层可以在绝热条件下操作，从而减少投资，并且在再生后冷却至较高温度时即可切换为脱水操作，故可缩短再生时间，降低能耗。

（3）分子筛使用寿命较长。由于分子筛可有选择性地吸附水，可避免因重烃共吸附而使吸附剂失活，故可延长分子筛的使用寿命。

（4）分子筛不易被液态水破坏。由于分子筛不易被液态水破坏，故可用于携带有液态水的气体脱水。

另外，分子筛的价格较高，因此，对于低含硫的气体，当脱水要求不高时，采用硅胶和活性氧化铝脱水比较合适。

由上可知，与硅胶和活性氧化铝相比，分子筛具有很多优良性质，能满足多种要求，但它的价格昂贵，再生时能耗较高。因此，必须合理选用干燥剂，以期获得最大的经济效益。一般来说，分子筛宜用于要求深度脱水（例如，干气水含量小于 1×10^{-6} g/m^3）的场合，但分子筛长期使用后其堆积密度可能增大 20% 左右，且易粉化。硅胶和活性铝的吸附容量比分子筛较大，但极性较低，脱水深度也较小。所以，对于水含量较大的气体脱水时，最好先用三甘醇吸收法脱除大量水分，再用硅胶或活性氧化铝脱水，最后用分子筛深度脱水。这样既保证了脱水质量，又避免了分子筛吸附容量小，需频繁再生的缺点。当天然气的露点要求不很低时，可只采用硅胶或活性氧化铝脱水，但活性氧化铝不宜用于酸性天然气脱水。

4. 复合固体吸附剂

1）复合固体吸附剂的特点

复合固体吸附剂就是同时使用两种或两种以上的吸附剂，通常是将硅胶或活性氧化铝与分子筛串联使用，湿气先通过硅胶或活性氧化铝床层，再通过分子筛床层。目前，天然气脱水普遍使用活性氧化铝和 4A 分子筛串联的双床层，其特点如下所述。

（1）既可以减少投资，又可保证干气露点。如前所述，当气体水含量较高时，活性氧化铝有很高的平衡湿容量，而当气体水含量较低（位于吸附剂床层出口处）时，分子筛则具有较高的平衡湿容量。因此，湿气先通过上部活性氧化铝床层脱除大部分水（对于常温下的饱和湿气来讲，活性氧化铝床层的脱水量约比 4A 分子筛床层多 50%），再通过下部 4A 分子筛床层深度脱除微量水，从而获得很低的露点（低于 -100℃）。

（2）活性氧化铝可作为分子筛的保护层。当气体中携带有液态水、液烃、缓蚀剂及胺类化合物时，位于上部床层的活性氧化铝除用于气体脱水外，还可作为下部分子筛床层的保护层。这是因为胺类化合物可以破坏分子筛的晶体结构,使分子筛永久失活,缩短了分子筛的使用寿命。此外,分子筛虽不易被液态水破坏,但因液态水会增加床层的压力降并使气体产生沟流,因而造成分子筛的磨耗和缩短使用寿命。所以,当采用复合固体吸附剂时就可避免这些现象的发生。

(3)活性氧化铝再生时能耗比分子筛低。活性氧化铝的吸附热比分子筛要低,故其再生时的能耗也低。

(4)活性氧化铝的价格较低。活性氧化铝的价格不仅比 4A 分子筛低,而且比湿容量相同的硅胶(在低于等于 30℃ 时与活性氧化铝具有相同平衡湿容量)也低。

由于活性氧化铝与 4A 分子筛组成的复合固体吸附剂床层具有以上特点,故近几年来在天然气脱水中得到广泛应用。在复合固体吸附剂床层中活性氧化铝与分子筛用量的最佳比例取决于进料气的流量、温度、水含量和组成、干气露点要求、再生气的组成和温度以及吸附剂的形状和规格等。

2)复合固体吸附剂在天然气净化中的其他用途

在天然气净化中,复合固体吸附剂床层还具有下述用途。

(1)复合固体吸附剂床层中用 3A 分子筛代替 4A 分子筛,可以避免天然气干燥器再生时出口再生气中的 H_2S 含量出现最高值。H_2S 在无水的情况下(例如,在接近气体出口的床层处)很容易在 4A 分子筛上共吸附,而 3A 分子筛则由于其孔径较小,可排除 H_2S 分子而不易共吸附,故当采用活性氧化铝和 3A 分子筛组成的复合固体吸附剂床层时,H_2S 的吸附量为零,因而在干燥器再生时出口再生气中 H_2S 的含量也就很低。

(2)用由活性氧化铝与 5A 分子筛组成的复合固体吸附剂床层时,湿气可先通过上部活性氧化铝床层脱去大部分水,再通过下部 5A 分子筛床层脱除微量的水、H_2S 及 RSH。虽然 5A 分子筛的孔径较大,但是,水比 H_2S 和 RSH 具有更强的吸附选择性。因此,既脱除了天然气中的水分,又脱除了天然气中的硫化物。

(3)在固体吸附剂脱水之前如先采用甘醇法脱水(脱去气体中的大部分水)时,复合固体吸附剂床层中的氧化铝床层则可减少至最低程度,仅仅作为保护层以防止甘醇被气体携带到分子筛床层上,造成分子筛失活。

(4)在复合固体吸附剂床层的上部采用活性氧化铝脱水时,如果进料气相对分子质量较大(大于 35),则气体中 C_6^+ 烃类在活性氧化铝上的共吸附量比分子筛要多。

(5)含有 CO_2 和 H_2S 的酸性天然气在脱水时应考虑下述反应,即:

$$CO_2 + H_2S \Longrightarrow COS + H_2O \qquad\qquad (7-5)$$

在吸附剂上生成的 COS 可以流过床层并聚集在天然气液的丙烷馏分中。生成 COS 的反应主要发生接近气体出口的床层处,因为此时气体基本不含水,故促使反应向右方进行。推荐在复合固体吸附剂床层的下部采用催化活性比 4A 分子筛要低的 3A 或 5A 分子筛,从而最大程度地减少天然气脱水时的 COS 生成量。

7.2.4.2　固体吸附剂脱水工艺及设备

1.固体吸附剂脱水工艺流程

固体吸附剂脱水适用于干气露点要求较低的场合。在天然气处理与加工过程中,有时是专门设置吸附法脱水装置(当湿气中含酸性组分时,通常是先脱硫)对湿气进行脱水,有时吸附法脱水则是采用深冷分离的天然气液回收装置中的一个组成部分。采用不同吸附剂的天然气脱水工艺流程基本相同,干燥器(吸附塔)都采用固定床。由于吸附剂床层在脱水操作中被水饱和后需要再生,故为了保证装置连续操作至少需要两个干燥器。在两塔(即两个干燥器)流程中,一个干燥器进行脱水,另一个干燥器进行再生(加热和冷却),然后切换操作。在三塔或多塔流程中,切换流程则有所不同。

干燥器再生用气可以是湿气也可以是高压干气或低压干气。采用不同来源再生气的吸附脱水工艺流程如下所述。

1)采用湿气(或进料气)作再生气

吸附脱水工艺流程由脱水(吸附)与再生两部分组成。采用湿气或进料气作再生气的吸附脱水工艺流程如图 7-3 所示。

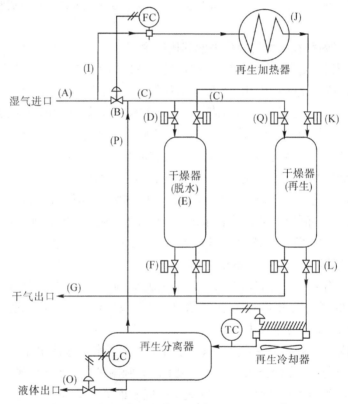

图 7-3　采用湿气再生的吸附脱水工艺流程示意图

湿气一般是经过一个进口气涤器或分离器(图中未画出),除去所携带的液体与固体杂质后分为两路:小部分湿气经再生气加热器加热后作为再生气;大部分湿气去干燥器脱水。由于在脱水操作时干燥器内的气速很大,故气体通常是自上而下流过吸附剂床层,这样可以减少高速气流对吸附剂床层的扰动。气体在干燥器内流经固体吸附剂床层时,其中的水蒸气被吸附剂选择性吸附,直至气体中的水含量与所接触的固体吸附剂达到平衡为止,通常,只需要几秒钟就可以达到平衡,由干燥器底部流出的干气出装置外输。

在脱水操作中,干燥器内的吸附剂床层不断吸附气体中的水蒸气直至最后整个床层达到饱和,此时就不能再对湿气进行脱水。因此,在吸附剂床层未达到饱和之前就要进行切换

（图中为自动切换），即将湿气改为进入已再生好的另一个干燥器，而刚完成脱水操作的干燥器则改用热再生气进行再生。

再生用的气量一般约占进料气的 5%~10%，经再生气加热器加热至 232~315℃ 后进入干燥器。热的再生气将床层加热，并使水从吸附剂上脱附。脱附出来的水蒸气随再生气一起离开吸附剂床层后进入再生气冷却器，大部分水蒸气在冷却器中冷凝下来，并在再生气分离器中除去，分出的再生气与进料湿气汇合后又去进行脱水。加热后的吸附剂床层由于温度较高，在重新进行脱水操作之前必须先用未加热的湿气冷却至一定温度后才能切换。

2）采用干气作再生气

图 7-3 中采用湿气作为再生加热气与冷却气（冷吹气），也可采用脱水后的干气作为再生加热气与冷却气。再生气加热器可以是采用直接燃烧的加热炉，也可以是采用热油、水蒸气或其他热源的间接加热器。由于再生气流量小，流速低，可以自上而下流过干燥器，也可以自下而上流过干燥器。但采用干气作再生气时，最好是自下而上流过干燥器。这样，一方面可以脱除靠近干燥器床层上部被吸附的物质，并使其不流过整个床层，另一方面可以确保与湿进料气最后接触的下部床层得到充分再生，而下部床层的再生效果直接影响流出床层的干气露点。冷却气因与再生加热气用同一气流，故也是下进上出。

采用干气作再生气的吸附脱水工艺流程如图 7-4 所示。图 7-4 中的湿气脱水流程与图 7-3 相同，但是，由干燥器脱水后的干气有一小部分经增压（一般增压 0.28~0.35 MPa）与加热后作为再生气去干燥器，使水从吸附剂上脱附。脱附出来的水蒸气随再生气一起离开吸附剂床层后经过再生气冷却器与分离器，将水蒸气冷凝下来的液态水脱除。由于此时分出的气体是湿气，故与进料湿气汇合后又去进行脱水。

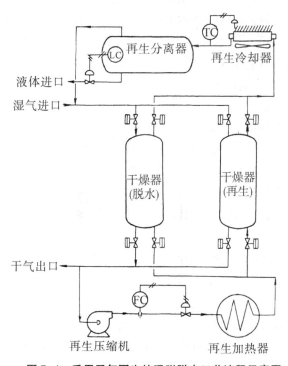

图 7-4　采用干气再生的吸附脱水工艺流程示意图

除了采用吸附脱水后的干气作为再生气外,还可采用其他来源的干气(例如,采用天然气液回收装置脱甲烷塔塔顶气)作为再生气。这种再生气的压力通常比图 7-4 中的干气压力要低得多,故在这种情况下脱水压力远远高于再生压力。因此,当干燥器完成脱水操作后,先要进行降压,然后再用低压干气进行再生。

2. 工艺参数选择

1)吸附周期

干燥器吸附剂床层的吸附周期(脱水周期)应根据湿气中水含量、床层空塔流速和高径比(不应小于 2.5)、再生能耗、吸附剂寿命等进行综合比较后确定。对于两塔流程,干燥器床层吸附周期一般设计为 8~24 h,通常取吸附周期 8~12 h。如果进料气中的相对湿度小于 100%,吸附周期可大于 12 h,吸附周期长,意味着再生次数较少,吸附剂寿命较长,但因床层较长,投资较高。对压力不高、水含量较大的天然气脱水,为避免干燥器尺寸过大,耗用吸附剂过多,吸附周期宜小于等于 8 h。

2)湿气进干燥器温度

如前所述,吸附剂的湿容量与吸附温度有关,即湿气进口温度越高,吸附剂的湿容量越小。为保证吸附剂有较高的湿容量,故进床层的湿气温度最高不要超过 50℃。

3)再生加热与冷却温度

再生加热温度是指吸附剂床层在再生加热时最后达到的最高温度,通常近似取此时再生气出吸附剂床层的温度。再生加热温度越高,再生后吸附剂的湿容量也越高,但其有效使用寿命越短。再生加热温度与再生气进干燥器的温度有关,而再生气进口温度则应根据脱水深度确定。对于分子筛,其值一般为 232~315℃,对于硅胶其值一般为 234~245℃,对于活性氧化铝,介于硅胶与分子筛之间,并接近分子筛之值。

在一些要求深度脱水的天然气液回收装置中,为了避免吸附剂床层在冷却时被水蒸气预饱和,在其脱水系统中多采用脱水后的干气或其他来源干气作冷却气。有时,还可将冷却用的干气自上而下流过吸附剂床层,使冷却气中所含的少量水蒸气被床层上部的吸附剂吸附,从而最大限度地降低吸附周期中出口干气的水含量。

4)加热与冷却时间分配

加热时间是指在再生周期中从开始用再生气加热吸附剂床层到床层达到最高温度(有时,在此温度下还保持一段时间)的时间。同样,冷却时间是指加热完毕的吸附剂从开始用冷却气冷却到床层温度降低到指定值(例如 50℃左右)的时间。

对于采用两塔流程的吸附脱水装置,吸附剂床层的加热时间一般是再生周期的 55%~65%。对于 8 h 的吸附周期而言,再生周期的时间分配大致是:加热时间 4.5 h;冷却时间 3 h;备用和切换时间 0.5 h。

自 20 世纪 80 年代末期以来,国内陆续引进了几套处理量较大的天然气液回收装置,这些装置中的脱水系统均采用分子筛干燥器。

3. 干燥器结构

固体吸附剂脱水装置的设备包括进口气涤器(分离器)、干燥器、过滤器、再生气加热器、再生气冷却器和分离器。当采用脱水后的干气作再生气时,还有再生气压缩机,现将其主要设备干燥器的结构介绍如下。

干燥器的结构如图 7-5 所示。干燥器由床层支承梁和支撑栅板、顶部和底部的气体进口、出口管嘴和分配器（这是由于脱水和再生分别是两股物流从两个方向通过吸附剂床层，因此，顶部和底部都是气体进出口）、装料口和排料口以及取样口、温度计插孔等组成。

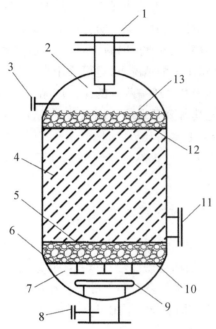

1—入门喷嘴/装料口；2、9—挡板；3、8—取样口及温度计插孔；4—分子筛；

5、13—陶瓷球或石块；6—滤网；7—支堆梁；10—支撑栅；11—排料口；12—浮动滤网。

图 7-5　干燥器结构示意图

在支撑栅板上有一层 10~20 目的不锈钢滤网，防止分子筛或瓷球随进入气流下沉。滤网上放置的瓷球共二层，上层高约 50~75 mm，瓷球直径为 6 mm；下层高约 50~75 mm，瓷球直径为 12 mm。支撑栅板下的支承梁应能承受住床层的静载荷（吸附剂等的重量）及动载荷（气体流动压降）。

分配器（有时还有挡板）的作用是使进入干燥器的气体（尤其是从顶部进入的湿气，其流量很大）以径向、低速流向吸附剂床层。床层顶部也放置有瓷球，高约 100~150 mm，瓷球直径为 12~50 mm。瓷球层下面是一层起支托作用的不锈钢浮动滤网。这层瓷球的作用主要是改善进口气流的分布并防止因涡流引起吸附剂的移动与破碎。

由于吸附剂床层在再生时温度较高，故干燥器需要进行保温。器壁外保温比较容易，但内保温可以降低大约 30% 的再生能耗。然而，一旦内保温的衬里发生龟裂，湿气就会走短路而不经过床层。

干燥器的吸附剂床层中装填有吸附剂。吸附剂的大小和形状应根据吸附质不同而异。对于天然气脱水，可采用 $\Phi 3 \sim 8$ mm 的球状分子筛。

干燥器的尺寸会影响吸附剂床层压降，一般情况下，对于气体吸附来讲，其最小床层高径比为 2.5:1。

7.3　硫磺回收

天然气中含有 H_2S 时,不仅会污染环境,而且对天然气的生产和利用都有不利影响,故需采取措施脱除其中的 H_2S。此外,从天然气个脱除的 H_2S 又是生产硫磺的重要原料。脱除 H_2S 即使宝贵的硫资源得到综合利用,又可防止环境污染。

醇胺法及砜胺法等脱硫溶液再生所析出的含 H_2S 酸气,大多进入克劳斯装置回收硫磺。在酸气 H_2S 浓度较低且潜硫量不大的情况下,也可采用直接转化法在液相中将 H_2S 氧化为元素硫。除此之外,还可以利用其生产一些硫的化工产品。将 H_2S 转化为元素硫及氢气具有更高的技术经济价值,因此其研究开发颇为国内外所关注,但迄今尚未有工业应用报道。也有人从酸气中含 H_2S 及 CO_2 条件出发,考虑既生产硫磺又生产含 CO 与 H_2 的合成气等等。迄今为止,酸气处理的主体工艺仍然是以空气为氧源,将 H_2S 转化为硫酸的克劳斯工艺,酸气处理的主要产品是硫磺。

7.3.1　克劳斯法硫磺回收的基本原理

从酸气中回收硫磺普遍采用克劳斯法。所谓克劳斯法简单说来就是氧化催化制硫的一种工艺方法。经改良后的克劳斯法应用广泛。近几十年来,在工艺流程、设备设计、催化剂的选择、自控系统、材质和防腐技术等方面都取得了重要的进展。

1883 年,英国化学家 C. F. Claus 开发了用 H_2S 氧化制硫的方法,即:

$$H_2S + 1/2O_2 =\!=\!= 1/nS_n + H_2O + 205 \text{ kJ/mol} \qquad (7-6)$$

式(7-6)称为克劳斯反应,这一经典的反应由于强的放热而很难维持合适的反应温度,只能借助于限制处理量来获得 80%~90% 的转化率。

20 世纪 30 年代,德国法本公司将最初的直接氧化克劳斯工艺改革为两段反应:热反应段及催化反应段。这一重大改进使之获得广泛应用,并在国内外文献中被称为改良克劳斯方法。

在热反应段即燃烧炉内 1/3 的 H_2S 氧化为 SO_2,有如下主反应:

$$H_2S + 3/2O_2 =\!=\!= SO_2 + H_2O + 518.9 \text{ kJ/mol} \qquad (7-7)$$

$$H_2S + 1/2O_2 =\!=\!= 3/4S_2 + H_2O - 4.75 \text{ kJ/mol} \qquad (7-8)$$

在催化反应段式余下的 2/3 的 H_2S 在催化剂上与燃烧反应段生成的 SO_2 反应,主反应是:

$$H_2S + 1/2SO_2 =\!=\!= 3/2nS_n + H_2O + 48.05 \text{ kJ/mol} \qquad (7-9)$$

此处应当指出的是催化段生成硫(主要 S_8,也有 S_6)的式(7-9)反应式是放热反应,但热反应段生成 S_2 的式(7-8)反应却是微吸热反应。

事实上,在燃烧炉内除上述主反应外还有十分复杂的副反应,包括酸气中烃类的氧化反应,H_2S 裂解反应以及有机硫(COS 及 CS_2)的生成反应等。

烃类氧化反应,如:

$$CH_4 + 3/2O_2 =\!=\!= CO + 2H_2O \qquad (7-10)$$

相应地有水煤气转化反应:

$$CO + H_2O \Longrightarrow CO_2 + H_2 \tag{7-11}$$

H_2S 裂解反应:

$$H_2S \Longrightarrow H_2 + 1/2S_2 \tag{7-12}$$

有机硫生成反应相当复杂,文献中提出多种 COS 及 CS_2 的生成反应,从热力学的角度看,下面两个反应式最有利的反应:

$$CH_4 + 4S \Longrightarrow CS_2 + 2H_2S \tag{7-13}$$

$$CH_4 + SO_2 \Longrightarrow COS + H_2O + H_2 \tag{7-14}$$

但是很难说式(7-13)及式(7-14)就是燃烧炉内生产 CS_2 及 COS 的主导反应。

如果酸气中含有 NH_3,则燃烧炉内还将有 NH_3 的氧化反应。

由于燃烧炉中生成了有机硫,为了提高装置的转化率及硫化率,需在催化段使其水解转化为 H_2S:

$$COS + H_2O \Longrightarrow H_2S + CO_2 \tag{7-15}$$

$$CS_2 + 2H_2O \Longrightarrow 2H_2S + CO_2 \tag{7-16}$$

在硫蒸汽冷凝过程中还有不同硫分子的转化反应以及硫分子于溶解的 H_2S 在液硫中生成多硫化氢的反应。

$$3S_2 \Longrightarrow S_6 \tag{7-17}$$

$$4S_2 \Longrightarrow S_8 \tag{7-18}$$

$$H_2S + S_n \Longrightarrow H_2S_{n+1} \tag{7-19}$$

7.3.2 克劳斯法硫磺回收的工艺方法

通常,克劳斯装置包括热反应、余热回流、硫冷凝、再热及催化反应等部分。由这些部分可以组成各种不同的克劳斯硫磺回收工艺,从而处理 H_2S 含量不同的进料气。目前,常用的工艺方法有直流法(部分燃烧法)、分流法、硫循环法及直接氧化法等。不同工艺方法的区别在于保持平衡的方法不同。在这几种工艺方法的基础上,又根据预热、补充燃料气等措施不同,派生出各种不同的变型工艺方法,其使用范围见表7-8。

表 7-8 各种克劳斯工艺流程安排

酸气 H_2S 质量分数,%	工艺流程安排
55~100	直通法
30~55	直通法,或带有酸气和/或空气预热的直通法
15~30	分流法,或带有进料和/或空气预热的直通法
10~15	带有酸气和/或空气预热的分流法
5~10	掺入燃料的分流法,或直接氧化法、硫循环法
<5	直接氧化法

7.3.3 克劳斯装置的工艺流程

1. 直流法

直流法也称为直通法、单流法或部分燃烧法,在通常情况下,当酸气 H_2S 质量分数高于

50%时可采用此种工艺。

直流法的主要特点是全部酸气与按需要配入的空气一起进入燃烧炉反应,再经过余热锅炉、两级或更多的催化转化反应器与相应的硫磺冷凝冷却器,经捕集硫磺后尾气或灼烧排空或进入尾气处理装置。图7-6为两级催化转化的克劳斯直流工艺流程图。

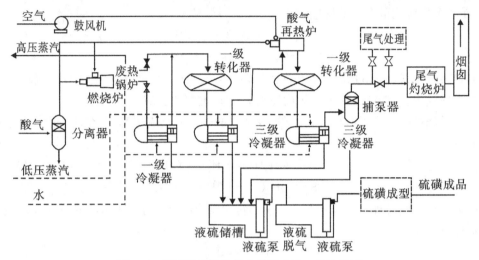

图7-6 两级催化转化的克劳斯直流工艺流程图

采用直流工艺,燃烧炉内即有60%～70%的元素硫生成,这就大大减轻了催化段的转化负荷而有助于提高硫化率,因此直流工艺是首选工艺。

直流工艺的限制因素是酸气H_2S的质量分数不低于50%,究其实质则是酸气与空气燃烧的反应热应足以维持炉膛温度不低于927℃,一般认为此温度是燃烧炉内火焰处于稳定状态而能够有效操作的下限。显然,如预热酸气及空气或使用富氧空气,H_2S的质量分数也低于50%。

克劳斯工艺之所以需要设置两级乃至更多的催化转化段,不像许多催化过程仅有一个反应器,是基于两个原因:一是出转化器的过程气温度需要高于其硫露点温度,以防液硫凝结于催化剂上而使之失去活性;二是较低的反应温度将有利于较高的平衡转化率,通常在一级催化剂中转化为使有机硫有效水解需使用较高温度,二级及其以后的转化反应均采用绝热反应器,反应热由过程气带出。德国林德(Linde)公司等将管壳式反应器引入克劳斯工艺,简化了工艺流程。

2. 克劳斯分流工艺

当酸气H_2S质量分数低于50%而又高于15%时可采用分流工艺,典型的分流工艺使酸气量的1/3与计量的空气进入燃烧炉内将其中的H_2S转化为SO_2,此股过程气经余热锅炉后与另外的2/3酸气混入催化转化段。因此,在此种工艺中硫磺是完全在催化段内生成的。图7-7为两级催化转化的克劳斯分流工艺流程图。

采用分流工艺,当酸气H_2S的质量分数在30%～50%制碱,如H_2S完全燃烧为SO_2则炉温升高,炉壁的耐火材料难以承受,此时可进入燃烧炉的酸气量提高至1/3以上来控制炉温。此种情形可称为非常规性分流工艺,此时在燃烧炉内有部分硫生成,从而可减轻催化段的转化负荷。但由于在余热锅炉后不经冷凝冷却与余下的酸气一起进入转化段,过程气中的硫蒸汽也将影响转化效率。

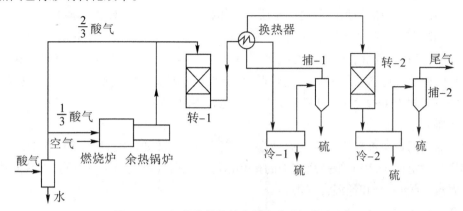

图 7-7 两级催化转化的克劳斯分流工艺流程图

应当指出,分流工艺中由于部分酸气不经燃烧炉即进入催化转化段,当酸气中含有重烃,尤其是芳烃时,它们可能在催化剂上裂解结碳,对催化剂的活性有重要的不良影响。

3. 直接氧化法

进料气中 H_2S 的质量分数在 5%~10% 时推荐采用此法。它是将进料气预热后和空气混合至适当的温度,直接进入转化器内进行催化反应。进入转化器的空气量仍按进料气中 1/3 体积的 H_2S 完全燃烧生成 SO_2 来配给。在转化器内主要按反应式(7-7)式(7-8)进行反应。

4. 硫循环法

当进料气中 H_2S 的质量分数在 5%~10% 甚至更低时可考虑采用此法。它是将一部分液硫产品返回反应炉内,在另一个专门的燃烧器中使其燃烧生成 SO_2,并使过程气中 H_2S 与 SO_2 摩尔比为 2。除此之外,流程中其他部分均与分流法相似。

7.3.4 克劳斯装置工艺流程的主要设备

克劳斯法硫磺回收装置的主要设备有反应炉、余热锅炉、转化器、冷凝器等,其作用及特点如下所述。

1. 反应炉

反应炉又称为燃烧炉,是克劳斯法硫磺回收工艺中最重要的设备。反应炉的主要作用是:①使进料气中 1/3 体积的 H_2S 转化为 SO_2,使过程气中 H_2S 和 SO_2 的摩尔比保持为 2;②使进料气中烃类、NH_3 等组分在燃烧过程中转化为 CO_2、N_2 等惰性组分。

1) 火焰温度

直通法的反应温度最好能达到 1 250℃,因为较高的温度从热力学和动力学两方面都有利于提高转化率。但炉温也应避免大于 1 600℃,因为此时不仅选择耐火材料困难,而且还会生成多种氮氧化物,在它们的催化下使 SO_2 又进一步生成 SO_3,导致后面的转化器中催化剂很快因硫酸盐化而失活。

反应炉内温度和进料气中的 H_2S 含量密切相关。当进料气中 H_2S 含量低于 30% 时,就必须采用分流法才能维持火焰温度。

2）炉内停留时间

反应物流在炉内的停留时间是决定反应炉体积的重要设计参数。高温下克劳斯反应通常在 1 s 内即可完成。国外设计的反应炉停留时间至少为 0.5 s。但是，进料气中 H_2S 和杂质含量、进料气和空气混合的均匀程度、燃烧室的结构等因素均对炉内反应速度有影响。国内很多克劳斯装置进料气中 H_2S 含量较低，炉温也相应较低，为确保达到高的转化率，故取反应炉停留时间为 1~2.5 s。进料气中 H_2S 含量较多时，停留时间可以短一些。

3）火嘴

火嘴的作用是使进料气和空气有效混合，提供使杂质（如烃类、NH_3 等）和 H_2S 同样能完全燃烧的稳定火焰，因而维持反应炉的正常运行。根据进料气的压力不同，火嘴大致可分为低压涡流、强制混合和预混合三类。

2. 余热锅炉

余热锅炉又称为废热锅炉，其作用是通过产生高压蒸汽从反应炉出口的高温气流中回收热量，并使过程气的温度降至下游设备所要求的温度。余热锅炉高温气流入口侧管束的管口内应加陶瓷保护套管，入口侧管板上应加耐火保护层。通常，小型克劳斯装置的反应炉和余热锅炉组合为一个整体，对于大型克劳斯装置（大于 30 t/d），采用与余热锅炉分开的外反应炉更为经济。

余热锅炉有釜式和自然循环式两种类型，采用卧式安装以保证将全部管子浸没在水中。

3. 转化器

转化器的作用是使过程气中的 H_2S 和 SO_2 在其催化剂床层上继续反应生成元素硫，同时也使过程气中的 COS、CS_2 等有机硫化物在催化剂床层上水解为 H_2S 和 CO_2。

目前，克劳斯装置常用的转化器类似一个卧式圆柱体，气体顶进底出。考虑到压力降，转化器内催化剂床层厚度一般为 0.9~1.5 m。规模较大的装置，每个转化器为一个单独的容器。但规模较小（100 t/d 以下）的装置，大多是采用纵向或径向隔板把一个容器分为数个转化器，规模大于 800 t/d 的装置也有采用立式的。

转化器的空速一般在 1 000~2 000 h^{-1}（对过程气而言）。通常，各级转化器都采用相同的空速。由于一级转化器进口过程气中反应物的浓度比下游转化器要高 5~25 倍，故即使对过程气而言空速相同，但对反应物而言，其在下游转化器中的实际空速要比一级转化器低很多。

4. 硫冷凝器

硫冷凝器的作用是把克劳斯反应生成的硫蒸汽冷凝为液硫而除去，同时回收过程气的热量。目前，几乎全部采用卧式管壳式冷凝器，安装时应放在系统最低处，而且大多数倾斜度为 1%~2%。回收的热量用来发生低压蒸汽或预热锅炉给水。几个冷凝器可以分别设置，也可以把产生蒸汽压力相同的冷凝器组合在一个壳体内。

气-液分离器安装在硫冷凝器的下游，以便从过程气中分出液硫，并从排出管放出。分离器可以与硫冷凝器组合成一个整体，也可以是一个单独的容器，并可设置金属丝网捕雾器或碰撞板，以减少出口气流中夹带的液硫量。通常，按空塔气速为 6.1~9.1 m/s 来确定分离器尺寸。

5. 捕集器

捕集器的作用是从末级冷凝器出口气流中进一步回收液硫和硫雾。某些工业装置的实践表明,采用捕集器后可使硫产量提高 2%。近年来大多数工业装置的捕集器采用金属丝网型,当气速为 1.5~4.1 m/s 时,平均捕集效率可达 97% 以上,尾气中硫雾含量约为 0.56 g/m³。

6. 尾气灼烧炉

由于 H_2S 毒性远比 SO_2 大,一般不允许直接排放,故采用尾气灼烧炉将尾气中的含硫化合物转化为 SO_2 后再排放。

7.4　尾气处理

7.4.1　尾气处理概述

从原料天然气中脱除的含 H_2S、CO_2 的酸性气体,直到 20 世纪 70 年代末,主要是从经济考虑是否需要进行硫磺回收,如果在经济上可行,那就建设硫磺回收装置,如果在经济上不可行,就把脱除的酸气灼烧后放空。但是随着世界各国对环境保护的要求日益严格,当前把天然气中脱除下来的 H_2S 转化成硫磺,不只是从经济上考虑,更重要的是出于环境保护的需要。20 世纪 70 年代后才开始在克劳斯装置上增设尾气灼烧措施,此措施的主要目的是把剧毒的 H_2S 转化为 SO_2 排放,以减轻对环境的危害。

克劳斯反应受反应温度下化学平衡的限制,即使采用活性很好的催化剂和三级转化,克劳斯硫磺回收装置的硫收率最高只能达到 97% 体积分数左右,其尾气中仍含有 H_2S、S 和其他有机硫化合物,其总量约为 1%~4%。如直接灼烧后以 SO_2 的形式排放至大气中,这样不仅浪费了大量硫资源,也产生了严重的大气污染问题。为此,克劳斯工艺技术出现了很多新进展,都是沿着两个思路来开拓的:一是改进克劳斯工艺本身以提高硫回收率或装置收率,这包括发展新型催化剂、贫酸气制硫技术、氧基硫回收工艺等;二是开发尾气处理技术,比如斯科特(SCOT)尾气处理工艺技术,以提高装置硫收率和减少 SO_2 在大气中的排放量。

7.4.2　直接灼烧

直接灼烧法主要是将尾气中有毒的 H_2S 转化为 SO_2,降低排放尾气对大气的污染。对于规模很小的装置,此法仍是有效的方法。尾气灼烧有两种方法:热灼烧和催化灼烧。

1. 热灼烧

热灼烧是指在有过量空气存在下,用燃料气把尾气加热到一定温度后使其中的 H_2S、S 和其他有机硫化合物转化为 SO_2 后排放的方法。尾气灼烧炉有简易灼烧炉和回收热量型灼烧炉两种形式。

灼烧炉温度一般控制为 540~600℃,低于 540℃ 时 H_2 和 CO 不能完全灼烧,并会增加燃料气消耗尾气中 H_2S。COS 或 CS_2 浓度高时应适当提高灼烧温度,同时也应充分考虑停留时间。

空气适当过剩是灼烧完全的必要条件。研究结果表明,在最佳操作条件下,过剩氧为 2.08%(体积分数)时,H_2 能较完全燃烧,且燃料气消耗最低。绝大多数灼烧炉用挡板调节空气流量,在负压下自然通风操作,过量氧含量通常为 20%~100%(体积分数)。

2. 催化灼烧

催化灼烧是指在有催化剂存在的条件下,以较低的温度使尾气中的 H_2S、S 和其他有机

硫化合物转化为 SO_2 后排放的方法。使用性能良好的催化剂时,灼烧温度不超过 $400℃$。催化灼烧炉一般在正压下强制通风操作,为的是较精确地控制过剩空气量。

7.4.3 斯科特尾气处理工艺

对于尾气流量较大的装置,为了更进一步提高装置硫收率,往往在克劳斯硫磺回收装置之后,设置斯科持(SCOT)尾气处理工艺。

1. 工艺原理

还原部分是使尾气中的 SO_2 和 S 在钴-钼加氢催化剂上加氢还原而生成 H_2S。反应所需的 H_2(和 CO)可由界区外供给,或由天然气的不完全燃烧供给:

$$SO_2 + 3H_2 \longrightarrow H_2S + 2H_2O \tag{7-20}$$
$$S_n + nH_2 \longrightarrow nH_2S \tag{7-21}$$

与此同时,尾气中的 COS、CS_2 等有机硫则和原料气中所含有的水分反应而水解成 H_2S:

$$COS + H_2O \longrightarrow H_2S + CO_2 \tag{7-22}$$
$$CS_2 + 2H_2O \longrightarrow 2H_2S + CO_2 \tag{7-23}$$

当还原气体中含有 CO 时,还会发生以下一些反应:

$$SO_2 + CO \longrightarrow COS + O_2 \tag{7-24}$$
$$S_8 + 8CO \longrightarrow 8COS \tag{7-25}$$
$$H_2S + CO \longrightarrow COS + H_2 \tag{7-26}$$

吸收部分采用选择性脱硫工艺,目前很多装置采用选吸收效率很高的 MDEA 脱硫溶液,脱除下来的酸气返回上游克劳斯装置。

2. 工艺流程

SCOT 尾气处理装置工艺流程如图 7-8 所示。燃料气与来自硫磺回收装置主风机的空气在在线燃烧室内燃烧,燃烧反应如下:

$$CH_2 + 2O_2 \longrightarrow CO_2 + 2H_2O + Q \tag{7-27}$$
$$2CH_4 + O_2 \longrightarrow 2CO + 4H_2 + Q \tag{7-28}$$

在高温条件下:

$$CH_4 + H_2O \longrightarrow CO + 3H_2 - Q \tag{7-29}$$
$$CH_4 + CO_2 \longrightarrow 2CO + 2H_2 - Q \tag{7-30}$$

和克劳斯尾气混合后,达到反应温度,然后进入装有钴-钼催化剂的反应器中,在催化剂作用下,过程气中 SO_2、单质硫,被 H_2 还原转化为 H_2S,还原气体中含有 CO 时,还会发生以下一些反应:

$$SO_2 + CO \longrightarrow COS + O_2 \tag{7-31}$$
$$S_8 + 8CO \longrightarrow 8COS \tag{7-32}$$
$$H_2S + CO \longrightarrow COS + H_2 \tag{7-33}$$

上述反应生成的和尾气带来的 COS、CS_2 等有机硫,都在反应器内发生水解反应转化为 H_2S。

从反应器出来的过程气进入 SCOT 余热锅炉,再进入 SCOT 冷却塔,和循环冷却水逆流接触冷却之后,然后去 SCOT 脱硫吸收塔脱硫,经脱硫吸收之后的尾气通过尾气灼烧炉灼烧之后排入大气。

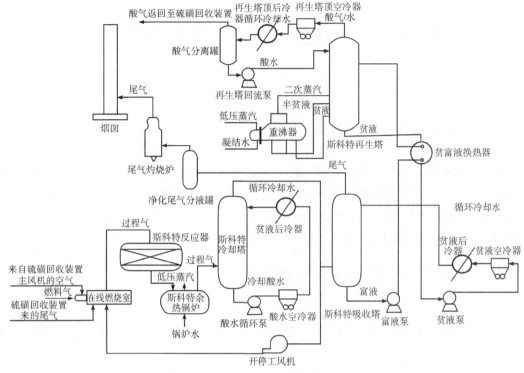

图 7-8　SCOT 尾气处理装置工艺流程图

过程气在 SCOT 冷却塔冷却过程中,大部分气相水被冷凝下来,随同冷却水进入塔底,经酸水循环泵抽出,经空冷、水冷之后返回 SCOT 冷却塔循环使用,多余的冷却水去酸水汽提装置处理。SCOT 余热锅炉产生的蒸汽进入工厂蒸汽管汇,以供应装置生产需要的蒸汽消耗。

在 SCOT 吸收塔内,过程气和 MDEA 溶液逆流接触,几乎全部的 H_2S 和部分 CO_2 被吸收下来。净化尾气经分液罐,在灼烧炉内灼烧之后,通过尾气烟囱排放至大气。吸收了 H_2S 和 CO 的 MDEA 富液进入 SCOT 再生塔,再生后的贫液循环使用,再生出的酸气返回至硫磺回收装置。

思考题

1. 天然气脱硫的方法有哪些?

2. 选择脱硫方法时需考虑哪些因素?

3. 简述醇胺法脱硫的工艺流程。

4. 天然气中液相水的危害有哪些?

5. 简述三甘醇脱水的工艺流程。

6. 甘醇质量对甘醇脱水有什么影响?

7. 物理吸附与化学吸附的异同有哪些?

8. 采用湿气再生和干气再生的吸附脱水工艺的区别是什么?

9. 简述克劳斯法硫磺回收原理。

10. 简述斯科特尾气处理的工艺流程。

第8章 液化天然气与压缩天然气

8.1 天然气液化的目的和方法

天然气液回收是天然气处理与加工中一个十分重要而又常见的过程。然而,并不是在任何情况下进行天然气液回收都是经济合理的,它取决于天然气的类型和数量、天然气液回收的目的、方法及产品价格等,特别是取决于可以冷凝回收的天然气组分是作为液体产品还是作为商品气中组分时的经济效益比较。

8.1.1 天然气的类型及天然气液回收

我国习惯上将天然气分为气藏气、伴生气和凝析气三种类型。天然气的类型不同,其组成也有很大差别。换句话说,天然气的类型决定了天然气中可以冷凝回收的烃类组成和数量。

气藏气主要组成为甲烷,乙烷及更重烃类含量很少。因此,只有气体中乙烷及更重烃类成为产品高于其在商品气中的经济效益时,才会考虑进行天然气液回收。伴生气通常含有很多可以冷凝回收的烃类,为了满足商品气或管输气对烃露点和热值的要求,同时也为了获得一定数量的液烃产品,故必须进行天然气液回收。凝析气中一般含有较多的戊烷以上重烃类,当其压力降低至相包络区的露点线以下时,就会出现反凝析现象。因此,在凝析气田开采过程中,储层中的凝析气由井底经生产管柱流向井口时,由于压力、温度降低,就会有凝析油析出,故需在井场或加工厂中进行相分离,以回收析出的油。如果分离出的气体还要经过压缩回注到储层中的话,由于气体中仍含有不少可以冷凝回收的烃类,因而也应进行天然气液回收,从而额外获得一定数量的液烃。

8.1.2 天然气液回收的目的

从天然气中回收液烃的目的是生产管输气、满足商品气的质量要求、最大程度地回收天然气液。

1. 生产管输气

对于在海上或内陆边远地区生产的天然气来讲,为了满足管输气质量要求,有时需要就地初步处理,然后再经过管道输送至天然气加工厂进一步加工。如果天然气在管输中有液烃析出,将会带来下列问题:①当压降相同时,两相流动所需的管道直径比单相流动要大;②当两相流体到达目的地时,必须设置段塞捕集器以保护下游的设备。

为了预防管输中有液烃析出,可考虑采用下述几种方法:①适度地回收天然气液,使天然气的烃露点满足管输要求,以保证天然气在管道中输送时为单相流动。因此,此方法也叫做露点控制。②将天然气压缩至临界冷凝压力以上冷却后再用管道输送,从而防止在管输中形成两相流动,即密相输送。此方法所需管道直径较小,但管壁较厚,而且压缩能耗很高。③采用两相流动输送天然气。

在上述三种方法中,前两种方法投资及运行费用都较高,应对其进行综合比较后,从中选择最为经济合理的一种方法。

2. 满足商品气的质量要求

为了满足商品气的质量要求,需要对从井口采出或从矿场分离器分出的天然气进行下述处理与加工:①脱水以满足商品气对水露点的要求。如天然气需经压缩才能达到管输压力时,通常是先经压缩机的后冷却器与分离器脱除游离水,再用甘醇脱水法等脱除其余的水分。这样,可以降低甘醇脱水的负荷与成本。②如天然气中的酸性组分(H_2S 及 CO_2)含量较多时,则需脱除这些酸性组分。③当商品气的质量要求中有烃露点这项指标时,还需进行天然气液回收。如果天然气中可以冷凝回收的烃类很少,只需适度回收天然气液进行露点控制即可;如果天然气中氮气等不可燃组分含量较多,则应保留一定量的较重烃类以满足商品气的热值要求;如果可以冷凝回收的烃类成为液体产品比作为商品气中的组分具有更好的经济效益时,则应在满足商品气最低热值要求的前提下,最大程度地回收天然气液。因此,天然气液回收的深度不仅取决于天然气的组成(乙烷和更重烃类以及氮气等不可燃组分的含量),还取决于商品气对热值和烃露点的要求等因素。

3. 最大程度地回收天然气液

在下述几种情况下需要最大程度地回收天然气液:①在从伴生气中回收液烃的同时,需要尽可能地增加原油产量。换句话说,将伴生气中回收到的液烃送回原油中时价值更高。②加工凝析气的目的是回收液烃,而回收液烃后的残余气则需回注到储层中以保持储层压力。③从天然气液回收过程中得到的液烃产品比其作为商品气中的组分时价值更高,因而使得天然气液回收具有良好的经济效益。

当从天然气中最大程度地回收天然气液时,即残余气中只有甲烷,通常也能满足商品气的热值要求。但是,在很多天然气中都含有氮气及二氧化碳等不可燃组分,因此,为了满足商品气的热值要求,还需要在残余气中保留一定数量的乙烷。如果丙烷等较重烃类成为液体产品时具有更高价值,则在回收天然气液时应将丙烷及更重烃类基本上全部回收,而对乙烷只进行部分回收。

由于回收凝液的目的不同,对凝液的组成及收率要求也有不同。因此,我国习惯上又根据是否回收乙烷而将天然气液回收装置分为两类:一类以回收乙烷及更重烃类(C_2^+)为目的;另一类则以回收丙烷及更重烃类(C_3^+)为目的。由此可知,只适度回收天然气液以控制烃露点为目的的装置,一般均属后者。

8.1.3　天然气液回收的方法

天然气液(NGL)回收可在油、气田矿场进行,也可以在天然气加工厂、气体回注厂中进行。回收方法基本上可分为吸附法、油吸收法和冷凝分离法三种。

8.1.3.1 吸附法

吸附法是利用固体吸附剂(如活性炭)对各种烃类的吸附容量不同,从而使天然气中一些组分得以分离的方法。在北美,有时用这种方法从湿气中回收较重的烃类,且多用于处理量较小($5.7×10^5$ m^3/d)及较重烃类含量较少的天然气,也可用来从天然气中脱水及回收重烃,使天然气的水露点及烃露点都符合管输的要求。

吸附法的优点是装置比较简单,不需特殊材料和设备,投资较少;缺点是需要几个吸附塔切换操作,产品的局限性大,加之能耗较大,成本较高,燃料气消耗约为所处理气量的 5%(油吸附法一般在 1% 以下),因而目前应用较少。在北美,一般只是在油、气田开采初期或在井口附近,对天然气液收率要求不高(例如,进行露点控制)的场合下才使用。

8.1.3.2 油吸收法

油吸收法是利用不同烃类在吸收油中溶解度不同,从而使天然气中各个组分得以分离。图 8-1 为油吸收法原理的 NGL 回收流程。吸收油一般采用石脑油、煤油或柴油,其相对分子质量为 100~200。吸收油相对分子质量越小,天然气液收率越高,但吸收油蒸发损失越大。因此,当要求乙烷收率较高时,一般才采用相对分子质量较小的吸收油。

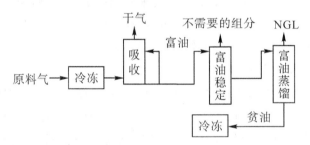

图 8-1 采用低温油吸收法原理的 NGL 回收流程

按照吸收温度不同,油吸收法又可分为常温、中温和低温油吸收法(冷冻油吸收法)三种。常温油吸收的温度一般为 30℃ 左右,以回收 C_3^+ 为主要目的;中温油吸收的温度一般为 −20℃ 以上,C_3 收率为 40% 左右;低温油吸收的温度在 −40℃ 左右,C_3 收率一般为 80% ~ 90%,C_2 收率一般为 35%~50%。

油吸收法的主要设备有吸收塔、富油稳定塔和富油蒸馏塔。若为低温油吸收法,还需增加制冷系统。在吸收塔内,吸收油与天然气逆流接触,将气体中大部分丙烷、丁烷及戊烷以上烃类吸收下来。从吸收塔底部流出的富吸收油(简称富油)进入富油稳定塔中,脱出不需要回收的轻组分,如甲烷等,然后在富油蒸馏塔中将富油中所吸收的乙烷、丙烷、丁烷及戊烷以上烃类从塔顶蒸出。从富油蒸馏塔底流出的贫吸收油(简称贫油)经冷却后去吸收塔循环使用。若为低温油吸收法,则还需将原料气与贫油分别冷冻后再进入吸收塔中。

油吸收法的优点是系统压降小,允许采用碳钢,对原料气预处理没有严格要求,单套装置处理量较大(最大可达 $2.8×10^6$ m^3/d)。但是,由于油吸收法投资和操作费用较高,因而在 20 世纪 70 年代以后已逐渐被更加经济与先进的冷凝分离法所取代。

8.1.3.3　冷凝分离法

冷凝分离法是利用在一定压力下天然气中各组分的挥发度不同,将天然气冷却至露点温度以下,得到一部分富含较重烃类的天然气液,并使其与气体分离的过程。分离出的天然气液又往往利用精馏的方法进一步分离成所需要的液烃产品。通常,这种冷凝分离过程又是在几个不同温度等级下完成的。

此法的特点是需要向气体提供足够的冷量使其降温。按照提供冷量的制冷系统不同,冷凝分离法可分为冷剂制冷法、直接膨胀制冷法和联合制冷法三种。

1.冷剂制冷法

冷剂制冷法也称为外加冷源法(外冷法)。它是由独立设置的冷剂制冷系统向原料气提供冷量,其制冷能力与原料气无直接关系。根据原料气的压力、组成及天然气液的回收深度,冷剂(制冷剂或制冷工质)可以分别是氨、丙烷及乙烷,也可以是乙烷、丙烷等烃类混合物,而后者又称为混合冷剂(混合制冷剂)。制冷循环可以是单级或多级串联,也可以是阶式制冷(覆叠式制冷)循环。采用丙烷做冷剂的冷凝分离法回收天然气液的原理流程如图 8-2 所示。

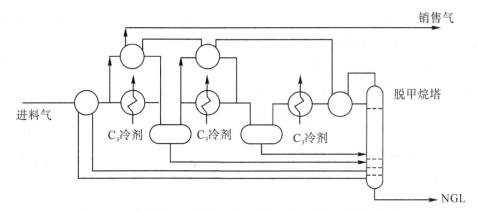

图 8-2　采用丙烷做冷剂的冷凝分离法回收天然气液的原理流程

1)适用范围

在下列情况下可采用冷剂制冷法:①以控制外输气露点为主,并同时回收部分凝液的装置。通常,原料气的冷冻温度应低于外输气所要求的露点温度 5℃以上。②原料气较富有,但其压力和外输气压力之间没有足够压差可供利用,或为回收凝液必须将原料气适当增压,所增压力和外输气压力之间没有压差可供利用,而且采用制冷剂制冷又可经济地达到所要求的凝液收率。

2)冷剂选用的依据

冷剂选用的主要依据是原料气的冷冻温度和制冷系统单位制冷量所耗的功率,并应考虑以下因素:①氨适用于原料气冷冻温度高于-25~-30℃时的工况。②丙烷适用于原料气冷冻温度高于-35~-40℃时的工况。③以乙烷、丙烷为主的混合冷剂适用于原料气冷冻温度低于-35~-40℃时的工况。④能使用凝液作冷剂的场合应优先使用凝液。

2. 直接膨胀制冷法

直接膨胀制冷法也称为膨胀制冷法或自制冷法(自冷法)。此方法不另外设置独立的制冷系统,原料气降温所需的冷量由气体直接经过串接在该系统中的各种类型膨胀制冷设备来提供。因此,制冷能力直接取决于气体的压力、组成、膨胀比及膨胀制冷设备的热力学效率等。常用的膨胀制冷设备有节流阀(也称为焦耳-汤姆逊阀)、透平膨胀机及热分离机等。

1) 节流阀制冷

在下述情况下可考虑采用节流阀制冷:①压力很高的气藏气(一般在 10 MPa 或更高),特别是其压力会随开采过程逐渐递减时,应首先考虑采用节流阀制冷。节流后的压力应满足外输气要求,不再另设增压压缩机。如气源压力不够高或已递减到不足以获得所要求低温时,可采用冷剂预冷。②气源压力较高,或适宜的冷凝分离压力高于干气外输压力,仅靠节流阀制冷也能获得所需的低温,或气量较小不适合用膨胀机制冷时,可采用节流阀制冷。如气体中重烃较多,靠节流阀制冷不能满足冷量要求时,可采用冷剂预冷。③原料气与外输气有压差可供利用,但因原料气较贫,故回收凝液的价值不大时,可采用节流阀制冷,仅控制其水露点及烃露点以满足管输要求。若节流后的温度不够低,可采用冷剂预冷。

2) 热分离机制冷

热分离机是 20 世纪 70 年代由法国 ELF-Bertin 公司研制的一种简易有效的气体膨胀制冷设备,由喷嘴及接受管组成,按结构可分为静止式和转动式两种。自 20 世纪 80 年代末期以来,热分离机已在我国一些天然气液回收装置中得到应用。在下述情况下可考虑采用热分离机制冷:①原料气量不大且其压力高于外输气压力,有压差可供利用,但靠节流阀制冷达不到所需要的温度时,可采用热分离机制冷。热分离机的气体出口压力应能满足外输要求,不应再设增压压缩机。热分离机的最佳膨胀比约为 5,且不宜超过 7。如果气体中重烃较多,可采用冷剂预冷。②适用于气量较小或气量不稳定的场合,而简单可靠的静止式热分离机特别适用于单井或边远井气藏气的天然气液回收。

3) 膨胀机制冷

当节流阀或热分离机制冷不能达到所要求的凝液收率时,可考虑采用膨胀机制冷。其适用情况如下:①原料气量及压力比较稳定。②原料气压力高于外输气压力,有足够的压差可供利用。③气体较贫及凝液收率要求较高。

1964 年,美国首先将透平膨胀机制冷技术用于天然气液回收过程中。由于此法具有流程简单、操作方便、对原料气组成的变化适应性大、投资低及效率高等优点,近年来发展很快,美国新建或改建的天然气液回收装置有 90% 以上采用了透平膨胀机制冷法。

3. 联合制冷法

联合制冷法又称为冷剂与直接膨胀联合制冷法。顾名思义,此法是冷剂制冷法与直接膨胀制冷法二者的联合,即冷量来自两部分:一部分由膨胀制冷法提供,另一部分则由冷剂制冷法提供。当原料气组成较富,或其压力低于适宜的冷凝分离压力,为了充分、经济地回收天然气液而设置原料气压缩机时,应采用有冷剂预冷的联合制冷法。

由于我国的伴生气大多具有组成较富、压力较低的特点,所以自 20 世纪 80 年代以来新建或改建的天然气液回收装置普遍采用膨胀制冷法及有冷剂预冷的联合制冷法,而其中的膨胀制冷设备又以透平膨胀机为主。

目前,天然气液回收装置采用的几种主要工艺方法的烃类回收率见表 8-1。当以回收 C_2^+ 为目的时,可选用的制冷方法是表 8-1 中的后四种。其中,马拉(Mehra)法的实质是用物理溶剂(例如 N-甲基吡咯烷酮)代替吸收油,将原料气中的 C_2^+ 吸收后,采用抽提蒸馏的工艺获得所需的 C_2^+。乙烷、丙烷的回收率依市场需求情况而定,分别为 2%~90% 和 2%~100%。这种灵活性是透平膨胀机制冷法所不能比拟的。

表 8-1　一些 NGL 回收方法的烃类回收率, %

方法	乙烷	丙烷	丁烷	天然汽油(C_5^+)
吸收法	5	40	75	87
低温油吸收法	15	75	90	95
冷剂制冷法	25	55	93	97
阶式制冷法	70	85	95	100
节流阀制冷法	70	90	97	100
透平膨胀机制冷法	85	97	100	100
马拉法	2~90	2~100	100	100

需要指出的是,由于天然气的压力、组成及要求的液烃收率不同,因此,天然气液回收中的冷凝分离温度也有不同。根据天然气在冷冻分离系统中的最低冷冻温度,通常又将冷凝分离法分为浅冷分离与深冷分离两种。浅冷分离的冷冻温度一般在 -20~-35℃,而深冷分离的冷冻温度一般均低于 -45℃,最低达 -100℃ 以下。

深冷分离有时也称为低温分离。但是,天然气工业中提到的低温分离就其冷冻温度范围来讲并不都属于深冷分离的范畴。

8.2　天然气液化工艺

液化天然气(LNG)从 20 世纪 60 年代开始商业化以来,近年来 LNG 贸易发展很快,预计今后十年内 LNG 的年增长速度仍将保持在 7% 左右,大约为全球天然气增长速度的两倍,为原油增长速度的 3 倍。

LNG 工厂、海上大型运输船及接收终端是 LNG 工业系统中的主要组成。天然气在液化工厂被液化为 LNG,经海上运输到接收站后,储存在大型储罐内,然后在汽化器内加热逐渐汽化后经管道输送至用户,小部分 LNG 经水路或陆路运到卫星装置,再供用户使用。

天然气的液化一般包括天然气净化(也称为预处理)过程和天然气液化过程两部分,其核心是制冷循环系统。首先将原料天然气经过"三脱"(即脱水、脱烃、脱酸性气体)净化处理脱除液化过程的不利组分,之后再进入制冷系统的高效换热器不断降温,并将丁烷、丙烷、乙烷等逐级冷凝分离,最后在常压下使温度降低到 -162℃ 左右,即可得到 LNG 产品。图 8-3 是典型的 LNG 生产工艺流程。

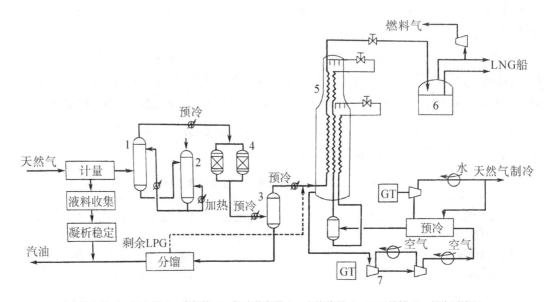

1—吸收器;2—再生器;3—涤气柱;4—气液分离器;5—主换热器;6—LNG储罐;7—制冷压缩机。

图 8-3　典型的 LNG 生产工艺流程

8.2.1　LNG 装置的类型

1. 调峰型装置

将天然气液化储存用于调节用气高峰,主要建设在远离天然气气源的地区,在发达国家广泛用于天然气输气管网中,对城市用气量的波动进行平衡。城市天然气的用量随时间变化,比如在北方,冬季由于取暖的原因用气量要远远大于夏天,冬、夏季天然气峰谷用量相差2~5倍。由于城市用气量的不均匀性,就需要一定的调峰手段,把用气低谷时多余的天然气储存起来用于用气高峰时段。城市天然气的调峰通常有两种手段,一种是以气态的方式储存高压的天然气,另一种是以液态的方式储存低压低温的天然气。液态天然气容器的单位容积储存量远远大于气态方式,所以 LNG 储存调峰单位造价更节省。用于调峰的小型液化天然气装置应具有较大的市场灵活性,能够满足不同地区在不同发展阶段对天然气的需求。小型液化天然气装置应该具备简单、有效、可靠的工艺特点,能力配置要充分结合。

2. 基地型装置

基地型装置又称为基荷型装置,主要用于大量生产 LNG,供出口或贸易。LNG 基地装置多建在沿海地区,便于装船运送到输入国或地区,工厂处理量很大,且要与气源的规模和 LNG 运输船的装运能力相匹配。基地装置的液化能力很大,没有再汽化设施。在国外也有小型的基地装置生产液化天然气供交通工具或卫星城镇使用,LNG 作为交通燃料比较新颖而且前景非常好。生产液化天然气的液化装置本质上和调峰装置相同,只是液化天然气的储罐更小些,而且是以液体而不是气体的形式输出。

3. 终端型装置

终端型装置又称为接收站,用于大量接收、储存由 LNG 运输船从海上运来的 LNG,储存的 LNG 汽化后进入管网供应用户。

4.卫星型装置

卫星型装置主要用于调峰,由船或特殊槽车从接收站运来 LNG,加以储存,到用气高峰时汽化补充使用,此类装置也可专用于为用户提供天然气。此类装置无液化能力,只有储罐和汽化设备。

8.2.2　天然气液化制冷

原料天然气经预处理后,进入换热器进行低温冷冻循环,冷却至-160℃左右就会液化。天然气的液化工艺流程根据所采用的制冷循环可以分为 3 种,即阶式制冷循环、混合制冷循环和膨胀制冷循环。三种液化工艺在基地型 LNG 工厂中均有采用,而调峰型 LNG 工厂较多采用膨胀机制冷液化工艺。

1.阶式制冷工艺

阶式制冷工艺是一种常规制冷工艺。对于天然气液化过程来说,一般是由丙烷、乙烯和甲烷为制冷剂的三个制冷循环阶组成,逐级提供天然气液化所需的冷量,制冷温度等级高的第一级制冷循环(第一级制冷阶)采用丙烷作制冷剂。由丙烷压缩机来的丙烷蒸汽先经冷却器(水冷或空气冷却)冷凝为液体,再经节流阀降压后在蒸发器及乙烯冷却器中蒸发(蒸发温度可达-40℃),一方面使天然气冷冻降温,另一方面使由乙烯压缩机来的乙烯蒸汽冷凝为液体。第二级制冷循环(第二级制冷阶)采用乙烯作制冷剂。由乙烯压缩机来的乙烯蒸汽先经冷却器冷凝为液体,再经节流阀降压后在蒸发器及甲烷冷却器中蒸发(蒸发温度可达-102℃),一方面使天然气继续冷冻降温,另一方面使由甲烷压缩机来的甲烷蒸汽冷凝为液体。制冷温度等级低的第三级制冷循环(第三级制冷阶)采用甲烷作制冷剂。由甲烷压缩机来的甲烷蒸汽先经冷却器冷凝为液体,再经节流阀降压后在蒸发器蒸发(蒸发温度可达-160℃),使天然气进一步冷冻降温。净化后的原料天然气经过以上三个制冷循环后,经节流降压后获得低温常压液态天然气产品,送至储罐储存。图 8-4 为阶式制冷系统的工艺流程示意图。

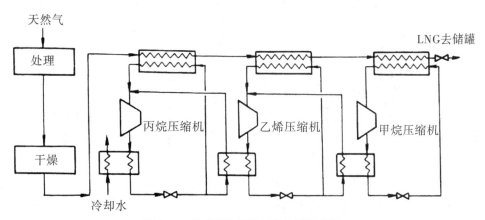

图 8-4　阶式制冷系统工艺流程示意图

阶式制冷工艺制冷系统与天然气液化系统相互独立,制冷剂为单组分,各系统相互影响少,操作稳定,较适合于高压气源。但由于该工艺制冷机组多,流程长,对制冷剂纯度要求严格,且不适用于含氮量较多的天然气。因此,这种液化工艺在天然气液化装置上已较少应用。

2. 混合制冷工艺

混合制冷工艺是 20 世纪 60 年代末期由阶式制冷工艺演变而来的,多采用烃类混合物 (N_2、C_1、C_2、C_3、C_4、C_5) 作为制冷剂,代替阶式制冷工艺中的多个纯组分。其制冷剂组成根据原料气的组成和压力而定,利用多组分混合物中重组分先冷凝、轻组分后冷凝的特性,将其依次冷凝、分离、节流、蒸发得到不同温度级的冷量。又根据混合制冷剂是否与原料天然气相混合,分为闭式和开式两种混合制冷工艺。

闭式循环:制冷剂循环系统自成一个独立系统。混合制冷剂被制冷压缩机压缩后,经水(空气)冷却后在不同温度下逐级冷凝分离,节流后进入冷箱(换热器)的不同温度段,给原料天然气提供冷量。原料天然气经"三脱"处理后,进入冷箱(换热器)逐级冷却冷凝、节流、降压后获得液态天然气产品。

开式循环:原料天然气经"三脱"处理后与混合制冷剂混合,依次流经各级换热器及气液分离器,在逐渐冷凝的同时,也把所需的制冷剂组分逐一冷凝分离出来,按制冷剂沸点的高低将分离出的制冷剂组分逐级蒸发,并汇集构成一股低温物流,与原料天然气进行逆流换热、制冷循环。开式循环系统启动时间较长,且操作较困难,技术尚不完善。

与阶式制冷工艺相比,混合制冷工艺有流程短、机组少、投资低等优点。其缺点是能耗比阶式高,对混合制冷剂各组分的配比要求严格,设计计算较困难。图 8-5 是混合冷剂制冷系统工艺流程图。

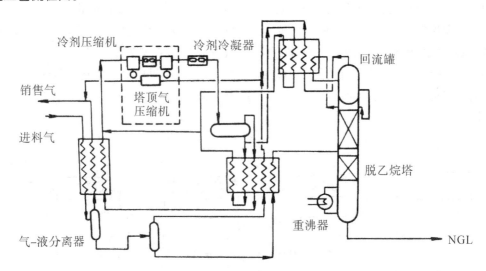

图 8-5　混合冷剂制冷系统工艺流程图

混合制冷工艺可以分为全混合制冷剂工艺和预冷并混合制冷剂工艺。目前有多家公司开发出了各具特色丙烷预冷的混合制冷剂循环工艺。原料天然气经由燃气引擎带动的压缩机两级压缩,经冷却后,通过脱硫单元除去酸性组分(CO_2、硫组分等),然后进入分子筛干燥系统进行深度脱水(水的体积分数控制在 $1×10^{-6}$ 以下)。

净化后的天然气经预冷器与尾气换热,并由丙烷冷剂预冷,预冷后的天然气进入主冷却器,由混合冷剂冷冻至 $-120 \sim -125℃$(全凝、过冷)。冷却后的天然气经节流,温度进一步降低,通过气液分离器分离出液相 LNG 产品和气体,气体经主换热器和预冷器换热,作为尾气排出装置。

混合制冷剂经过压缩后与丙烷预冷器换热,发生部分冷凝,然后通过气液分离器分离成气相和液相两部分。液相经节流降温后,由中部进入(喷淋)主换热器,在主换热器的热区(下部)冷却冷剂的气相部分(使之部分冷凝)和原料气;气相部分先在主换热器的热区被冷冻,后在冷区被进一步冷却,并通过节流降温,作为低温冷剂由上部进入(喷淋)主换热器。换热并汽化后的混合冷剂由主换热器底部引出,换热后,进入混合冷剂压缩机压缩,进行制冷循环。

3. 膨胀制冷工艺

膨胀制冷工艺的特点是利用原料天然气的压力能对外做功以提供天然气液化所需的冷量。系统液化率主要取决于膨胀比和膨胀效率。该工艺特别适用于天然气输送压力较高而实际使用压力较低,中间需要降压的气源场合。其优点是能耗低、流程短、投资省、操作灵活,缺点是液化率低,图 8-6 是膨胀冷剂制冷系统工艺流程图。

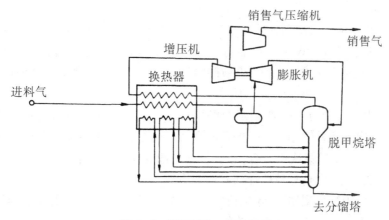

图 8-6 膨胀制冷工艺流程图

8.2.3 LNG 储存

1. LNG 接收站

LNG 接收站工艺可分为两种,一种是蒸发气体(Boiling Of Gas,BOG)再冷凝工艺,另一种是 BOG 直接压缩工艺。两种工艺并无本质上的区别,仅在 BOG 的处理上有所不同。现以 BOG 再冷凝工艺为例介绍 LNG 接收站的工艺流程,如图 8-7 所示,LNG 运输船抵达接收站的码头后,经卸料臂将 LNG 输送到储罐,再由 LNG 泵升压后输入汽化器,LNG 受热汽化后输入用户管网。LNG 在储罐的储存过程中,因冷量损失产生气体,正常运行时,罐内 LNG 的日蒸发率为 0.06% ~ 0.08%;但卸船时,由于船上储罐内输送泵运行时散热、船上储罐与接收站储罐的压差、卸料臂漏热及 LNG 与蒸发气置换等,蒸发气量可数倍增加。BOG 先通过压缩机加压后,与 LNG 过冷液体换热,冷凝成 LNG。为了防止 LNG 在卸船过程中造成 LNG 船舱形成负压,一部分 BOG 需返回 LNG 船以平衡压力。若采用 BOG 直接压缩工艺,由压缩机加压到用户所需压力后,直接进入外输管网,需消耗大量的压缩功。

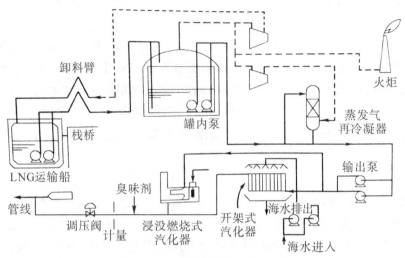

图 8-7　LNG 接收站的工艺流程图

2. LNG 储罐

LNG 储罐是 LNG 接收站和各种类型 LNG 工厂及装置不可缺少的重要设备。由于 LNG 具有可燃性和超低温性(-162℃),因而对 LNG 储罐有很高的要求。罐内压力 0.1~1 MPa,储罐的蒸发量一般为 0.04%~0.2%,小型储罐蒸发量高达 1%。储罐可分为地面储罐和地下储罐。

目前,世界上应用最为广泛的地面储罐是以金属材质地面圆柱状双层壁储罐为主,这种双层壁储罐是由内罐和外罐组成,两层壁间填以绝热材料,与内壁接触的内罐材料是含镍 9% 的不锈钢、奥氏体不锈钢或铝合金,外罐材料一般为碳钢,绝热材料采用珠光砂、聚氨酯泡沫塑料、聚苯乙烯泡沫塑料、玻璃纤维或软木等。

地下储罐主要为特大型储罐,除罐顶外,大部分(最高液面)在地面以下,罐体坐落在不透水的稳定地层上。为防止周围土壤冻结,在罐底和罐壁设置加热器,有的储罐周围留有 1 m 厚的冻结土,以提高土壤的强度和水密性。LNG 地下储罐的钢筋混凝土外罐,能承受自重、液压、土压、地下水压、罐顶、温度、地震等载荷,内罐采用金属薄膜,紧贴在罐体内部,金属薄膜在-162℃具有液密性和气密性,能承受 LNG 进出时产生的液压、气压和温度波动,同时还具有充分的疲劳强度,通常制成波纹状。

8.3　压缩天然气(CNG)的特性

1. 高压特性

CNG 是天然气的一种储存形式,其最大特性是高压,便于运输和储存。一般加气站内储存压力已达到 25 MPa,充装到 CNG 汽车上的压力一般也要接近 20 MPa,压力高也会造成伤害。高压产生的主要问题有:一是高压容器及管道在超压状态下会产生物理爆炸;二是压力容器在反复充装下,会影响容器的疲劳强度;三是天然气中的少量酸性气体会对压力容器内部产生腐蚀,降低寿命,发生物理爆炸;四是安全附件的失效可能导致 CNG 的泄漏,泄漏时高压气体会伤害人或致使气瓶飞出。

2. 抗爆性能

压缩天然气的抗爆性相当于汽油的辛烷值在 130 左右,高于市场上所见到的汽油辛烷值,所以 CNG 作为汽车燃料不需辛烷值改进剂。天然气发动机与汽油发动机相同,采用火花塞点火,而且设计上可以把压缩比提升至 11 左右,弥补在能量热值上的不足。近年来发动机技术取得了明显进步,通过提高压缩比,采用多点喷射系统与涡轮增压技术,其动力输出性能已经与传统汽柴油发动机接近。

3. 清洁性

使用压缩天然气替代汽油作为汽车燃料,可使 CO 排放量减少 97%,碳氢化合物减少 72%,氮氧化合物减少 39%,CO_2 减少 24%,SO_2 减少 90%,噪音减少 40%。另外,由于天然气分子结构简单,燃烧充分,可减少积炭,可降低机械摩擦的耗损,可延长汽车大修理时间 20% 以上,润滑油更换周期延长到 1.5×10^4 km,提高了发动机寿命,维修费用降低,比使用常规燃料节约 50% 左右的维修费用,见表 8-2 和表 8-3。

表 8-2　薪柴和化石燃料热值和氢碳比

项目	薪柴	煤	石油	天然气
总热值/(kJ/kg)	6 280~8 374	20 934~29 308	41 868~46 055	54 428
氢碳比	1:10	1:1	2:1	4:1

表 8-3　压缩天然气技术替代汽油后产生的效益

效益类别	项目	效益值	与燃油比减少量/%
经济效益	可替代汽油	12 090 t	—
	节省燃料费	2 214~4 380 万元	30~40
	节省维修费	800 万元	40
环境效益	减少 CO 排放量	124.1 t	97
	减少 NO_x 排放量	106.25 t	39
	减少碳氢化合物排放量	87.97 t	72
	减少颗粒杂质	1.6 t	—
	减少铅化物	1.5 t	100
	减少 CO_2 排放量	6964 t	24
	减少 SO_2 排放量	7.245 t	90
	减少噪声	—	40

注:以上数据是由 1 000 辆公交车计算,年耗气量 1.572×10^7 m^3

4. 安全性

CNG 的压缩、储运、减压、燃烧过程,都是在密闭状态下进行的,不易发生泄漏。天然气比空气轻,即使有泄漏,在高压下也会迅速扩散,不易着火。天然气燃点为 650~700℃,不易发生燃烧。CNG 储气瓶和相关汽车配件的加工、制造、安装有严格的规范和标准,可确保安全,同时压缩天然气是非致癌、无毒、无腐蚀性的。从国内使用十多年压缩天然气的经验来看,天然气汽车比燃油汽车更安全。

8.4 压缩天然气的应用

8.4.1 车用压缩天然气的质量要求

1. 车用压缩天然气质量指标

车用压缩天然气直接加注到压缩天然气车辆中,要能够保证车辆使用的动力要求和安全要求。而以城市管网为基础的母站或子站,其进口天然气质量也会影响出口天然气质量,直接影响着车辆的动力和安全,所以对压缩天然气加气站进口天然气质量也要严格控制。

天然气按高位发热量、总硫、硫化氢和二氧化碳含量分为一类、二类和三类。为充分利用天然气这一矿产资源的自然属性,依照不同要求,结合我国天然气资源的实际,本标准主要根据总硫、硫化氢和二氧化碳含量将天然气分为三类。一类和二类气体主要用作民用燃料和工业原料或燃料,三类气体主要作为工业用气。世界各国商品天然气中硫化氢控制含量大多为 $5 \sim 23$ mg/m^3。考虑到在城市配气和储存过程中,特别是混配和调值时可能有水分混入。为防止配气系统的腐蚀和保证居民健康,国家规定一类、二类天然气中硫化氢含量分别小于 6 mg/m^3 和 20 mg/m^3。天然气的技术指标应符合表 8-4 的规定。

表 8-4 天然气技术指标

项目	一类	二类	三类
高位发热量[1]/(MJ/m^3)	≥36.0	≥31.4	≥31.4
总硫(以硫计)[1]/(mg/m^3)	≤60	≤200	≤350
硫化氢[1]/(mg/m^3)	≤6	≤20	≤350
二氧化碳/%	≤2.0	≤3.0	—
水露点[2],[3]/℃	在交接点压力下,水露点应比输送条件下最低环境温度低5℃		

注:[1]本标准中气体体积的标准参比条件是 101.325kPa,20℃。

　　[2]在输送条件下,当管道管顶埋地温度为 0℃ 时,水露点应不高于-5℃。

　　[3]进入输气管道的天然气,水露点的压力应是最高输运压力。

作为民用燃料的天然气,总硫和硫化氢含量应符合一类气或二类气的技术指标。作为车用天然气应达到一类标准,因为车用天然气压力一般为 20~25 MPa,硫化氢可以直接与水溶成酸,硫也可以在燃烧之后形成硫酸,会腐蚀压缩机、管道、储气瓶、车用储气罐,使设备强度降低发生物理爆炸,也可对车辆发动机及排气系统造成腐蚀,影响车辆使用寿命。

2. 车用压缩天然气质量指标分析

1)车用压缩天然气组成

天然气组分变化很大,甲烷含量在 40% 的范围内变化。一般天然气甲烷含量在 80% 以上,而油田伴生气甲烷可能只有 50%,乙烷含量可能超过 20%,天然气组分是确定天然气综合指标的基础,见表 8-5。

表 8-5　天然气组分表

组分	CH$_4$	C$_2$H$_6$	C$_3$H$_8$	iC$_4$H$_{10}$	nC$_4$H$_{10}$	iC$_5$H$_{12}$	nC$_5$H$_{12}$	CO$_2$	N$_2$
含量/%（体积分数）	93.83	3.06	0.60	0.10	0.12	0.06	0.10	0.60	1.46

2）高位发热量

天然气作为燃料在燃烧时会发出热量，其发热量会随组分变化而有很大差别。在描述发热量时用到两个基本概念，即低位发热量和高位发热量。低位发热量是指在大气条件下单位容积含氢燃料燃烧时，全热量中减去不能利用的汽化潜热，称为低位发热量。高位发热量是指在大气条件下单位容积含氢燃料燃烧时，将所发生蒸汽的汽化相变焓计算在内的热量称为高位发热量。天然气发热量的规律是烃组分多、杂气少则发热量高，烃类中热值高的组分越多，发热量越多。

在实际应用中有多种表示发热量的单位，用得较多的是一标准立方米天然气完全燃烧放出多少兆焦的热量，具体见表 8-6。在质量检验中主要采用气相色谱法检测。

表 8-6　天然气组分与燃烧热值对应表

项目	甲烷	乙烷	丙烷	异丁烷	正丁烷	戊烷	氮气	高位热值	低位热值	华白数	燃烧势	气体
	CH$_4$	C$_2$H$_6$	C$_3$H$_8$	iC$_4$H$_{10}$	nC$_4$H$_{10}$	nC$_5$H$_{12}$	N$_2$	MJ/Nm^3		CP		相对密度
	%（体积分数）											
广东 LNG	88.77	7.54	2.59	0.45	0.56	0	0.07	44.61	40.39	56.05	41.85	0.6335
福建 LNG	71.89	5.64	2.57	1.44	0	3.59	14.87	43.16	39.21	46.85	32.03	0.7677
海南 LNG	78.48	19.83	0.457	0.004	0.002	0.001	1.222	45.66	41.38	56.1	43.89	0.6623
新疆 LNG	82.422	11.109	4.553	0	0	0	1.916	45.24	40.99	55.55	41.91	0.6631
中原 LNG	95.88	3.36	0.34	0.05	0.05	0.02	0.3	41.05	37.07	53.99	40.85	0.578
榆林 LNG	95.18	2.295	0.244	0.036	0.046	0.021	0.391	42.04	38.05	54.23	40.76	0.574

注：表内参数均为标准状态下（0℃，101.325 kPa）值，大部分数据来源于资源方提供的化验数据。一般情况下，实际供应的天然气热值要较表中值低一些。

3）总硫、硫化氢含量

天然气中的硫主要以硫化氢和有机硫化物的形式存在。在天然气质量检验中主要检验两个指标：总硫和硫化氢含量。因为硫化氢是剧毒且有恶臭气味的气体，溶于水后形成氢硫酸，能腐蚀多种金属，也能产生氢脆现象，对天然气生产和使用造成严重损失，所以硫化氢是重点检验项目。另外，所有硫化物燃烧后排放造成环境污染。

总硫含量是指天然气中所含的所有硫化物中硫的总量,以元素硫对天然气的质量百分比来表示。硫化氢含量是指天然气中所含硫化氢的总量,以硫化氢对天然气的质量百分比来表示。总硫采用库仑法检测,硫化氢采用湿式流量计化学滴定法检测。

4)二氧化碳含量

二氧化碳是天然气中常见的酸性组分之一,有的气井中二氧化碳含量甚至高达90%以上。而二氧化碳不能燃烧,其含量过多,在使用过程中会降低发热量。所以要限制其含量,以保证 CNG 的燃烧性能。在质量检验过程中采用气相色谱法检测。

5)水露点

天然气的水露点是指在一定的压力下天然气中的水蒸气开始凝结出游离水的温度。在露点时,天然气与液体水处在平衡状态,降温或升压都将引起水蒸气凝结。

管道输送未经脱水的天然气时,随着温度降到露点或更低,天然气中的水蒸气会凝析出来,聚集在管道低洼处,形成积液堵塞、增加阻力、腐蚀管道等问题。

在车用天然气质量检验中,水露点是指被测气体通过可以不断降温的测试仪器镜面时,有凝析物产生结露时的温度,可以表征气体中的水含量。

在车用天然气加工和加注过程中,CNG 中的水分有很大的危害:①形成水合物,造成CNG 燃料用车内的天然气管道、储气瓶嘴、充气嘴等小口径产生沉积截流现象,使系统不能正常运行。②加速天然气中酸性气体对气瓶和高压管线的腐蚀。③环境温度较低时,容易形成结冰,或是在压降比较大的时候,形成冰堵现象。

控制水露点实际就是控制 CNG 中的水分含量。水露点是 CNG 生产、经营、使用过程中需要重点控制的指标,对生产储运设备、车辆使用性能有重要影响。

水露点标准检测方法为冷却镜面凝析湿度计法。生产过程中使用的在线检测仪不是标准方法,常有误差,需要校正,以标准方法为准。

6)烃露点

天然气的烃露点是指在一定压力下从天然气或油田气中开始凝结出烃类液体的温度。天然气的烃露点与天然气的压力和组成有关。微量重烃的影响甚至比常量轻组分的影响还要显著。用管道输送未经控制烃露点的天然气,当温度降至烃露点以下时,烃蒸汽便凝结成液体,在管道低洼处形成积液,影响正常输气,甚至堵塞管道,因此,进入长输干线的天然气的最低温度必须高于天然气的烃露点。

天然气的烃露点是天然气输送过程中需考虑的重要指标,烃露点控制的原则主要是管输条件下不产生烃类凝析物为基本原则。

7)华白数指标

当燃烧器喷嘴前压力不变时,燃具热负荷 Q 与燃气热值 H 成正比,与燃气相对密度的平方根成反比,而燃气的高热值与燃气相对密度的平方根之比称为华白数。

华白数是代表燃气特性的一个参数,最早于1926年由意大利人华白提出,又称为沃泊指数,现为各国所通用。若两种燃气的热值和密度均不相同,但只要它们的华白数相等,就能在同一燃气压力下和同一燃具上获得同一热负荷。如果其中一种燃气的华白数较另一种大,则热负荷也较另一种大,因此华白数又称为热负荷指数。如果两种燃具有相近的华白数,则在互换时能使燃具保持相似的热负荷和一次空气系数。如果置换气的华白数比基准气大,则在置换时燃具热负荷将增大,而一次空气系数将减少。因此,华白数是一个互换性指数。各国规定在两种燃气互换时华白数的变化不大于±5%～10%。

城市燃气应按燃气类别及其燃烧特性指数(华白数 W 和燃烧势 CP)分类,并应控制其波动范围。

华白数 W 按式(8-1)计算:

$$W = \frac{Q_g}{\sqrt{d}}$$ (8-1)

式中:W——华白数,$MJ/m^3(kcal/m^3)$;

　　Q_g——燃气高热值,$MJ/m^3(kcal/m^3)$;

　　d——燃气相对密度(空气相对密度为1)。

燃烧势 CP 按式(8-2)计算:

$$CP = K \times \frac{1.0H_2 + 0.6(C_mH_n + CO + 0.3CH_4)}{\sqrt{d}}$$ (8-2)

$$K = 1 + 0.0054 \times O_2^2$$

式中:CP——燃烧势;

　　V_{H_2}——燃气中氢含量,%(体积分数);

　　$V_{C_mH_n}$——燃气中除甲烷以外的碳氢化合物含量,%(体积分数);

　　V_{CO}——燃气中一氧化碳含量,%(体积分数);

　　V_{CH_4}——燃气中甲烷含量,%(体积分数);

　　d——燃气相对密度(空气相对密度为1);

　　K——燃气中氧含量修正系数;

　　V_{O_2}——燃气中氧含量,%(体积分数)。

8.4.2　CNG 加气站工艺

CNG 是天然气的一种储存形式,其最大特性是高压,便于运输和储存。CNG 加气站就是为 CNG 汽车储气瓶充装车用 CNG,或为 CNG 车载储气瓶组充装 CNG,以便外输的场所,包括 CNG 常规加气站、CNG 加气母站、CNG 加气子站。加气站的形式不同,工艺和设备也有差异。加气站的主要设备包括压缩机、储气井或储气瓶、加气机、脱硫塔、干燥器、PLC 控制柜、安全附件等。

1. CNG 加气站分类

1)CNG 常规加气站

从站外天然气管道输入天然气,经过适当的工艺处理并增压后,通过加气机给 CNG 汽车储气瓶充装车用 CNG 的场所。

2)CNG 加气母站

从站外天然气管道输入天然气,经过适当的工艺处理并增压后,通过加气柱给 CNG 车载储气瓶组充装 CNG,同时也可通过加气机直接给 CNG 汽车储气瓶充装车用 CNG 的场所。

3)CNG 加气子站

用车载储气瓶组拖车运进 CNG,通过加气机为 CNG 汽车储气瓶充装车用 CNG 的场所。

2. CNG 常规加气站工艺

CNG 常规加气站是指在站内利用城市天然气管网取气,经过调压、脱硫、脱水、压缩等生产工艺将天然气加工成压缩天然气,并为燃气汽车充装的站点。其特点是站点的所有生产及销售均集中在站内进行。适合建在具有城市天然气管网,且加气车辆较多的地点,工艺流程如图 8-8 所示。

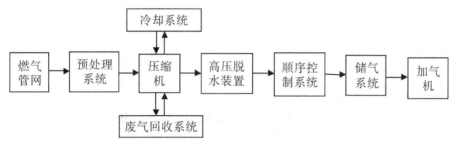

图 8-8　常规加气站工艺流程

低压原料气进入 CNG 加气站后,经调压计量、脱硫、脱水、加压、储存、充装等环节,最后输出高压压力大于(20 MPa)车用压缩天然气。

1)原料天然气

城市输配管网供气的 CNG 加气站,其低压原料气压力等于或大于 0.3 MPa,与压缩机要求的进气压力相匹配。供应 CNG 加气站的原料天然气有两种:一种是天然气中含有一定量的硫化氢含量,另一种天然气成分中无硫化氢。

2)进气调压计量系统

低压原料天然气进入 CNG 加气站后,首先进入调压计量系统,这个系统包括过滤、分离、调压、计量、缓冲等装置。若原料组分中含有超标硫化氢成分时,应设置脱硫装置,进行脱硫处理。

3)深度脱水

原料天然气进入脱水装置吸附塔,塔内的 4A 型分子筛能有效吸附天然气中的水分,使天然气中的水含量达到车用压缩天然气水含量的要求。深度脱水装置及其设置有两种:①低压脱水装置。设置在压缩机前,原料天然气经调压计量系统后,即进入深度脱水装置,经过脱除水分的天然气进入压缩机,对压缩机也有一定的保护作用。②高压脱水装置。设置在压缩机后,原料天然气经调压计量系统后即进入压缩机,压缩后的天然气压力升高至25 MPa,然后进入深度脱水装置脱除水分。

4)压缩机装置

低压天然气经压缩机加压后,天然气压力升高到 25 MPa。使用比较普遍的压缩机是 V 型压缩机、L 型压缩机。目前建设的 CNG 加气站生产规模多为 10 000 Nm³/d 和 15 000 Nm³/d,一般配备 2 台压缩机。

5)储气系统

为了满足汽车不均衡加气的需要,CNG 加气站必须设置高压储气系统,以储存压缩机加压的高压气。储气系统采用的储气方式有以下几种:

（1）小气瓶储气。单个小气瓶容积仅 50 L，需要气瓶数量多、接点多、泄漏点多、维护与周检工作量大。

（2）管井储气。使用 API 进口石油套管加装高压封头，立式深埋地下约 150 m 左右，形成水容积 2~4 m^3 的储气管井。

（3）大型容器储气。常用的有两种，一种是多层包扎的天然气储气罐，公称直径为 DN 800、容积规格为 2 m^3、3 m^3、4 m^3，分卧式与立式两种；另一种是柱形（球形）单层结构高压储气罐，容积规格为 2 m^3、3 m^3、4 m^3 或以上。

6）加气机

加气机是用来给 CNG 加气汽车加注高压天然气。它由科里奥利质量流量计、微电脑控制售气装置和压缩天然气气路系统组成，其屏幕显示售气单价、累计金额和加气总量。

3. CNG 加气母站工艺

CNG 母站是指在具有稳定气源的地点建设具有调压、脱硫、脱水、压缩等工艺的大型 CNG 生产站点（CNG 母站），将生产出的 CNG 充装到车载储气瓶组内，通过牵引车将车载储气瓶组运送到对各类燃气汽车充装的站点（子站）销售的系统。

CNG 加气母站气源来自天然气高压管网，对于不需要进行脱硫的天然气气源，过滤计量后进入干燥器进行脱水处理，干燥后的气体通过缓冲罐进入压缩机加压。压缩后的高压气体分为两路：一路是通过顺序控制盘，进入储气井，再通过加气机给 CNG 燃料汽车充装 CNG，另一路进加气柱给 CNG 槽车充装 CNG，如图 8-9 所示。

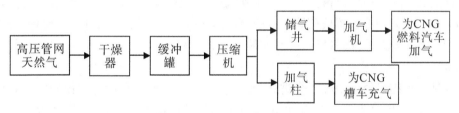

图 8-9　加气站母站工艺流程

4. CNG 加气子站工艺

目前 CNG 加气子站根据生产工艺，又分为 CNG 标准子站和 CNG 液推式子站。

1）CNG 标准子站

CNG 标准子站即车载储气瓶组提供 CNG 气源，在车载储气瓶组内 CNG 压力衰减后，经过小型压缩机再次加压，通过优先顺序控制进入储气井或储气瓶组，通过 CNG 加气机给燃气汽车充气的 CNG 站点。

标准子站工艺流程：CNG 子站拖车到达 CNG 加气子站后，通过卸气高压软管与卸气柱相连。启动卸气压缩机，CNG 经卸气压缩机加压后，通过顺序控制盘进入高、中、低压储气井组，储气井组里的 CNG 可以通过加气机给 CNG 燃料汽车加气，如图 8-10 所示。

图 8-10　CNG 标准子站流程

2）CNG 液推式子站

通过站内的橇装液推装置直接将特殊材质的液体充入车载储气瓶组钢瓶中,将钢瓶内的 CNG 推出,通过站内的 CNG 加气机给燃气汽车充气的 CNG 站点。液推子站为单线充装子站。

CNG 液推式子站工艺流程:CNG 子站拖车到达 CNG 加气子站后,通过快装接头将高压进液软管、高压回液软管、控制气管束、CNG 高压出气软管与液压子站橇体连接。系统连接完毕后启动液压子站橇体或者在 PLC 控制系统监测到液压系统压力低时,高压液压泵开始工作,PLC 自动控制系统会打开一个钢瓶的进液阀门和出气阀门,将高压液体介质注入一个钢瓶,保证 CNG 子站拖车钢瓶内气体压力保持在 20~22 MPa,CNG 通过钢瓶出气口经 CNG 高压出气软管进入子站橇体缓冲罐后,经高压管输送至 CNG 加气机给 CNG 燃料汽车加气,如图 8-11 所示。

图 8-11　CNG 液推式子站工艺流程

8.4.3　CNG 加气站工艺要求

进站天然气管道上应设置超压切断阀、过滤器、调压阀、缓冲罐和全启封闭式弹簧安全阀等。计量装置应选用计量精度不低于 1.0 级的智能型流量计;进站天然气硫化氢含量超过 15 mg/m³ 时,站内应设置脱硫装置。脱硫设备应按 2 台并联设计,其中 1 台备用;天然气脱水装置应按 2 套系统并联设计,一套系统在运行,另一套系统进行再生,交替运行周期可为 6~8 h。

加气站内压缩机的选型应结合进站天然气压力、脱水工艺和设计规模确定。装机数量应按 2 台并联设计,其中 1 台备用,在加气母站内压缩机可多台并联运行,另设 1 台备用压缩机;计算多台并联运行的压缩机单台排气量,应按公称容积流量的 85% 计算。压缩机进口管道上应设置手动和电动控制阀门;电动阀门宜与压缩机的电气开关连锁。压缩机出口管道上应设置安全阀、止回阀、手动阀门。压缩机的控制与保护应设有自动和手动停车装置。

8.4.4　CNG 加气站的设备

CNG 加气站的关键技术可分为 5 个系统,分别是:预处理系统、压缩系统、储存系统、加气系统和控制系统。这 5 个系统基本囊括了 CNG 加气站的设备。

1. 预处理系统

主要作用:调压、计量、净化杂质。

主要设备:过滤器、调压计量系统(柜)、脱硫塔、低压或高压干燥器。

适用站点:CNG 标准站和 CNG 母站。

(1)过滤器。其作用是过滤掉天然气中的杂质,一般的过滤器的过滤精度为 5~20 μm。

(2)调压计量系统(柜)。这个系统包括调压、计量、缓冲等装置,作用是调节进料系统的压力。

（3）脱硫塔。脱除进站天然气中超标的硫化物和硫化氢等酸性气体。

城市天然气管网输送天然气的质量标准是《天然气》（GB17820—2012），硫化氢含量≤20 mg/m³，与车用天然气标准有差距。当进站天然气硫化氢含量不符合国家标准《车用天然气》（GB18047—2000）的有关规定时，应在站内进行脱硫处理。脱硫应在天然气增压前进行，脱硫系统宜设置备用脱硫塔。脱硫塔前后的工艺管道上应设置硫化氢含量检测取样口，也可设置硫化氢含量在线检测分析仪。

（4）脱水装置。CNG 加气站采用的脱水装置主要是干燥器，作用是对原料气进行深度脱水，使压缩机的成品气达到车用压缩天然气标准。

脱水分为前置脱水和后处理脱水，脱水系统宜设置备用脱水设备，在脱水设备的出口管道上应设置露点检测仪。

2. 压缩系统

主要作用：将低压天然气增压到 20～25 MPa，这是 CNG 加气站的核心系统。

主要设备：缓冲罐、压缩机及配套设备。

适用站点：CNG 标准站、CNG 母站、CNG 标准子站。

液推装置是 CNG 液推式子站的一种压缩系统。

压缩机的排气压力不应大于 25 MPa，在压缩机组进口前应设分离缓冲罐，机组出口后宜设排气缓冲罐。分离缓冲罐应设置在进气总管上或每台机组的进口位置处；机组排气缓冲罐宜设置在机组排气除油过滤器之后。分离缓冲罐及容积大于 0.3 m³ 的排气缓冲罐，应设压力指示仪表和液位计，并应有超压安全卸放措施。

（1）缓冲罐。缓冲和稳定压力，消除压缩机系统压力急剧波动，减少对系统设备的频繁冲击，使压缩机平稳地工作。

（2）压缩机及配套设施。压缩机是压缩系统，也是整个 CNG 加气站的心脏。压缩机在加气站内最为重要，其性能好坏直接影响 CNG 加气站运行的可靠性和经济性。CNG 加气站压缩机一般采用往复式压缩机，其转速高、输出压力高、主机驱动方式多为电机驱动。压缩机是 CNG 加气站内最复杂的设备，集中了机械、电气、润滑、冷却、自动化控制、报警连锁等多个系统。

压缩机组的运行管理宜采用计算机集中控制，压缩机的卸载排气不应对外放散，宜回收至压缩机缓冲罐。当压缩机停机后，机内气体需及时泄压，放掉以待第二次启动。由于泄压的天然气气量大、压力高，因此需要将泄放的天然气回收利用。

压缩机的固定应牢固可靠，避免其振动影响其他设备。日常定时巡检时应检查机泵的声音、振动、压力、温升有无异常。经常检查机泵润滑系统，定期加注润滑油。电机、泵每 2个月加注 1 次润滑油，每半年化验 1 次压缩机油，不符合要求时立即更换。特殊情况下应随时安排化验检查，及时依据检查情况决定是否更换。每半年至少进行 1 次压缩机的气门组件检查。

3. 储存系统

主要设备：车载储气瓶组、地面储气瓶组、储气井。

（1）车载储气瓶组（俗称：CNG 管束车）。主要是储存并运输 CNG，为 CNG 子站提供气源。

（2）地面储气瓶组。主要用于 CNG 标准站或 CNG 标准子站储存 CNG。储气瓶应符合现行国家标准《站用压缩天然气钢瓶》（GB19158—2003）的规定。

（3）地下储气井。主要用于 CNG 子站或标准站储存 CNG。

储气井是利用石油钻井使用的石油套管在地下打井后，按照固井工艺将套管固定而形成的一种埋在地下深度为 80~150 m 的储气设备。CNG 储气井一般由井管、管箍和上下封头所组成。井管由公称直径 DN 80、DN 230 或 DN 280 规格的石油套管构成。井管、连接管箍和管底封头在下井前，采用优质、高效能的防腐材料进行特加强级防腐绝缘处理。井管下井后，其与井底、井壁的空间应用水泥浆固定。储气井的设计、建造和检验应符合国家现行标准《高压气地下储气井》（SY/T6535—2002）的有关规定。储气井的建造应由具有天然气钻井资质的单位承担。

储气井的设计压力为 32 MPa，最大允许充装压力为 25 MPa，设计水容积为 2 m³、3 m³ 或 4 m³。储气井高出地面 300~500 mm 以便于接管。在一个加气站内的储气井按运行压力分为高压、中压和低压储气井。储气井的进、出管上设置有人工快速切断阀和防爆型电动控制阀。储气井汇管上设置有压力表、超压报警器、安全阀和安全放散阀。

储气瓶（井）应分组设置，分组进行充装。在一个加气站内储气瓶（井）组应按运行压力分为高压瓶（井）组、中压瓶（井）组和低压瓶（井）组。各瓶（井）组应单独引管道至加气机，对加气汽车按各瓶（井）组的压力进行分档、转换、充装。对储气瓶（井）组的补气程序应从高压向低压逐组进行，对储气瓶（井）组的取气程序则相反。

4. 加气系统

主要作用：为燃气汽车充装 CNG。

主要设备：优先顺序控制盘、CNG 加气机。

（1）优先顺序控制盘。CNG 标准站和 CNG 标准子站采用优先顺序控制盘自动控制对储气设备中的充气和取气给 CNG 加气机的全过程，最大限度地提升压缩机和储气设备的利用率。

（2）加气机。CNG 加气机主要由机架、外壳、电源控制箱、显示器、电磁阀、质量流量计、压力变送器、拉断阀、加气枪等部件组成。它的额定工作压力为 20 MPa，工作状态下的加气流量不应大于 0.25 m³/min，加气机的计量准确度不应低于 1.0 级。

加气机应具有以下安全功能：气瓶加满后能自动停止加气，加气完毕后软管气压自动下降。如果充气管没有拔下而汽车开走时，充气软管能自动断开，不会发生天然气泄漏。如果软管破裂，系统会立即停止工作。

加气机的日常管理：应定期检查加气机各密封面，确保无泄漏。加气机的安全装置应定期进行检测，保证加气机安全运行。加气机的紧急切断、过流切断、拉断切断、安全限压、加气枪的加气嘴自封功能等安全装置保持完好有效。加气机附近应设防撞柱（栏）。

5. 控制系统

控制系统的功能是为了保证控制加气站设备的正常运转和对有关设备的运行参数进行监控，并在设备发生故障时自动报警或停机。主要包括：①各检测仪表的二次仪表部分，可实时监控并显示站内设备运行状态及压力、流量、燃气浓度、水含量等参数。②气进站前、压缩前后、计量前后、高压储气区压力指示及报警，采用压力变送器，由监控系统进行指示和报警,同时设计机械压力表就地指示各点压力。③气供压缩工艺前采用气动遥控截断阀紧急切断控制。④压缩机系统的控制采用 PLC 控制。⑤站内设可燃气体检测报警控制系统。

8.4.5　CNG 的储存

压缩天然气由于具有易燃易爆的特性,在常温常压下气体密度较低,工业及民用利用天然气时,需要对其进行压缩或液化处理,以增大其储存能力。压缩天然气常见的储存方式主要有储气瓶、储气罐和储气井等。

1. 储气瓶

CNG 站用储气瓶组是天然气加气站的必备设备之一,它利用压缩机将天然气管网或CNG 拖车内的天然气加压后储存,作为加气站的加气气源,也可作为天然气管网的调峰气源,工作压力可高达 25 MPa。

1)并联小气瓶

以 50~80 L 的小型高压气瓶并联在一起,总容积达 60~200 m³,作为站用储气装置。这种储气瓶,标准规定不设排污口。我国曾使用过两种这类储气瓶,一是按美国运输部 DOT 标准生产的运输用小型 CNG 容器,安全系数 2.48,这种容器本来并不是作为地面存储 CNG 用的,因为 DOT 没有制定地面储存应用标准的权限;二是按我国《钢质无缝气瓶》(GB 5099—1994)生产的小型并联气瓶,安全系数为 2.3。

并联小气瓶储气装置的缺点如下:①气瓶容量小,数量多,连接点多,易产生泄漏;②管道口径小,气体流动阻力大;③气瓶一般为水平放置,并联在一起的占地面积较大;④因气瓶无排污口,压缩机排气未分离掉的水分等杂质会逐渐在瓶内沉淀,使气瓶有效容积减小,日久天长,溶解于其中的硫化氢对容器将产生腐蚀。按照标准规定,这种气瓶每隔 3 年必须拆开送检一次,逐一进行水压实验,然后再逐个清洗、吹扫、重新安装,运行维护成本很高。由于上述缺点,小型气瓶在新建加气站中已很少采用。

2)无缝大容积储气瓶

为克服并联小气瓶的诸多缺点,人们制造出单瓶水容积约 1 300~1 500 L 的专用压缩天然气加气站地面储气的无缝压力容器。大多数加气站只需配备 3~6 个这样的储气瓶就能满足日常供气需要。设计和使用储气瓶应符合现行国家标准《站用压缩天然气钢瓶》(GB 19158—2003)的规定。这种储气瓶专用于地面储存 CNG,容器上有排污口,便于排污。使用过程中,只需定期进行外观检查和壁厚检查,不需要拆除连接件,运行维护费用低,占用的场地小,可露天放置。

CNG 站用储气瓶组主要由支架、大容积无缝钢瓶、安全阀、压力表、进出气阀门及排污阀等各部分组成,大容积无缝钢瓶两端瓶口均加工内外螺纹,两端外螺纹与安装法兰用螺纹连接,将安装法兰用螺栓固定在框架两端的前后支撑板上;瓶口内螺纹上旋紧端塞,在端塞上连接管件,一端装有安全阀,另一端设有进出气阀门、排污管路、就地压力表等。

储气瓶组设计压力 25 MPa,不允许有排污口,初期投资低,运行维修成本高,每三年必须把气瓶单元拆开,对每只瓶子进行水压实验。场地面积在 50 m² 以上,属于松散结构,没有结构的整体性,容器多,接头多,存在泄漏危险且管线尺寸小,流动阻力大。

2. 储气罐

储气罐(ASME 美国《锅炉及压力容器规范》容器)单元设计压力 27.6 MPa,容器壁厚比同等气瓶瓶壁厚高出 39%,通常作为地面储存。ASME 允许容器上有排污口;初期投资高,运行和维修成本低,除一般的外部和内部直观检查外,不需再检测;场地要求 5~7 m²,坚固,整体结构能更好地承受冲击载荷及地震波动;其容器数量少,接头少,管线尺寸大,流动阻力较小。

3. 储气井

地下储气井的思想来源于对天然气开采工艺过程的逆向思维,这种储气器是采用石油部门的钻井技术,在地面上钻一个深度为 100~200 m 的井,然后将十几根石油钻井工业中常用的 18 cm 套管通过管端的扁梯形螺纹和管箍接头连接在一起,两头再各安装一个封头,形成一个细长的容器,放至井中,然后在套管外围与井壁之间通入水泥砂浆,将长筒形容器固定起来,便形成了一个地下储气井。

地下储气井设计压力为 27.5 MPa,其占地面积很小,有利于站场平面布置;虽然初期投资较大,但据资料表明,储气井至少可以使用 25 年以上,并可以节省检验维修费,安全可靠性好。其缺点是耐压试验无法检验强度和密封性,制造缺陷也不能及时发现,排污不彻底,容易对套管造成应力腐蚀。

思考题

1. 什么是液化天然气?
2. 天然气液化的目的是什么?
3. 天然气液化的方法是什么?
4. 液化天然气如何储存?
5. 什么是压缩天然气?
6. 压缩天然气如何储存?
7. 车用压缩天然气的质量要求有哪些?

第9章　天然气化工工艺

天然气的使用具有清洁、高效、方便的优点,与煤炭及石油等其他化石能源相比,它的广泛应用将给人们带来环境效益和社会效益。目前,天然气大宗化工利用的主要途径是经过合成气生产合成氨、甲醇及合成油等。在合成氨、甲醇、合成油等产品的生产装置中,天然气转化制合成气工序的投资及生产费用通常占装置总投资及总生产费用的60%左右,另外,由氨、甲醇等为原料,生产出来的其他产品和下游产品也有很多品种。可见,天然气作为优质能源及重要化工原料在国民经济与社会发展中的作用日益突出。图9-1为由天然气制化工原料示意图。

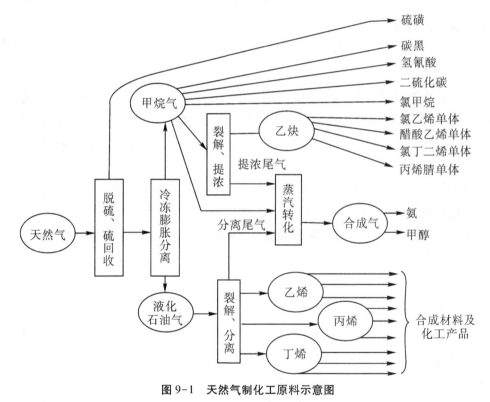

图 9-1　天然气制化工原料示意图

9.1　天然气制合成气

生产甲醇及合成油需要合成气($CO+H_2$),其氢碳比应在2左右;合成气还可用于羰基合成,所需的氢碳比在1左右。合成气经 CO 变换及脱除 CO_2 可得氢气。合成氨则需要氮氢合成气,氢氮比应为3。

天然气转化制合成气,目前工业上采用两条反应途径:一是蒸汽转化,以水蒸气将 CH_4

转化为 CO 与 H_2,是吸热反应,所得合成气将有较高的氢碳比;二是部分氧化,在非催化或催化条件下以氧或空气将 CH_4 转化为 CO 与 H_2,是温和的放热反应,其氢碳比有一定的调节余地。当然,也可以将二者组合起来形成联合转化,事实上,这正是 20 世纪 80 年代以来天然气转化制合成气的发展方向,已形成了一些有特色的工艺。

9.1.1　天然气的蒸汽转化

9.1.1.1　天然气蒸汽转化的反应原理

1. 主要化学反应

在天然气蒸汽转化过程中发生的主要反应有:

$$CH_4 + H_2O \Longrightarrow CO + 3H_2 - 206 \text{ kJ/mol} \qquad (9-1)$$

$$CH_4 + 2H_2O \Longrightarrow CO_2 + 4H_2 - 165 \text{ kJ/mol} \qquad (9-2)$$

$$CO + H_2O \Longrightarrow CO_2 + H_2 + 41 \text{ kJ/mol} \qquad (9-3)$$

存在的副反应有:

$$CH_4 \Longrightarrow C + 2H_2 - 82.5 \text{ kJ/mol} \qquad (9-4)$$

$$2CO \Longrightarrow CO_2 + C + 172.5 \text{ kJ/mol} \qquad (9-5)$$

在没有催化剂时,即使在很高的温度下,CH_4 的蒸汽转化也很慢,而在使用催化剂时,$600\sim800℃$ 下就可以有相当高的反应速度。不同的催化剂有不同的反应速度及反应活化能,但各种动力学研究均表明,CH_4 转化为一级反应,反应产物氢对转化有抑制作用。

2. 工艺参数的影响

(1)温度:较高的反应温度不仅使 CH_4 的蒸汽转化速度加快,而且在热力学上也是有利的,但温度过高也使积炭副反应加速。

(2)压力:由于 CH_4 的蒸汽转化反应是分子数增加的反应,所以压力的升高是不利的;但从总体安排考虑,蒸汽转化还是要在适当压力下进行。

(3)水碳比:较高的水碳比有助于 CH_4 的转化。

9.1.1.2　氮氢合成气生产工艺流程

用于合成氨的氮氢合成气需在天然气转化过程中导入氮,通常采用两段转化工艺:在一段进行蒸汽转化,使出口气中的 CH_4 含量降至 10% 以下;二段导入空气,利用 CO 及 H_2 燃烧所产生的热量,使 CH_4 进一步转化降至 0.3% 左右。转化的气体经变换工序使 CO 转化为 CO_2,在脱碳工序脱除 CO_2,再经甲烷化工工序除去微量碳氧化物,得到氮气合成气去合成氨工序。图 9-2 为天然气两段转化制氮氢合成气及 CO 变换工序的工艺流程图。

9.1.1.3　合成气生产工艺

采用蒸汽转化法以天然气为原料生产合成气,其原理与氮氢合成气的转化相同,但使用较高的温度以获得较高的 CH_4 转化率。通常炉壁温度不超过 950℃,转化器出口温度不高于 850℃。然而,如反应式(9-1)及反应式(9-2)所示,循环途径生产的合成气的氢碳比在 3:1 以上,远高于合成甲醇或合成油所需的 2:1。

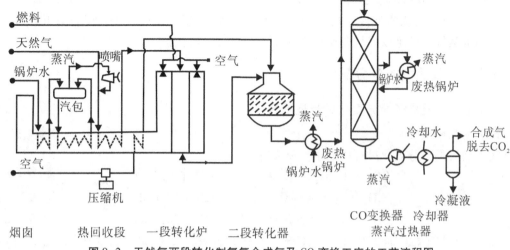

图 9-2　天然气两段转化制氮氢合成气及 CO 变换工序的工艺流程图

为了调节氢碳比，可使用 CO_2 代替部分水蒸气，但这样更容易在催化剂造成积炭。托普（Topsoe）开发的斯帕格（Sparg）工艺使用以硫部分钝化的 Ni 催化剂，解决了转化过程中的积炭问题，在中试中通过加 CO_2 转换可将合成气中氢碳比调至 1.0 以下。该工艺于 1987 年在美国斯特林（Sterling）工厂实现了工业应用。

大型装置生产合成气，目前均采用联合转化工艺，即将甲烷的蒸汽转化与部分氧化相结合，这不仅可获得所需的氢碳比，而且显著降低了能耗。

使用换热式转化炉生产（CO+H_2）合成气时，二段自热转化则使用纯氧而非空气。

9.1.1.4　CO 变换

在制氢装置中需将合成气中的 CO 转化为 CO_2，同时产生 H_2，如式（9-3）所示。

CO 变换是放热反应，低温有利于 CO 的转化。早期采用高温变换只能将 CO 浓度降至 3%，后开发出低温变换可降至 0.2%～0.5%。目前多数工艺采用高温变换和中低温变换的流程，前者用以加快反应，后者用以达到足够的 CO 变换率，也有工艺使用一段低温变换的流程。

1. CO 变换催化剂

（1）高（中）温变换催化剂。此类催化是以 Fe_2O_3 为主体的 Fe-Cr-K 催化剂，Fe_2O_3 含量为 70%～90%，Cr_2O_3 分散于 Fe_2O_3 而增大活性表面，含量为 2%～10%，K_2O 含量为 0.3%～1.0%，可改善活性及选择性，气体含硫较高时需加入 Mo，低水碳比条件下则需加入 Cu。

（2）低温变换催化剂。低温变换所使用的催化剂是以 Cu 为主活性组分的 Cu-Zn-Al 系催化剂，它可将合成气中的 CO 含量降至 0.2%～0.5%，但抗中毒能力低、寿命短。

2. 工艺条件分析

（1）压力。压力虽对反应平衡无影响，但反应速率与总压的 0.45 次方成正比，故空速可随压力上升而增加。当蒸汽转化压力为 3.2～3.8 MPa 时，变换压力应在 3.0 MPa 以上，这样有利于节能。

（2）温度。温度上升，平衡常数降低，但反应速度加快。不同催化剂可从其正逆反应活化能计算出适宜的反应温度。在工业上，高（中）温变换的温度在 300～550℃范围内，低温变换范围较窄,在 210~250℃之间。

（3）汽气比。增大汽气比有利于 CO 变换,但将使能耗增加,采用两段蒸汽转化所得合成气中的水蒸气量已足以满足变换过程的需要,不必另加蒸汽。

9.1.2　天然气的部分氧化

9.1.2.1　天然气部分氧化的反应原理

1. 主要化学反应

在天然气的部分氧化过程中的主要反应有:

$$CH_4 + 1/2O_2 \Longrightarrow CO + 2H_2 + 35.6 \text{ kJ/mol} \tag{9-6}$$

$$CH_4 + O_2 \Longrightarrow CO_2 + 2H_2 + 320.7 \text{ kJ/mol} \tag{9-7}$$

$$CH_4 + CO_2 \Longrightarrow 2CO + 2H_2 - 247.4 \text{ kJ/mol} \tag{9-8}$$

当然,也可能发生如式(9-4)及式(9-5)所示的析炭副反应,这是需要注意防止或加以抑制的。

在甲烷转化过程中实际上发生三个方面的反应:部分氧化反应、完全氧化反应及蒸汽转化反应。

2. 工艺参数的影响

（1）温度。非催化条件下要使 CH_4 获得完全转化,温度需高于 1 200℃;使用催化剂,有可能使温度显著降低,从而大大降低能耗并抑制析炭反应。

（2）压力。作为分子数增加的反应,压力的升高是不利的,但这取决于总体安排。

（3）氧比。按化学式计量关系氧比应为 0.5,随氧比上升,温度升高且残余 CH_4 浓度降低,并可抑制析炭。但过高的氧比使产生的($CO+H_2$)量下降,通常使用的氧比为 0.55~0.65。

9.1.2.2　非催化部分氧化工艺

壳牌(Shell)公司开发的壳牌气化工艺(SGP)是非催化部分氧化造气工艺的典型代表。此工艺在一个非催化部分氧化反应器内,在 1 300~1 500℃和 6~7 MPa 下转化甲烷,热的气相产物在废热锅炉内回收热量。该工艺的碳效率超过 95%,其流程如图 9-3 所示。

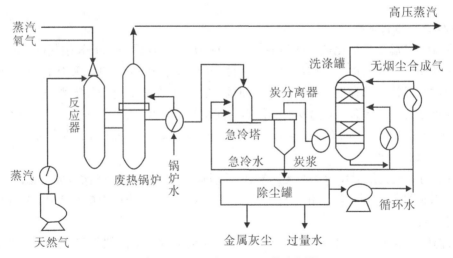

图 9-3　Shell 公司 SGP 工艺流程图

从图 9-3 可见,为了抑制析炭,进料中加入了适量蒸汽(水碳比 0.8~1.2),即使如此,仍然有炭黑生成,需予以分离。

9.1.2.3 催化部分氧化工艺

催化部分氧化与非催化部分氧化相比,可在较低温度(750~800℃)下运行,并达到 90% 以上的热力学平衡转化。CO 和 H_2 的选择性高达 95%。基本避免了高温非催化部分氧化工艺伴生的燃烧生成 CO_2 的反应,能耗大幅降低,制得的合成气 V_{H_2}/V_{CO} 比接近 2:1。与蒸汽转化和联合转化相比,催化部分氧化反应器体积小、效率高、能耗低,投资和合成气成本可显著降低,其研究开发是目前合成气生产工艺的一个热点。

天然气催化部分氧化的关键是催化剂,现主要集中在过渡金属(Ni、Co 和 Fe)及贵金属(Pt 族金属),避免积炭是研究重心。此外,由于在 $V_{CH_4}/V_{O_2}=2:1$ 的条件下,体系处于燃烧和爆炸极限内,需解决安全问题,再者由于部分氧化反应的高放热性质,防止催化剂床层产生热点和飞温也是重要的问题。

值得注意的是,以空气代替纯氧使天然气部分氧化制含氮合成气的研究开发工作颇为活跃,它可以节省空分装置及相应费用,并有助于克服飞温问题。

9.1.3 联合转化工艺

联合转化工艺是指将天然气的蒸汽转化与部分氧化两类反应同时进行或顺次进行的工艺,这是当前大型装置利用天然气转化制合成气继而生产甲醇和合成油的主流工艺。

第一个实现联合转化的工艺是鲁奇(Lurgi)联合转化工艺,顺次进行蒸汽转化及自热转化反应。此后,将两种转化集于一个反应器内以降低投资和提高能源效率的研究开发工作广泛进行,形成了 CAR 及 ATR 工艺,其中由于 ATR 反应器更简单而更具应用前景。此外还产生了以流化床代替固定床的 AGC-21 气化工艺,采用离子传输膜(氧传输膜)以省去空分装置的研究开发工作也在进行。在此领域的另一个新动向是以空气代替纯氧生产含氮的 $(CO+H_2)$ 合成气,但它适用于后续合成装置单程转化率高而无须循环的体系。

9.1.3.1 鲁奇(Lurgi)联合转化工艺

德国鲁奇(Lurgi)公司于 20 世纪 80 年代后期开发了如图 9-4 所示的联合转化工艺。

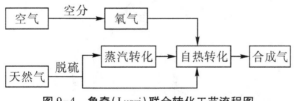

图 9-4 鲁奇(Lurgi)联合转化工艺流程图

如图 9-4 所示,此工艺在蒸汽转化段之后串联了一个加氧转化炉进行自热转化,由于可降低一段蒸汽转化的温度,转化压力可升高到 3.5~4.0 MPa,总 n_{O_2}/n_C 比为 0.35:1~0.45:1,与常规的蒸汽转化相比,合成气氢碳比降至 2:1~2.05:1,符合合成油及甲醇的要求,压缩机负荷下降 50%,装置能耗降低 7%~8%,但总投资有所升高。

9.1.3.2 Uhde CAR 工艺

德国(Uhde)公司开发了将两段转化置于一个管壳式反应器内的联合自热转化 CAR

（Combined Autothermal Reformer）工艺，CAR 反应器结构如图 9-5 所示。蒸汽转化在管程进行，自热转化在壳程进行。该过程在 4.0 MPa 的高压下操作，可降低后续合成工艺的压缩费用。转化炉管内外压差很小，可采用薄壁炉管。与传统蒸汽转化工艺相比，CAR 可节省投资 30%，降低能耗 27%，该工艺在制氢装置上完成了工业试运转。

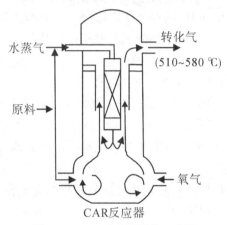

图 9-5　CAR 反应器结构示意图

9.1.3.3　Topsoe ATR 工艺

丹麦托普索（Topsoe）公司开发的自热转化 ATR（Autothermal Reforming）工艺，在一个反应器内同时通入氧气和水蒸气，天然气先进行部分氧化，然后在催化剂上进行蒸汽转化。ATR 反应器取消了蒸汽转化用炉管，比 CAR 反应器简单得多，结构如图 9-6 所示。由于先进行部分氧化反应，通常 n_{O_2}/n_C 为 0.6~0.65，CH_4 浓度高于常规二段转化，更易产生炭黑。托普索（Topsoe）为该工艺设计了特制的火嘴，开发了特殊的固定床催化剂，又通入水蒸气，避免了炭黑的形成。通过调整 n_{H_2O}/n_C 或 n_{H_2O}/n_{CO_2}，使合成气的 n_{H_2}/n_{CO} 可在 1.0~3.0 灵活调节，以适应后续合成过程的要求。操作压力可达到 7.0 MPa，减少了后续过程的压缩能耗。

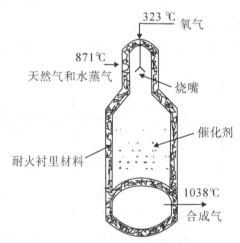

图 9-6　ATR 反应器结构示意图

9.1.3.4　离子传输膜制合成气工艺

采用离子传输膜 ITM（Ionic Transfer Membrane）制合成气工艺是美国能源部实施的大型

GTL 计划的一部分,其关键是研制 ITM 复合瓷膜,瓷膜由 3 部分组成:两侧分别为还原催化剂层及转化催化剂层,中间为多孔的,仅允许氧离子和电子通过的薄膜,由此可将空气中的氧导入与天然气、蒸汽反应生成合成气。

美国阿莫科(石油)公司 Amoco 等也在研制此种瓷膜,但称之为氧传输膜 OTM(Oxyen Transfer Membrane)。

9.1.3.5 含氮($CO+H_2$)合成气生产工艺

为了省去空气分离装置以节省投资,国内外都在开发使用空气的含氮($CO+H_2$)合成气生产工艺。美国合成石油(Syntroleum)公司以空气进行天然气的自热转化,其含氮合成气用于合成油,合成反应有很高的单程转化率而无须循环。我国大连化学物理研究所已完成了天然气空气催化部分氧化制含氮合成气的小试工作,CH_4 转化率大于 96%,合成气氢碳比为 2:1 左右。

需要指出的是,由于合成气中 N_2 浓度达到 35%~40%,它只能用于后续合成单程转化率极高无须循环的过程。此外,大量氮气的存在增大了设备尺寸和降低了过程效率,因此,是否可使用含氮($CO+H_2$)合成气需作总体的技术经济评价。

9.2 天然气制合成油

"天然气合成油(GTL)"技术是通过费托(F-T)合成工艺将天然气转化为液体油品。合成气转化为烃类基于费托工艺,目前主要有两种技术路线:一种是低温转化,应用浆态床反应器,用于生产石蜡,然后经过加氢过程转化为石脑油和柴油;另一种为高温转化,应用密相流化床反应器,用于生产汽油和烯烃。这两种转化路线均属于间接转化,由于甲烷分子非常稳定,因此,由甲烷进行直接转化制合成油,在技术上存在很大难度,目前还没有实现商业化。

这里介绍一种最近应用比较广泛、效益较好的 SAS 合成油工艺。SAS 装置主要包括造气、密相床 F-T 合成、汽油分离、烯烃回收四部分。

1. 蒸汽转化造气

虽然天然气蒸汽转化造气工艺所得合成气的氢碳比约为 3:1,远高于 F-T 合成所需的 2:1,但由于在改进 SAS 工艺中,F-T 反应生成的高碳烯烃、线性石蜡烃等需要通过加氢处理或加氢异构化得到最终产品,故多余的氢气是作为基本化工原料而不是作为燃料使用的,因而,选择天然气蒸汽转化造气对 SAS 工艺是比较经济的。

2. F-T 合成

合成气进入密相流化床与铁基催化剂接触,在 340℃和 2.5 MPa 压力下反应。密相流化床反应器是一个带有气体分配器的塔,流化床催化剂床层内置冷却盘管,还有从气相塔中分离催化剂的设备。F-T 反应高度放热,其中一部分维持床层温度,其余则通过冷却盘管生产高压蒸汽移出。

3. 汽油分离

汽油分离由四个蒸馏塔组成,塔 A 为轻气体分馏塔,塔顶为 C_2 及少量甲烷组分,塔底为 C_3 及重组分,依次送入连续的三个分馏塔。B 塔塔顶得到含 C_3、C_4 的液化石油气(LPG),C

塔塔顶得到汽油组分,而 D 塔塔顶得到中间馏分油。

4. 烯烃回收

SAS 工艺产品烯烃含量比较高,主要是乙烯和丙烯。A 塔塔顶的含乙烯物流送入双回收塔系统,得到聚合级乙烯产品,纯度可达 99.9%。

9.3　天然气制甲醇

以天然气为原料生产甲醇的工艺步骤有造气、压缩、合成及产品的分离精制等,因合成反应的单程转化率不高,故过程气需循环反应。

现在多使用铜-锌催化剂的低压工艺和中压工艺。英国的 ICI 即是一种低压工艺的代表。目前采用 ICI 技术生产的甲醇约占世界甲醇总产量的 60%。

9.3.1　天然气制甲醇的反应原理

合成工序的主要反应为:

$$CO + 2H_2 = CH_3OH + 90.77 \ kJ/mol \tag{9-9}$$

可见,这是一个原子经济型反应,无副产物生成。

此过程中也可能存在 CO_2 与 H_2 反应生成甲醇的反应,即:

$$CO_2 + 3H_2 = CH_3OH + H_2O + 49.16 \ kJ/mol \tag{9-10}$$

这一反应也可视为 CO 与 H_2 合成甲醇反应与 CO 变换的逆反应之和。

在合成过程中,除主产物甲醇外,还有一些微量含氧有机物生成,如二甲醚、甲酸甲酯及 C_2 以上的醇类等。

9.3.2　天然气制甲醇的生产工艺

生产甲醇的原料有煤、油和天然气。以天然气为原料生产甲醇路线占优势的主要原因是投资及消耗较低,其与油、煤的成本比为 100∶140∶150。目前,世界上以天然气为原料的甲醇装置能力已占总产能的 90% 以上,美国更是达到了 100%。

1. ICI 低压合成工艺

1) 工艺流程

合成气压缩并与循环气混合,预热后进入冷激式合成反应器,在 230~270℃ 和 5 MPa 压力下经催化剂作用反应生成甲醇。反应工艺流程如图 9-7 所示。

反应出口气经换热冷却,得到粗甲醇,未反应气体返回反应器。为使惰性气体含量维持在一定范围内,需弛放一部分气体作为燃料。

合成气压缩机可选用离心式透平压缩机。以天然气为原料在蒸汽转化过程中还可副产蒸汽,以其驱动透平带动离心式压缩机,从而降低能耗。

2) 催化剂

20 世纪 60 年代中期,ICI 成功开发 Cu-Zn 系低压甲醇合成催化剂,型号先后有 ICI51-1、ICI151-2、ICI51-3,其活性组分 Cu 分散在特殊设计的铝酸锌担体上,可使反应温度降至 190℃,催化剂使用寿命从 3 年延长至 5 年。催化剂强度和产品收率亦有所提高。

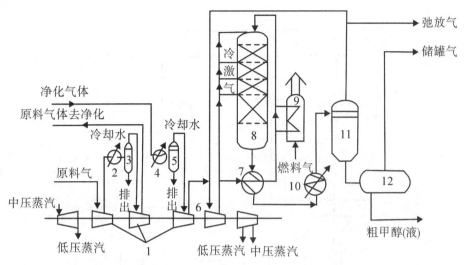

1—原料气压缩机；2—冷却塔；3,5—分离器；4—冷却器；6—循环气压缩机；7—换热器；
8—甲醇合成塔；9—开工加热器；10—甲醇冷凝器；11—甲醇分离器；12—中间贮罐。

图9-7 ICI低压甲醇合成工艺的流程示意图

为解决催化剂烧结导致活性下降问题，ICI又研制出ICI-7催化剂，在$CuO-ZnO-Al_2O_3$中加入了MgO，使CuO和ZnO在担体上分散得更好，工业应用证明可改善催化剂的活性和热稳定性，较成功地解决了绝热型反应器床温变化大而使催化剂失活的问题。

3）产品的分离与精制

反应生成的粗甲醇除含有甲醇和水外，还含有醇、醛、酮、酸、醚、酯、烷烃、胺、羰基铁等几十种微量的有机杂质必须脱除。ICI低压甲醇合成工艺采取双塔精馏流程，可生产出符合美国AA级质量标准的精甲醇产品。第一塔为预蒸馏塔，用于分离轻组分和溶解的气体，主要是二甲醚。第二塔为主精馏塔，用于除去包括乙醇、水及高级醇在内的重组分，再沸器由透平排出的低压蒸汽供热。

2. 鲁奇（Lurgi）低压合成工艺

1）工艺流程

鲁奇（Lurgi）低压甲醇合成工艺流程如图9-8所示。将原料气加压至5.2 MPa与循环气以体积比1:5混合，升温至220℃左右进入管壳型合成反应器。出塔气温度约250℃，含甲醇7%左右，换热冷却到40℃，冷凝的粗甲醇经分离器分离。弛放部分气体作为燃料，大部分气体压缩循环。

2）催化剂

鲁奇（Lurgi）公司开发低压甲醇合成工艺比ICI稍晚，鲁奇（Lurgi）LG-104是其代表性的催化剂。此外，鲁奇公司（Lurgi）还与AG化学公司（Sud Chemie AG）合作开发出了一种适合CO_2含量较高合成气的催化剂C79-5GL。

3）产品的分离精制

鲁奇（Lurgi）低压甲醇合成工艺——甲醇的分离精制采用三塔精馏流程。预蒸馏塔用以分离二甲醚等轻组分，甲醇则在加压精馏塔和常压精馏塔回收，由于以加压塔顶蒸汽作为常压塔再沸器热源，热量消耗可较双塔沉程下降30%~40%。

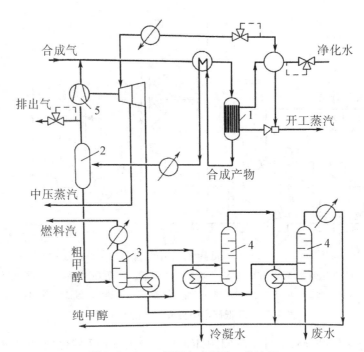

图 9-8　Lurgi 低压合成甲醇工艺流程

1—反应器;2—气液分离器;3—轻馏分塔;4—甲醇塔;5—压缩机。

3.高压及中压合成工艺

1)高压合成工艺

高压法是指压力为 25~32 MPa 的甲醇合成工艺。工业上最早应用的甲醇合成技术就是在 30~32 MPa 压力下,使用 Zn-Cr 催化剂的高压合成工艺,合成反应器为连续换热的内冷管型,反应温度为 360~400℃,出反应器气体中的甲醇含量为 3% 左右。铜基催化剂亦可在高压下操作,压力为 25~27 MPa,采用冷管型合成反应器,反应温度为 230~290℃,反应器出来的气体中的甲醇含量为 4% 左右。

由于低压法甲醇合成工艺的投资及能耗等技术经济指标均显著优于高压法,故现已不再采用高压法建设新装置。

2)中压合成工艺

随着甲醇装置的大型化,现已有日产 2 000 t,甚至更大的装置,为降低设备及管道的尺寸,出现了中压法,即压力在 10~20 MPa。中压法仍采用高活性的铜系催化剂,其反应温度与低压法相同,具有与低压法相似的优点,但由于提高了压力,相应的甲醇合成效率也提高了。

9.4　天然气制氨

用于合成氨的氮、氢合成气需在天然气转化过程中导入氮,通常采用两段转化工艺:一段进行蒸汽转化,使出口气中的 CH_4 含量降至 10% 以下;二段导入空气,利用 CO 及 H_2 燃烧所产生的热量使 CH_4 进一步转化,含量降至 0.3% 左右。转化的气体经变换工序使 CO 转化

为 CO_2,在脱碳工序脱除 CO_2,再经甲烷化工序除去微量碳氧化物,得到氮氢合成气去合成氨工序。

以天然气为原料生产氨的工艺步骤如图 9-9 所示。天然气精脱硫后经蒸汽转化、CO 变换、脱除 CO_2 及甲烷化,压入氨合成塔,合成氨分离后循环,释放少量气体。

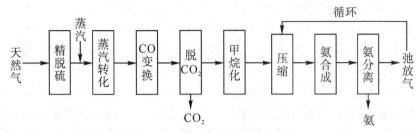

图 9-9　天然气制氨的工艺步骤图

把纯净的氮气和氢气的混合气体用压缩机压缩至高压后进入合成塔里进行合成氨反应。从合成塔里出来的产品,通常约含 15% 左右的氨和没有起反应的氮气和氢气,要通过冷凝,使氨液化,在氨分离器里把液氨分离出来。由氨分离器出来的气体(氮气和氢气)经过循环压缩机,再送到合成塔中去合成。

常用的脱 CO_2 方法有化学吸收法和物理吸收法。物理吸收法能耗低,但净化度与压力相关,很难满足合成氨的工艺要求。在化学吸收法中,净化度与压力关系不大,特别适用于 CO_2 分压不高而净化度要求甚高的场合,因而在合成氨中应用广泛。其中甲基二乙醇胺(MDEA)法和热碱钾法中的本菲尔德(Benfield)法应用最为广泛。

9.5　油气煤盐资源综合利用

目前,世界上煤化工、石油化工、天然气化工和盐化工大都是"各自为政",很少有原料相互利用。油气煤盐的转化各自进行,资源消耗大、排放量大,产品综合能耗高,项目投资大,产品成本高且单一,很多项目雷同,重复现象比较突出,造成资源浪费。由于原料特征差异,决定单一化工在化学工艺上都有一定的缺陷。

(1)单一的煤化工缺氢多碳,以煤为原料生产化工产品,无论采用什么技术路线,都存在缺氢问题,而为了制取氢气,通常都采用 CO 与水蒸气变换,制取氢气,排放 CO_2。此外,在煤焦化过程中有大量的炉顶气排出,不仅造成资源浪费,而且污染了环境。

(2)单一的天然气化工缺碳多氢,以天然气为原料生产甲醇,一般需要补碳。如果没有合适的碳源,就要将多余的 H_2 排出,造成资源浪费。

(3)单一的石油炼制,在炼油过程中产生有大量干气,一般都作火炬燃烧掉、回收发电或作为锅炉燃料。如果作为化工原料使用,就可以使其价值提高数倍,但以单一的干气作原料,工厂又很难做到经济规模。

(4)单一的盐化工,在饱和盐水电解过程中,同时产生氯气和氢气,在利用氯气的同时有大量的氢气排空,造成资源浪费。

鉴于此,延长石油集团充分发挥油气煤盐多种资源优势,以一种全新的理念、创新的思维,坚持油气煤盐综合转化,化学元素综合利用,原料资源优化配置,工艺路线优化组合,工业三废的最大减量,使全部资源得以完全充分的利用,进而提高资源利用率、节约项目投资、减排二氧化碳和其他废弃物、降低生产成本,努力走节能减排、循环经济的新型工业化道路。其技术依据是:

(1)煤、气结合制甲醇,可以优势互补。将煤、天然气两种原料气化后的合成气按比例调配制甲醇,能够克服煤制甲醇碳多氢少和天然气制甲醇氢多碳少的不足,达到碳与氢的最佳配比,实现资源利用最大化,经济效益大幅提高。以同样的原料生产甲醇,煤气化单独可生产 67 万吨,天然气单独可生产 89 万吨,合计 156 万吨;而煤、气结合可生产甲醇 190 万吨,增产 34 万吨,增幅 21.8%。

(2)煤、油结合制烯烃,排空气可有效利用。将 150 万吨渣油裂解制烯烃与 150 万吨煤制甲醇、甲醇制烯烃结合,可将渣油裂解后排空的氢气和干气回收,返回制甲醇装置,在不增加任何原料的情况下,使甲醇从 150 万吨提高到 180 万吨,使烯烃从 50 万吨提高到 62 万吨。两套装置结合,可使烯烃总规模达到 120 万吨,实现甲醇和烯烃规模提升,经济效益显著。

(3)气、盐、煤结合制 PVC,环保经济。如果用天然气或者炼厂的干气制乙炔,乙炔的尾气正好符合合成甲醇的碳氢比,将煤制甲醇和天然气制乙炔结合,乙炔的尾气就能得到有效利用,所得甲醇价值和所用气的价值相当,乙炔成本就很低。如果将氯碱工业富裕的氢气弥补煤制甲醇所缺的氢气,以一个 35 万吨/年烧碱装置计算,每年 CO_2 可减排 21 266 吨,获得甲醇 15 466 吨。所以三者结合综合利用价值很可观。

(4)油、气、煤、盐综合转化,提高资源利用率。煤和天然气结合制甲醇、煤制甲醇和石油炼制结合,不仅能够实现造气和甲醇合成过程中碳、氢的有效利用,二氧化碳、甲烷减排,炼油干气回用等,而且可使资源利用率大幅提高。经测算,延长石油集团靖边油气煤盐综合化工项目的资源利用率比国内先进水平高 17.55%,相当于每年节约天然气 25 533 万立方米,节约煤炭 41.9 万吨。

此外,油气煤盐化工的下游产品还有着广泛的关联性和相互利用功能,能派生出更多的化工产品,实现多个产业的协同发展。油气煤盐综合利用工艺如图 9-10 所示。

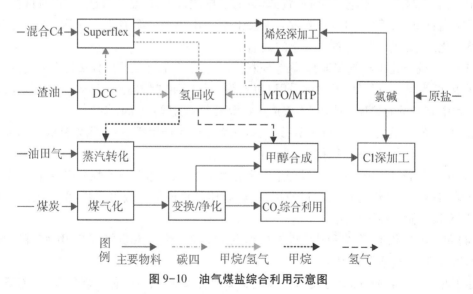

图 9-10　油气煤盐综合利用示意图

9.6 以天然气为主要原料的其他产品

1. 热裂碳黑生产工艺

热裂碳黑是在隔绝空气无火焰的情况下,由天然气高温热解所生成的。这类碳黑主要用于需适度补强而最大限度填充增量的橡胶制品。

热裂碳黑装置通常有两台裂解炉,交替进行蓄热和裂解。在蓄热阶段,通入的天然气完全燃烧,至 1 400℃时切断空气,仅通入天然气进行裂解,每个阶段运行 5 min。离开裂解炉的烟气喷水冷却,送收集系统分离出碳黑,尾气中 H_2 的浓度在 85%左右,可用于稀释原料气或做它用。

2. 制甲烷氯化物生产工艺

甲烷氯化物是一类重要且用途广泛的氯代烃产品,主要用作溶剂以及有机中间体。以氯气使甲烷氯化,是自由基连锁反应,可用热、光或催化剂将其引发,工业上有多种以天然气为原料制甲烷氯化物的工艺,目前多采用高温进行热氯化反应。甲烷直接氯化将同时生成四种氯化物。甲烷热氯化的引发温度为 300~350℃,反应开始后应控制在 400~420℃。调节原料氯比可在一定范围内控制产物比例,典型组成为一氯甲烷 35%、二氯甲烷 45%、三氯甲烷(氯仿)20%及少量四氯化碳;甲烷的总有效转化率为 85%,氯为 97%。

3. 制氢氰酸

氢氰酸主要用于生产己二腈(尼龙 66 的中间体)、丙酮氰醇(制有机玻璃)、氰化钠、蛋氨酸及其他螯合剂,此外,还用于生产多种无机产品。

以甲烷与氨为原料可生产氢氰酸,这里介绍安氏法制氢氰酸工艺。安氏法以甲烷、氨和空气反应,催化剂为含铂 90%、铑 10%的丝网。反应时,丝网温度可高达 1 100℃。未反应的氨可以循环或用硫酸吸收制硫铵。此法工艺成熟,可在常压下进行,反应不仅无须外部供热,而且有反应热可回收利用。

4. 单细胞蛋白

以天然气为原料可直接制单细胞蛋白。1998 年,一套天然气直接生物转化为单细胞蛋白的工业装置在挪威投产。该装置进行生物转化的主菌种是甲基球菌属胶囊,辅以一批异氧细菌形成一组细菌的混合物。生物质在一个专利的循环发酵反应器内连续生成,经离心、过滤和喷雾干燥,得到直径为 150~200 μm 的颗粒物。此生物蛋白含蛋白质 70%、碳水化合物 12%、脂肪 10%和矿物质 8%,现售与农户作动物饲料。

思考题

1. 天然气制合成气的方法有哪些?
2. 简述天然气制甲醇的原理。
3. 简述天然气蒸汽转化法制合成气的工艺流程。
4. 天然气部分氧化的主要反应有哪些?
5. 天然气合成油的方法有哪些?
6. 以天然气为原料可生产哪些产品?
7. 简述鲁奇低压合成甲醇的工艺流程。
8. 如何进行油、气、煤、盐四大资源的综合利用?

参考文献

[1] 黄风林. 石油天然气化工工艺[M]. 北京：中国石化出版社，2011.

[2] 闫龙，付峰. 能源化工工艺学[M]. 西安：陕西科学技术出版社，2011.

[3] 王海彦，陈文艺. 石油加工工艺学[M]. 北京：中国石化出版社，2009.

[4] 宋天民，宋尔明. 炼油工艺与设备[M]. 北京：中国石化出版社，2014.

[5] 封瑞江，时维振. 石油化工工艺学[M]. 北京：中国石化出版社，2011.

[6] 廖久明，邱奎，温守东. 石油化学[M]. 北京：中国石化出版社，2009

[7] 魏顺安. 天然气化工工艺学[M]. 北京：化学工业出版社，2009.

[8] 魏寿彭，丁巨元. 石油化工概论[M]. 北京：化学工业出版社，2011.

[9] 孙庆群. 石油生产及钻采机械概论[M]. 北京：中国石化出版社，2011.

[10] 邹长军. 石油化工工艺学[M]. 北京：化学工业出版社，2010.

[11] 王焕梅. 石油化工工艺基础[M]. 北京：中国石化出版社，2007.

[12] 郭建新. 压缩天然气（CNG）应用与安全[M]. 北京：中国石化出版社，2015.

[13] 王开岳. 天然气净化工艺：脱硫脱碳、脱水、硫磺回收及尾气处理[M]. 北京：石油工业出版社，2005.

[14] 王遇冬. 天然气处理与加工工艺[M]. 北京：石油工业出版社，1998.

[15] 钟史明. 能源与环境[M]. 南京：东南大学出版社，2017.